重庆市教育委员会人文社会科学研究项目（22SKJD075）
（人文社科重点研究基地项目郑洁名师工作室）
重庆市教育科学规划课题（2018-GX-286）项目资助

高等院校技能应用型教材·数字媒体系列

人机交互设计

熊美姝　主　编

王昌文　熊安亚　副主编

U0178272

电子工业出版社·

Publishing House of Electronics Industry

北京·BEIJING

内 容 简 介

人机交互是一门关于设计、评价和实现供人们使用的交互式计算机系统,并围绕相关现象进行研究的学科。本书对人机交互中的相关概念进行了详细介绍。本书共 10 章,分别为初识人机交互、交互设计理论基础、交互设备、用户研究及方法、人物角色、信息架构、界面设计、信息可视化与大数据应用、可用性评估,以及人机交互综合应用实例。

本书突出了产品设计中的艺术性,通过讲解各种案例,让读者参与实践环节,将艺术与技术有效地结合起来,体现了较高的原创特色。本书提供了大量的创新设计案例及作品,为理论学习提供了内容支撑。本书还提供了综合应用实例,介绍了快速原型设计软件 Axure RP 的使用方法,以及 App 的设计与开发技巧。在第 1～9 章的后面附有习题,有助于读者全面、透彻地理解所学的内容。

本书可作为高等院校、高等职业院校艺术类专业和数字媒体技术专业的专业课教材,也可供相关爱好者选用参考。

图书在版编目(CIP)数据

人机交互设计 / 熊美姝主编 . —北京:电子工业出版社,2023.9

ISBN 978-7-121-35444-1

Ⅰ.①人… Ⅱ.①熊… Ⅲ.①人－机系统－系统设计－高等学校－教材 Ⅳ.① TP11

中国版本图书馆 CIP 数据核字(2019)第 006799 号

责任编辑:薛华强 特约编辑:尚立业
印 刷:三河市君旺印务有限公司
装 订:三河市君旺印务有限公司
出版发行:电子工业出版社
 北京市海淀区万寿路 173 信箱 邮编:100036
开 本:787×1 092 1/16 印张:18 字数:518.4 千字
版 次:2023 年 9 月第 1 版
印 次:2024 年 12 月第 2 次印刷
定 价:69.00 元

凡所购买电子工业出版社图书有缺损问题,请向购买书店调换。若书店售缺,请与本社发行部联系,联系及邮购电话:(010)88254888,88258888。

质量投诉请发邮件至 zlts@phei.com.cn,盗版侵权举报请发邮件至 dbqq@phei.com.cn。

本书咨询联系方式:(010)88254569,xuehq@phei.com.cn,QQ1140210769。

前 言

PREFACE

纵观最近几年，在交互设计领域发生了很多重要事件，华为公司研发的可折叠手机给人们带来新的体验；Switch 健身环把健身和娱乐紧密联系在一起；我国正式发放 5G 牌照，标志着我们正式迈入 5G 时代；苹果公司发布的 iOS 16 新增了很多有意义、有实用价值的功能；张小龙在"2019 微信公开课 Pro"上发表的精彩演讲……这些事件都表明：我们的时代在不断创新、不断变革中前行。随着微信、云商、智能汽车、智慧超市等新技术走进我们的生活，移动互联时代已经悄然而至。在移动互联时代，媒介与社会、媒介与技术是密不可分的。每一种新媒介的产生，都刷新了人类认知世界的方式，并改变了人们的社会行为。例如，手机正在改变世界，改变我们的社会生活。刷脸购物、共享经济、体验时代、互联网 +、O2O 等不断涌现的新词汇也预示着崭新的生活方式即将来临。体验经济不仅改变了以产品为核心的商业模式，而且进一步改变了设计者的方向——设计更应该注重对人的服务。简约、高效、扁平化、人性关爱、回归自然……这些服务理念代表了人机交互设计之美。

人机交互是一门关于设计、评价和实现供人们使用的交互式计算机系统，并围绕相关现象进行研究的学科。本书以"理论"为基础，对人机交互中的相关概念进行了详细介绍，并在每章中引导读者参与"实践"环节，将艺术与技术有效地结合。本书共 10 章，第 1 章"初识人机交互"，介绍了人机交互的相关概念、研究内容及发展历程；第 2 章"交互设计理论基础"，介绍了用户感知、认知过程及常见的交互设计方法；第 3 章"交互设备"，介绍了视觉特性与视场、视觉显示设备、语音与听觉交互设备、触觉交互设备，以及跟踪交互设备的原理与技术；第 4 章"用户研究及方法"，介绍了用户研究的一系列方法；第 5 章"人物角色"，介绍了人物角色的相关概念及创建方法；第 6 章"信息架构"，介绍了信息架构的组成系统、方法及流程等；第 7 章"界面设计"，介绍了以用户为中心的界面设计原则和流程；第 8 章"信息可视化与大数据应用"，介绍了信息可视化与大数据应用的概念和设计流程；第 9 章"可用性评估"，介绍了可用性目标与度量、可用性动机、普遍可用性，以及可用性评估的方法；第 10 章"人机交互综合应用实例"，以实例的形式介绍了快速原型设计软件 Axure RP 的主要功能、原型开发的架构及交互方式的设计与应用。为了方便读者理解本书的内容，提升实际操作水平，将理论与实践相结合，本书系统地设计了第 1 ～ 9章的习题和第 10 章的综合应用实例。特别是综合应用实例部分，能够帮助读者按照交互系统开发的要求，实现一个完整产品的开发流程，即前期调研与设计，中期开发与创新，后期调试与应用。

　　本书由熊美姝担任主编，王昌文、熊安亚担任副主编，参编人员包括王颐、石曼丽。本书的第 1 章、第 9 章由王昌文编写，第 2 章、第 7 章由熊安亚编写，第 3 章由王颐编写，第 4 章由石曼丽、熊美姝编写，第 5 章、第 6 章、第 8 章、第 10 章由熊美姝编写。

　　本书在编写过程中，得到了许多专家和同事的热情帮助，并收到了很多中肯的建议，在此一并表示感谢。此外，特别感谢重庆邮电大学传媒艺术学院数字媒体与动画系的领导、同事及部分学生给予的大力支持；感谢重庆邮电大学传媒艺术学院提供的教学实践平台；感谢重庆邮电大学教材专项经费的支持。

　　本书在编写过程中，参阅了大量的文献和资料，在此向相关作者表示衷心的感谢。由于编者水平有限，书中难免存在不足之处，希望广大读者批评指正。

熊美姝

2020 年 9 月于重庆南山

目 录
CONTENTS

初识人机交互

人机交互（Human-Computer Interaction，HCI）是计算机科学和认知心理学结合的产物。同时，人机交互也吸收了语言学、人机工程学和社会学等学科的研究成果。经过 30 余年的发展，人机交互已成为一门研究用户及用户与计算机的关系的主要学科。特别是在最近几年，信息技术高速发展，高科技产品不断面世，不仅给人们带来了全新的体验，而且在一定程度上也改变了人们的生活方式。因此，人机交互这个概念距离我们并不遥远。人机交互的信息载体包括文字符号、二维图形、感知图像、多媒体视听效果、虚拟现实效果、增强现实效果等。如今，人们可以借助手机、键盘、鼠标、压感笔、游戏杆、头戴式或穿戴式设备、眼动跟踪器等智能设备，与计算机进行交流。如图 1-1 所示为 Neurable 公司研发的"意念鼠标"头盔，这为人类与外界的交流开创了新的发展空间。

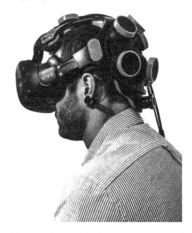

但是，关于人机交互的一个重要问题是，不同的计算机用户，其需求不同、使用习惯不同，也就是说每个人都存在着千差万别的使用需求。不同的文化、不同的民族、不同的教育背景、不同的生活经历造成个体之间的理解方式、学习方法，以及对设备性能的要求有所差异。他们可能喜欢不同的界面，不同的硬件设备及不同的表达方式。例如，一位盲人和一位健全的普通人对多媒体设备的使用需求就完全不同，盲人需要可触摸的、能通过肢体或声音反馈的人机交互方式；而健全的普通人比较喜欢综合了视觉、听觉等多种外部感觉的人机交互方式。

人机交互的研究与设计需要考虑软件技术与硬件技术的更新迭代，以及界面设计水平的快速发展。此外，当用户逐渐适应了新的人机交互接口时，他们可能提出新的需

图 1-1　Neurable 公司研发的"意念鼠标"头盔

求。供应商应根据这些新需求提供更智能、更高级的服务，淘汰那些过时的、不方便的服务。因此，人机交互作为 21 世纪信息技术领域的重要组成部分，在新的发展时期有着广阔的市场空间和难得的研究机遇。

本章主要介绍人机交互的概念，分析人机交互的成功案例，以及人机交互的研究内容与发展历程等。

▶ 1.1　人机交互的概念

随着计算机的发明、互联网的普及和科技的持续进步，人机交互应运而生。人机交互是一门交叉性较强的综合学科。美国计算机协会（Association for Computing Machine，

ACM）把人机交互定义为一门关于设计、评价和实现供人们使用的交互式计算机系统，并围绕相关现象进行研究的学科。它与计算机科学、认知心理学、社会学、人机工程学等学科，以及图形设计、工业设计等专业有着密切的联系。人机交互是一门研究系统与用户之间的交互关系的学科。

就计算机领域而言，人机交互研究的是如何设计出可视化的、友好的用户界面，以便用户在操作复杂的命令及功能时，能够提高工作效率，从而提升用户的满意程度。

1.2 感受人机交互

近年来，人机交互已完全深入大众的日常生活中，比如使用指纹密码锁可以解决用户携带一大串钥匙的烦恼，也降低了丢钥匙现象的发生概率；各种体验游戏使用户完全沉浸其中，用户不仅可以享受娱乐的过程还可以达到锻炼身体的目的；遇到天气不好时不想出门买菜，可以用手机进行点餐……

人机交互的应用案例不胜枚举，而我们要重点介绍的是"抖音"App，这款App很好地利用了人机交互的特点，在短时间内吸引了大批用户。

"抖音"是一款音乐创意短视频社交App，于2016年9月上线。用户使用这款App可以选择歌曲并拍摄短视频，制作属于自己的音乐短视频作品。2018年春节，"抖音"App推出了"抢红包"的新玩法，即娱乐明星通过"抖音"App给用户发红包。令人惊喜的是，这些娱乐明星不仅能通过App发红包，还能亲口念出用户的昵称并为其送上专属祝福。其实，这背后离不开科大讯飞公司①研发的"讯飞智声"系统的支持。"讯飞智声"系统提供了个性化的语音合成技术，通过一定时间的声音录入和机器学习，实现了还原娱乐明星说话特点的语音功能。"讯飞智声"系统不仅借助人工智能技术改变了人机交互的模式，还结合当前互联网营销渠道中层出不穷的创新需求，提供了专业的语音技术服务支持和互联网环境下的人工智能营销模式。这种营销模式的"价值主张"满足了年轻消费群体的个性化需求，并且与"抖音"App所倡导的"专注年轻人"的理念不谋而合，双方使用"人工智能＋创意"的方式助力娱乐明星与用户开展互动，从而为线上推广开辟了新思路、新方式、新体验。

2018年6月7日，在抖音年度营销峰会上，字节跳动营销中心总经理陈都烨在开场介绍中说到，抖音品牌营销从用户获取模式转变为用户经营模式，以用户为核心，在竖屏视频、情感原生、品牌主页等多个方面进行创新，促进用户与品牌的双向交流，实现表达升级、互动升级、整合升级等多个场景的升级。

在电子游戏方面，很多游戏厂商有针对性地进行了深度开发。例如，著名的世嘉公司推出的虚拟网球游戏（又被称为VR网球挑战赛），其游戏界面如图1-2所示。在日常生活中，网球相比于篮球、乒乓球更需要专业的训练场地。但在虚拟网球游戏中，玩家可以在室内通过虚拟设备选择位于世界各地的专业网球场馆，并与全球顶级网球运动员进行对决。玩家在游戏中不仅可以选择练习模式，而且可以选择多人对战模式，并参加各类世界巡回

---

① 科大讯飞公司：科大讯飞公司的全称为科大讯飞股份有限公司，是亚太地区知名的智能语音和人工智能公司。

赛、表演赛等；对不熟悉网球运动的玩家而言，还可以在练习模式中寻求虚拟教练的帮助，逐步熟悉网球运动的操作。此外，该游戏还设置了"击破气球"等小关卡，从而提高玩家入门时的兴趣。

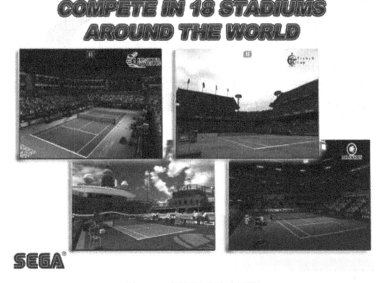

图 1-2　虚拟网球游戏界面

▶ 1.3　人机交互的研究内容与发展历程

1.3.1　人机交互的研究内容

人机交互的研究内容非常广泛，主要围绕以下七个方面。

1．用户界面的表示模型与设计方法

在界面设计的早期阶段，人们需要使用用户界面的表示模型和形式化的设计语言来帮助分析和表达用户任务及用户和系统之间的交互情况，并将用户界面的表示模型映射到实际的界面设计流程中，以便观察应用效果。例如，美国电话公司 NYNEX 利用广为人知的 GOMS 模型分析即将被采用的计算机系统的应用效果，结果发现应用效果不理想，最终公司放弃了该计算机系统，从而节约了大量资金。因此，用户界面的质量会直接影响软件开发的成败，研究用户界面的表示模型与设计方法是人机交互的重要研究内容之一。用户界面的表示模型主要包括行为模型、结构模型、事件对象模型。

2．可用性分析与评估

国际标准化组织将可用性定义为：特定用户在特定的环境下使用产品并达到特定目标的效力、效率和满意程度。人机交互系统的用户界面设计是非常复杂的工作，特别是如今的用户对产品体验、产品稳定性的要求越来越高，因此可用性分析与评估成为人机交互系统中重要的衡量指标，直接关系到产品能否达到特定目标的效力、效率和满意程度。人机

交互系统中的可用性分析与评估的主要研究内容涉及支持可用性的设计原则和可用性的评估方法等。

3．多通道交互技术

传统的用户界面支持顺序和无二义性的精确输入，如键盘和指点设备等，而智能的多通道交互技术则没有这样的限制。在多通道交互技术中，用户通过眼动、语音、手势等多种方式，自然而协同地进行人机交互。多通道交互技术通过整合各种输入（包括单一通道输入与多通道输入、精确输入与非精确输入、同步输入与非同步输入等）进一步捕捉用户的交互意图，提高人机交互的自然性和高效性。多通道交互技术主要研究多通道交互界面的表示模型、多通道交互界面的评估方法，以及多通道信息的融合等。

4．智能用户界面

智能用户界面的最终目标是帮助计算机了解用户，以及帮助用户更好地使用计算机，让人与计算机的交互能像人与人的交互一样自然。上下文感知、眼动跟踪、手势识别、三维输入、语音识别、表情识别、手写识别、自然语言理解等都是智能用户界面需要解决的重要问题。

5．群件

群件是一个网络软件概念，指帮助群组协同工作的计算机所支持的操作环境。群件主要涉及个人或群组之间通过网络进行信息的传递和共享、业务过程的自动化与协调，以及人和业务过程之间的交互等。例如，与一般的电话会议和电视会议相比，通过网络协同应用程序可以召开互动性更强的在线会议，操作者只需在自己的计算机中进行操作，所有的操作过程就会共享在其他参会者的计算机屏幕上，并且其他参会者也可以通过网络协同操作应用程序。目前，与人机交互相关的研究内容主要包括群件系统的体系结构、计算机所支持的交流与共享信息方式、交流过程中的决策支持工具、应用程序的共享方式，以及同步实现方法等。

6．Web 设计

Web 设计的基本原则是通过更有效的方式来更好地规划和组织用户所能浏览到的信息，其目的在于让用户在使用过程中感受到便利。Web 设计着重研究 Web 界面的信息交互模型及其结构、Web 界面的设计工具、Web 界面的设计方法，以及基于用户体验的可行性分析与评估方法等。

7．移动界面设计

随着手机、iPad 等移动终端设备的普及，用户对移动界面设计也提出了更高的要求。由于移动终端设备具有便携性、位置不固定等特点，所以要提高其移动计算（Mobile Computing）和普适计算（Ubiquitous Computing）的能力。因为移动终端设备的信息是实时交互的，所以移动界面设计成为了人机交互的重要研究内容之一。移动界面设计的研究内容包括移动界面的设计方法、移动界面的可用性与评估原则、移动界面的导航技术、移动界面的实现技术，以及移动界面的开发工具等。

1.3.2　人机交互的发展历程

伴随着信息技术的高速发展，人机交互所涉及的面也越来越宽广，人机交互技术也随着用户需求的提升而持续改进。不可否认，作为计算机系统的一个重要组成部分，人机交互的方式在不断地变化，人机交互的内容在不断地丰富。人机交互的发展经历了从人适应计算机到计算机适应人的过程。人机交互的信息也由精确的输入输出信息逐渐演变为模糊的输入输出信息。

从信息技术的角度来看，人机交互的发展主要经历了四个阶段，即基本交互阶段、图形交互阶段、语音交互阶段和体感交互阶段，如图 1-3 所示。

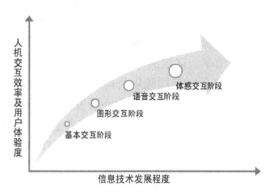

图 1-3　人机交互的四个发展阶段

1．基本交互阶段

计算机程序设计语言经历了从机器语言、汇编语言到高级语言的发展历程。在机器语言和汇编语言盛行的时期，人机交互便进入了基本交互阶段。在这一阶段，用户通过执行命令与计算机进行交互。正因如此，命令行界面（Command Line Interface，CLI）成为第一代人机交互界面。

早期，程序员通过纸带输入机或读卡机输入命令，再通过打印机输出结果，程序员需要控制开关及操纵杆，并根据显示灯的提示进行操作。对没有受过训练的普通用户而言，这种人机交互方式非常烦琐，不仅耗时，而且容易出错。1959 年，美国学者 B. Shackel 围绕"人在操纵计算机时如何减轻疲劳"这个问题，提出了第一篇有关人机交互界面的文献——《关于计算机控制台设计的人机工程学》。随着命令行界面的出现，程序员可以采用命令控制的方式和计算机打交道。后来，虽然涌现了更高级的计算机程序设计语言，但人机交互操作仍需要专业的程序员来进行。在这种交互方式下，程序员虽然要记忆许多命令并熟练地敲击键盘，但他们已经能够非常方便地调试程序了。程序员主要通过键盘输入命令，而计算机对输入的命令通常可以作出反应，比如在显示器等设备上输出结果。然而，这种人机交互方式缺乏自然性。

2．图形交互阶段

图形用户界面（Graphical User Interface，GUI）和鼠标的发明，大大提升了计算机的普及程度和使用效率。人机交互也进入了一个新的阶段。

图形用户界面的出现彻底改变了过去只有专业的程序员才能执行程序的局面，也使人机交互方式发生了翻天覆地的变化。图形用户界面是一种人与计算机通信的界面显示格式，用户可以使用鼠标等输入设备操作计算机，实现选择菜单选项、查找文件、启动程序、执行任务等功能。图形用户界面由桌面、视窗、单一文件界面、多文件界面、标签、菜单、图标、按钮等元素构成。由于图形用户界面具有简单易学、所见即所得等特性，所以没有经过编程培训的普通用户也可以很轻松地与计算机进行交互。

GUI 技术的起源可以追溯到 20 世纪 60 年代。美国麻省理工学院的 Ivan Sutherland 发明了 Sketchpad，该设备首次引入了菜单，以及不可重叠的瓦片式窗口和图标，并采用光电笔实现绘图操作。1968 年 12 月，43 岁的道格拉斯•恩格尔巴特（Douglas Engelbart）在旧金山计算机大会上向全世界演示了他与斯坦福大学的研究员们潜心钻研近十年而开发的 NLS 系统（见图 1-4）。NLS 系统是一套利用鼠标、和弦键盘，以及显示器来操作计算机的在线交互系统。在不到两小时的时间里，道格拉斯演示了文本编辑、创建超链接、发起视频会议等操作，并使用鼠标在屏幕上实现快速定位。这些新技术的应用显著地提升了人机交互的效率。这次演示活动也是计算机历史上最早的人机交互演示活动。

1970 年，美国施乐公司的帕罗奥多研究中心（Palo Alto Research Center，PARC）成立。1973 年，帕罗奥多研究中心研发出第一台个人计算机 Xerox Alto（见图 1-5）。这台计算机搭载了可视化的图形用户界面，并且可以使用三键鼠标进行操作。开发者首次应用了位映像图形显示技术并引入了桌面比拟（Desktop Metaphor）的概念。所谓桌面比拟，就是将计算机屏幕比拟成用户的桌面，用户可以在计算机屏幕上按顺序排列文件或重叠文件，以及使用鼠标随心所欲地选择需要的文件。然而，Xerox Alto 并不是一个成熟的商业化产品，其制造成本非常高，仅三键鼠标的制造成本就高达 300 美元。当时的施乐公司对这样的计算机并不感兴趣。因此 Xerox Alto 只生产了数千台，捐赠给了部分大学和研究机构。

1984 年 1 月 24 日，苹果公司发布了世界上第一台采用图形用户界面的个人计算机 Macintosh（简称 Mac）（见图 1-6）。这与当时采用 DOS 命令行的纯文本用户界面的 IBM 个人计算机形成了鲜明的对比，Mac 的面世是计算机发展史上重要的里程碑，它实现了人机交互中的精准定位与快速切换两项重要的功能。Mac 所搭载的图形用户界面提供了桌面、窗口及下拉菜单等，用户可以使用鼠标在直观的图形界面中进行操作。

图 1-4　道格拉斯演示 NLS 系统　　　图 1-5　第一台个人计算机　　　图 1-6　Macintosh
Xerox Alto

帕罗奥多研究中心的研发工作意义非凡，伴随着"桌面比拟"这一概念的引入，图形用户界面正式被世人所知，这也为基于 WIMP 技术的第二代图形用户界面奠定了基础。而 Mac 的面世，引发了个人计算机领域的一场革命。与基本交互阶段相比，图形交互阶段的人机交互效率有了显著的提高。

3．语音交互阶段与体感交互阶段

随着各类媒体终端的综合发展和网络的普及，人机交互的研究重点从传统的图形交互扩展到多通道交互、虚拟现实交互、增强现实交互、智能交互、情感计算等方面。这就要求"以人为中心"的人机交互技术要在交互形式上有所转变，即从以文本和图形等静态内容为主的单一交互形式转变为以人的多种感觉通道和动作通道（如视听、语音、手势、动作、表情等）为主的复杂交互形式，同时，交互形式也变得并行化、模糊化和多样化。

（1）第一阶段：多通道交互阶段。

多通道交互（Multi-Modal Interaction，MMI）是一种使用多种通道与计算机进行通信的人机交互方式。多通道交互既适应了"以人为中心"的自然交互准则，也推动了互联网环境下的信息技术产业（包括移动通信、网络服务器等）的快速发展。在多通道交互中，用户可以通过各种肢体动作及视觉、听觉、触觉、嗅觉、味觉等感官方式与计算机进行通信，采用这种交互方式的计算机用户界面被称为多通道用户界面。

20 世纪 80 年代后期，多通道用户界面成为人机交互研究领域的新方向，在国内外受到高度重视。多通道用户界面可以使用户避免生硬的、不自然的、频繁的、耗时的通道切换，从而提高了交互的自然性和效率。

目前，我们常用的多通道交互技术包括手写识别、笔式交互、语音识别、语音合成、数字墨水、视线跟踪技术、触觉通道的力反馈技术、生物特征识别技术和人脸表情识别技术等。

（2）第二阶段：虚拟现实交互和增强现实交互阶段。

虚拟现实（Virtual Reality，VR）是一项以计算机技术为核心的综合技术，该技术结合了计算机图形技术、传感技术、人工智能技术、显示技术及网络并行整理技术等，可以生成与一定范围内的真实环境在视、听、触、感等方面高度相似的数字化模拟环境。用户借助必要的装备能够与数字化模拟环境中的对象进行交互，从而产生亲临现场的感受和体验。虚拟现实技术是一种认识自然、模拟自然，进而更好地适应和利用自然的科学技术。

增强现实（Augmented Reality，AR）通过实时计算摄影机所拍摄的影像的位置及角度，并配上相应的图像、视频、3D 模型等，以实现特殊的视觉效果。这种技术包含了多媒体、三维建模、实时视频显示及控制、多传感器融合、实时跟踪及注册、场景融合等技术。增强现实技术是将真实世界和虚拟世界"无缝"集成的新技术。借助增强现实技术，可以呈现出某些在真实世界里很难体验到的内容。增强现实技术的基本原理可以简单解释为，通过计算机技术将虚拟的物体仿真后再叠加到真实世界中，用户通过各种感官进行交互，达到超越现实的体验。例如，用户所使用的头盔显示器能够将真实世界与虚拟的物体叠加在一起，两者共存于同一个画面或空间中，用户戴上头盔显示器后便能感觉到虚拟的物体被布置在真实世界中。

（3）第三阶段：智能交互阶段。

智能用户界面（Intelligent User Interface，IUI）是致力于改善人机交互的效率、有效性和自然性的界面。它通过表达、推理等方式，并按照用户模型、领域模型、任务模型、谈话模型和媒体模型来实现人机交互操作。智能用户界面主要利用人工智能技术实现人与计算机之间的通信，从而提高了人机交互的有效性。其中，智能代理技术发挥着重要作用，该技术可以使计算机应用服务向着人性化、个性化的方向发展。例如，Office 助手就用到了智能代理技术，这类软件具有自主行为能力，能够感知外界环境，实现用户设定的目标，通常会在适当的时候帮助用户完成最迫切的任务。应用了智能代理技术的计算机系统可以根据用户的喜好和需要配置具有个性化特点的应用程序。基于此技术，我们可以实现自适应用户系统、用户建模和自适应脑界面。

① 自适应用户系统在近年来的电子商务领域，以及数字图书馆的信息检索、信息过滤和移动计算等基于 Web 的信息访问服务中显得越来越重要，具体应用包括帮助用户获得信息、推荐产品、界面自适应、支持协同、接管例行工作、为用户裁剪信息、管理引导对话等。

② 用户建模是智能用户界面的重点研究方向之一，用户建模主要研究人机交互的适应性，以及用户的认知能力，如知识、信念、偏爱、规划等。目前，机器学习是主要的用户建模方法。例如，通过神经网络、贝叶斯深度学习等技术，以及在推荐系统中使用协同过滤算法实现对个体用户的推荐服务。

③ 自适应脑界面在现实生活中也有比较重要的应用。例如，在自适应脑界面中，计算机借助神经分类器分析用户的脑电波，再判断用户想要做什么，这种交互技术可以服务于肢体伤残人士，帮助他们完成一些有难度的动作，以及一些特殊的认知行为。自适应脑界面是神经科学和计算机科学结合的产物。

（4）第四阶段：情感计算阶段。

随着环境和时间的改变，每个人都会出现情感的变化。那么当人与计算机进行交互时，计算机能否体会到人的情感变化，并"见机行事"呢？这里，我们引入情感计算的概念。情感计算是一种特殊的计算系统，它能感知、识别和理解人的情感，并能针对人的情感给出智能的、灵敏的、友好的反应。情感计算赋予了计算机像人一样的观察能力、理解能力，以及生成各种情感特征的能力。

1985 年，美国麻省理工学院的 Marvin Minsky 教授在他的专著《意识的社会》中指出："问题不在于智能机器能否拥有任何情感，而在于当机器实现智能时怎么能够没有情感？"在这本书中，Marvin Minsky 提出让计算机具有情感能力。但首先提出"情感计算"概念的是美国麻省理工学院媒体实验室的 Picard 教授。1997 年，她在专著 *Affective Computing* 中给出了"情感计算"的定义。她指出，情感计算是与情感相关的，它来源于情感或能够对情感施加影响。

美国麻省理工学院媒体实验室的 Rosalind Picard 教授领导的研究小组对"情感计算"进行了全方位研究，并且与惠普公司开展了合作，探索具体的应用产品，比如开发情感机器人等。此外，美国麻省理工学院媒体实验室研制了"情感计算系统"，通过记录人面部表情的摄像机和连接在人体上的生物传感器来收集数据，然后由名为"情感助理"的控制程序来识别人的情感。欧洲地区的一些信息技术实验室也在加紧对"情感计算"的研究，比如英国剑桥大学、飞利浦公司等通过实施"环境智能""环境识别""智能家庭"等科研项目来深耕这一领域。近年来，在"情感计算"方面比较成功的案例是日本软银公司开发的全球首款可以与人交流的情感机器人 Pepper，如图 1-7 所示，这款机器人于 2015 年初在网上公开销售，售价为 19.8 万日元，首批 1000 台情感机器人 Pepper 在一分钟内即告售罄。Pepper 是首款搭载"感情识别功能"的机器人，它可以识别用户的情绪，懂得怎么安慰用户。它还可以从用户的生活习惯中认知用户的喜好，它甚至可以通过分析用户的表情和声调，推测用户的情感，并采取相应的行动。除了情感互动，Pepper 还可以成为用户的小助手，比如 Pepper 联网之后可以帮助用户查找餐馆或路线。

图 1-7　全球首款可以与人交流的情感机器人 Pepper

1.3.3　人机交互的应用

随着科技的进步，各种新兴技术逐步融入了我们的生活。移动互联网技术使用户可以在移动终端上随时体验在线服务；触屏交互技术使各年龄段的用户可以无障碍地使用计算机；虚拟现实技术使用户可以自由地沉浸在虚拟世界中；人工智能技术使机器能更好地理解人的意图，满足人的需求。而人机交互技术同样也有着广泛的应用，在工业制造、教育、娱乐、军事和日常生活等领域，人机交互技术对各行业的发展起到了重要的推动作用。

1. 生活

2017 年 9 月，支付宝宣布在杭州的一家肯德基餐厅上线"刷脸支付"业务，除了刷脸，用户仅需输入手机号确认支付交易款；2017 年 8 月，京东在上海宝地京东之家、深圳沃尔玛京东之家，北京昌平永旺京东之家，北京通州万达京东之家这四个线下零售店推出了"刷脸支付"业务，用户刷脸后输入手机号后四位便可完成交易。支付交易过程中的"刷脸"行为本质上属于身份识别的范畴，这种技术的应用范围很广。例如，银行、火车站、航空公司、海关等机构都需要对人进行身份识别，通过"刷脸"行为可大大缩短业务流程所花费的时间。iPhone X 也提供了类似的面容 ID 功能，如图 1-8 所示，该功能在设备解锁、身份验证、支付交易等方面为用户提供了一种安全、私密的处理方式。

图 1-8　iPhone X 的面容 ID 功能

此外，在日常生活中，我们也会用到触控技术。其实，触控技术距离我们并不遥远，例如，银行中有可触控的取款机，部分医院、图书馆的大厅里有可触控的服务设备，部分 MP4、数码相机，以及早期的触屏手机也用到了触控技术。但是，上述这些设备只用到了单点触控技术，即只能识别和支持每次一个手指的触碰或点击操作，若同时有两个以上的点被触碰，就不能给出正确的反应。自 2007 年以来，苹果公司及微软公司分别发表了应用多点触控技术（Multi-Touch）的产品及计划，从此，该技术进入大面积应用时期。多点触控技术摒弃了键盘、鼠标的单点操作方式，支持在同一显示界面上进行多点操作或多用户交互操作。

2. 工业

在工业领域方面，人机交互技术多用于产品论证、产品设计、装配、人机工效和性能评价等，不仅可以节约成本，而且可以提高熟练度和便利性。一些代表性的应用（如模拟

训练、虚拟样机技术等）已受到许多工业部门的重视。例如，如图 1-9 所示为美国国家航空航天局火星探测漫游者计划的第一部火星漫游车——勇气号火星探测器，该探测器于 2004 年 1 月在火星南半球着陆并收集了关于火星的强有力的证据；卡特彼勒（Caterpillar）公司作为世界上最大的工程机械制造商之一，在开发新产品之前，工程设计人员通过虚拟样机技术，模拟和分析设备在工作过程中的应力分布状况和控制系统的工作稳定性，并及时找出和修改设计过程中的问题，即使设计一块金属片，工程设计人

图 1-9　第一部火星漫游车——勇气号火星探测器

员也会给出几千种设计方案并进行反复试验；20 世纪 90 年代，美国约翰逊航天中心使用 VR 技术对哈勃望远镜进行维护训练；美国波音公司的波音 777 飞机就是基于虚拟样机技术实现的，整个飞机的设计、组装、性能检验及测试分析均用到了虚拟样机技术，从而大大地降低了飞机的研发成本。

3. 教育

教育领域是最有机会从人机交互中受益的，特别是基于人手的交互应用，如虚拟白板、虚拟实验，以及方便课堂教学的其他应用。例如，根据机器学习演化而来的自适应学习能够基于每个学生的学习习惯，为其量身打造最适用的学习方法。此外，有一些科研机构研发出沉浸式的虚拟世界（Virtual World）系统，通过和谐自然的交互手段，让学习者在虚拟世界中自如地探索未知事物，激发他们的想象力，启迪他们的创造力。例如，美国南加州大学创新技术研究所的医疗虚拟现实小组通过学习虚拟现实技术的用例，达到临床观察的目的。在爱尔兰，研发人员在虚拟世界的 Open Sim 平台中重建了历史遗迹，使得学生可以通过 Oculus Rift 头戴式设备遨游其中，如图 1-10 所示。

图 1-10　学生使用 Oculus Rift 头戴式设备

4. 军事

人机交互还可以应用于国防军事领域。利用电子计算机模拟人类的学习和推理，收集情报，破译密码，处理问题，辅助战术决策等，这些应用不仅满足了军事需求，而且对人机交互技术的发展起到了推动作用。20 世纪 90 年代初，美国率先将虚拟现实技术应用于军事领域，其中，NASA 虚拟工作站是美国国家航空航天局与军事部门为模拟训练而开发的；美国国防高级研究计划局（DARPA，Defense Advanced Research Projects Agency）于 2007 年启动 "深绿（Deep Green）" 计划，目的是将仿真技术嵌入指挥控制系统，从而提高指挥员临机决策的速度和质量。

5. 文化娱乐

伴随着触控和体感这两种比较流行的交互技术逐渐成熟，交互设备为用户提供了更好的交互体验。市面上出现不少基于视频、声音、陀螺传感器、触觉传感器的产品，如日本老牌游戏公司任天堂生产的 Wii 手柄、微软公司生产的体感游戏设备 Xbox Kinect、索尼公司生产的 PS4 等。Wii 手柄里面包含了固态加速计和陀螺仪，可以实现各种倾斜和旋转操作，以及向上、下、左、右等各方向加速。Wii 手柄为游戏产业带来了巨大的体感游戏革命。体感游戏的概念使得游戏产业突破了游戏方式数十年一成不变的瓶颈，从无到有涌现出很多前所未有的游戏，如 *Wii Sports* 和 *Wii Fit*。体感游戏的出现也模糊了玩家与非玩家的界限，作为一种被非玩家认同的流行文化，极大地扩展了用户群体，如图 1-11 所示。

除了在游戏方面，人机交互在影视制作领域也得到了广泛应用，如动作捕捉。动作捕捉指捕捉演员表演时的动作，然后把这些动作同步到计算机中的虚拟角色上，使虚拟角色的动作和真人毫无差别，以达到逼真、自然的效果。1990 年，在电影《宇宙威龙》中，拍摄男主角经过 X 射线时的镜头就用到了动作捕捉技术。之后，《魔戒》里的咕噜、《泰迪熊》里的毛绒熊、《阿凡达》里的部落公主均用到了这种技术进行拍摄。2018 年，斯皮尔伯格从 VR 游戏中找到了灵感，拍摄了电影《头号玩家》，电影中的玩家与游戏人物通过动作捕捉实现了同步运动，如图 1-12 所示。

图 1-11　体感游戏

图 1-12　电影中通过动作捕捉实现同步运动

6. 体育

目前，人机交互在体育竞赛、运动训练、体育教学等方面有着广泛的应用。精确的测量手段是研究体育运动的重要基础。借助动作捕捉技术，我们可以获取研究对象（包括人、动物和器械）的高精度、高频率的运动数据，将图像中的连续数据转化为多维动态数据进行分析，实时同步监测，再针对不同的实验目的进行精确的量化评估和分析，进而辅助体育运动的教学和科研工作。此外，Kinect 体感技术以游戏模式对学习者进行训练，学习者通过系统对自己的动作进行判断，据此规范自己的动作，进而提高自己的技能，达到心理和生理上的愉悦。如图 1-13 所示为运动员进行足部压力测试。

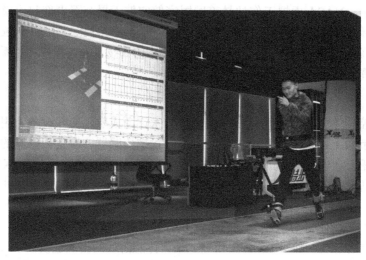

图 1-13　运动员进行足部压力测试

7. 医疗

在常规的医学检查中，很多人体内部的细微变化仅凭人的肉眼是无法观察到的，因此我们必须借助医疗设备。而随着人机交互在该领域的进一步深入，很多服务得以延伸。例如，通过二维动画或三维动画展示人体内部各系统之间的关系；通过虚拟现实技术进行手术训练；通过虚拟现实技术和视频互动方式进行远程会诊、手术规划及远程协作等。说到这里，我们不能不提 Surgical Theatre 公司，Surgical Theatre 公司是 VR 医疗服务的领军企业，该公司开发了一种用于手术可视化和规划的 VR 系统，拥有 FDA 专利授权，如图 1-14 所示，目前在全世界有上百家医院使用该系统。例如，肿瘤科医生在患者接受手术之前可利用 Surgical Theatre 企业级医学可视化平台和 Precision VR 平台进行可视化操作。据悉，该平台可以将医生在显微镜或内窥镜中观察到的影像扫描后进行 3D 建模，实现 20% ～ 30% 肿瘤阴影的实时成像，以便医生及时确认肿瘤的位置。此外，Surgical Science 公司开发了 LAPSIM 系统，可以进一步提高解剖视觉能力，从而优化了手术决策的过程，有效地减少了手术所花费的时间，降低了手术出错的概率。这对提升病人安全、优化整体效果作出了重大贡献。

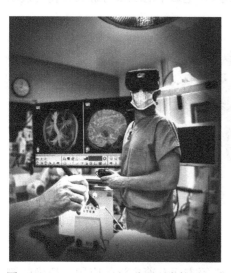

图 1-14　Surgical Theatre 公司开发的用于手术可视化和规划的 VR 系统

1.4 习题

（1）什么是人机交互？

（2）简述人机交互的发展历史。

（3）人机交互可以被应用到哪些方面？分别有什么意义？

第 2 章

交互设计理论基础

2.1 用户感知

2.1.1 用户感知的基本概念

感知是感觉与知觉的统称，二者均属于生命体认识世界的初级阶段。

感觉先于知觉发生，感觉反映的是身体感官单独对事物的不同属性的认识。以人体为例，视觉即视网膜上的感光细胞对颜色的认识，听觉即耳蜗内的鼓膜对声波的认识，触觉即表皮细胞对可触摸材质的认识，这些感觉均通过神经传递给大脑进行处理，再由大脑命令人体的相应器官给出反应。这个过程是直接的、感性的，属于生命体的本能。

知觉则指生命体针对一个对象有了多种感觉后，所得出的更为全面的认识和判断，进而产生相应的心理反应和生理反应，如放松、愉悦、紧张、焦虑等。然而知觉并非简单地将多种感觉"相加"，其背后还有过去的主观经验影响着知觉的产生过程。例如，同样针对快速掠过的影子，猎食者的反应和猎物的反应类似，它们都会快速聚精会神、压低身体、降低行进噪音等，但它们对掠影的认知是截然相反的；猎食者将小心翼翼地获取猎物的方位并准备捕杀，而猎物则判断生命是否受到威胁并设法躲藏或逃离现场。因此，不同的知觉所引导的实践行为也存在差异。

生命体的感知系统经过亿万年的进化演变后已经达到了十分精巧与敏锐的水平。而人类的感知系统更发达，可以进行复杂的心理活动，包括思维和想象。在人类感知的四个层次（感觉、知觉、思维、想象）中，越靠前的层次意味着人与外界进行信息交换越直接，越靠后的层次意味着人与外界进行信息交换越抽象。运用唯物辩证法进行分析，通常认为思维和想象的根据仍来自感知，而在感知过程中，对光、声波等信息的直接反应是可控的、可设计的，并能够引导思维和想象。

人机交互中"用户感知"概念的产生可追溯到 20 世纪 80 年代的美国，当时产生了针对改进服务行业的方法，即提升"用户感知"。该概念的提出基于在服务过程中对人际接触、用户满意度等各项因素的重视。与"服务结果"相比，"服务过程"的感知更能影响用户对服务的满意程度。例如，销售化妆品时，如果销售柜台环境整洁、光照适宜、周围无异味且无噪音，销售人员行为举止得体，能对用户的妆容给出积极的评价，并且能针对用户的现状给出合理的建议，同时不主动地向用户施加压力等，在这种情况下，用户往往就会暂时忽略产品的价格，而更关注产品本身，从而增加用户购买行为的可能性。然而，如果其中某个因素令用户感到不适，如推荐过度，则容易让用户产生怀疑，如怀疑销售人员可能为了获取更高的提成而兜售产品。用户的怀疑会不断延伸，引发其各种臆测，最终导致销售失败。对服务过程的感知，能一定程度地反映出产品的最终品质，同时也会引发用户臆测，这对产品品质的形象可能有利也可能有害。因此，针对用户感知的设计应做到方向明晰、表现直观、减少误导信息，从而避免用户臆测。

　　用户感知是取决于用户还是取决于产品呢？虽然"用户感知"倾向于表达用户在其中的主观能动性，然而用户能够感知到什么、体验好不好，这些方面终究取决于产品。产品主导用户感知，这意味着产品的开发者要对用户期望感知到的信息进行采集、精炼、设计、呈现。人机交互产品中用户感知的设计目的是让用户初步认识该产品，以确保在初识阶段达到他们的预期，为进一步综合、全面地认识该产品提供条件，最终确保该产品能够满足他们的某种需求。这意味着在交互过程中，用户的预期是符合的、操作是流畅的、心情是愉悦的、目的是达成的、进一步使用是可能的……这些方面需要使用智能化手段加以实现，同时也对人机交互产品的人性化设计提出了相当高的要求。

2.1.2　五种可感知的用户界面

　　利用人类感知阶段的视觉、听觉、触觉、语言及综合联觉进行人机交互的五种用户界面被称为可感知用户界面。最早的用户界面其实是命令行界面，如图 2-1 所示。不过，它并不适用于普通用户，这种界面主要供专业操作人员使用，因此它并未被纳入可感知用户界面的范畴，然而它的重要地位却不可忽

图 2-1　命令行界面

视，因为所有的可感知界面都源于它。随着人机交互技术的深入发展，"界面"被逐渐弱化，技术的重点逐步转向信息的准确传递和任务的有效执行。下面介绍这五种可感知的用户界面，读者在学习的过程中也能体会到用户界面的发展趋势。

1. 图形用户界面

　　基于视觉感知的图形用户界面（GUI，Graphic User Interface），其设计原则就是要符合人眼的生理结构，遵循人的观看习惯。该原则在杂志平面设计、户外广告设计、网页设计、UI 设计等方面是通用的。

　　人眼的生理结构决定其更适应水平方向的快速、大范围扫视。而在垂直方向的大范围扫视，往往还要低下头或仰起头才能实现。对于小范围的视觉目标，人眼仍然会优先横向扫视，再纵向扫视。因此，无论是用于配置计算机浏览器界面的导航信息（见图 2-2），还是配置手机应用的导航信息（见图 2-3），都要遵循这项原则。

　　此外，人眼对视觉信息的采集，以及大脑对数据的处理有以下三个特征。

　　（1）人眼会对相似的视觉信息进行分类。

　　在对视觉信息认知的过程中，大脑总是在不断地寻找视觉元素之间的联系，并按照其属性（如形状、颜色、质感等）对它们进行分类，如图 2-4 所示，以便更快地比较、更准确地理解这些视觉元素。因此在图形用户界面的设计中，应当为用户将同类型的视觉元素或信息聚集在一起。例如，通过横向菜单和纵向菜单将命令进行分级，通过颜色和形状对图标进行分类等，能够有效地提升用户在界面中操作的准确性和效率，如图 2-5 所示。

　　（2）人眼对视觉信息的系统性和完整性有偏好。

　　当视觉对象种类多，并且外观差异大时，人眼通常不会认为它们属于同一个系统；反

之，如果视觉外观统一，则会有较强的同一系统指向性，如图 2-6 所示。为了提供更有效的导航信息，图形用户界面设计师在产品中需要强调视觉元素的整体性。如果视觉元素不统一（如色调、风格差异过大），则会让用户感到视觉元素相互孤立，毫无关联。在某个系统中，假设存在一个设计性非常好且独立的视觉元素，如果该视觉元素无法与其他视觉元素呼应，则该视觉元素应该被舍弃。因为割裂的视觉元素难以搭配其他视觉元素，也很难成为产品的一部分，进而无法吸引用户，所以在设计过程中要注意。

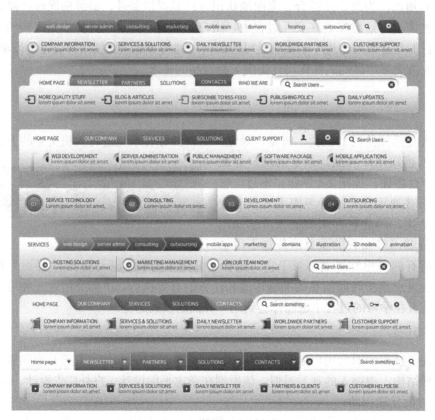

图 2-2　计算机浏览器界面的导航信息

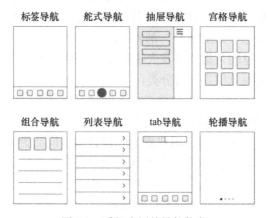

图 2-3　手机应用的导航信息

图 2-4　寻找视觉元素之间的联系

图 2-5　将图标按颜色或形状进行分类

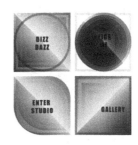

图 2-6　有较强的同一系统指向性

图形用户界面可以服务于一个庞大而复杂的交互系统，其中的信息板块种类繁多，若想实现统一性，则在不同的板块中应使用一些相似的视觉元素进行呼应，以强调套系特点，如主题色呼应、图标形状呼应、版面结构呼应等。

（3）人眼对重复出现的视觉元素非常敏感。

重复出现的视觉元素有着很强的视觉吸引力，这被称为元素重复与视觉引导，如图 2-7 所示，这不仅让用户产生强烈的心理节奏，还能为即将发生的视觉变化蓄力——这迎合了设计想要表现的高潮。在基于网格的平面设计和空间设计中，经常会用到重复的视觉元素及其各种变化形态，用于表现严谨、规范、清爽、活力；连续的线条、重复的形状、规整的排列等一方面能够产生形式美感，满足用户的审美需求，另一方面还能引导视觉，强化界面布局的逻辑性，避免用户漫无目的地投机和尝试。

图 2-7　元素重复与视觉引导

2. 触控感知用户界面

触摸屏幕本质上是一种将视觉和触觉结合后形成的用户界面，即触控感知用户界面（TSUI，Touch Screen User Interface）。它的交互首先依赖视线定位，其次依赖触摸屏幕，因此不可将其与基于视觉感知的图形用户界面割裂开来。目前，触控感知技术已被广泛应用于智能手机、平板电脑、智能电视、智能锁等设备中，如图 2-8 所示。触控感知技术所支持的操作系统包括 Android、iOS 及 Smartisan OS 等。

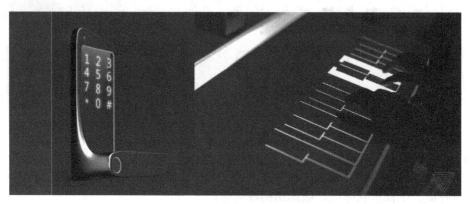

图 2-8　触控设备

触控感知用户界面的交互指令优先选用了人类的部分自然手势，如单个手指滑动触发图片位移，单个手指在屏幕上滑动写字，单指指纹识别等。由于这些交互指令符合日常生活中人的手部动作习惯，所以交互指令的开发极易适应和转换，并且学习成本几乎为零，这与过去需要通过鼠标或键盘等输入设备才能完成的操作相比，无疑提升了效率。自然手势的优势在于，它可以让老人、儿童或其他没有操作经验的人与智能设备之间的操作无缝衔接。此外，触控感知用户界面的交互指令也创造性地发明了一些非自然手势，并将这些非自然手势与操作结果相关联，如拇指和食指配合缩放图片、单指双击最大化图片、双指同时触摸打开菜单等。这些非自然手势的确存在一定程度的记忆负担和学习成本，但与传统的输入设备相比，这些非自然手势就比较简单了。与此同时，非自然手势也培养了用户的新的手部动作习惯，这为产品在换代时留住用户奠定了基础。

触控交互技术配合优秀的触控感知用户界面设计，能够利用屏幕在视觉元素、听觉元素和触觉元素上的综合反馈，大大激发用户的联觉。例如，在触控交互过程中，视觉元素和听觉元素的交互效果可分别通过动画和声音来实现，而触摸屏幕的传感器也能够将震动效果实时传递给用户，与单纯的图形交互技术相比，这显然能提高用户在交互过程中的兴致和愉悦程度。

3. 实体交互用户界面

在各种信息通信技术及新能源、新材料等技术的支持下，交互界面实现了物理空间与虚拟空间的深度融合与共生，从而催生了实体交互用户界面。实体交互用户界面（TUI，Tangible User Interface）是指用户通过物理环境（含实体）与数字信息发生交互行为的界面。在这种界面中，用户可以通过数字信息操控其他实体，让其发生物理特性的改变，如位移、形变等。通过赋予无形的数字信息以可触摸的实体形式来增强写作、学习和设计的能力，从而充分利用和挖掘人类对于物理对象的掌握和操纵能力。在日常生活中，智能桌面积木玩具 Siftables 就属于这种界面的应用，如图 2-9 所示。

图 2-9 智能桌面积木玩具 Siftables

当信号输入设备出现后，用户逐渐遗忘了计算机背后的机器语言，而关注计算机所传达的信息，这也是实体交互的雏形。实体交互用户界面有以下四个特征："物理呈现"结合"数字信息"进行计算；"物理呈现"体现交互界面控制；"物理呈现"成为数字信息表达中介；"实体物理状态"体现"系统数字状态"。在实体交互用户界面中，操作方式与在现实世界中的操作方式非常相似，源点都是人体动作，对象都是实体，但在实体交互用户界面中，源点和对象是通过数字信号进行联系的，然而数字信号的处理过程几乎没有被用户所察觉。例如，Gary Zalewski 设计了一种智能桌面积木玩具 Siftables，在这套积木玩具中，每块积木都是一台小型计算机，有屏幕、传感器、闪存、触碰驱动装置等，这些积木可以通过无线通信感知自己的位置及邻近积木的位置。当积木相互独立时，每块积木可以显示各自的图像；当用户拼合积木时，所有积木可以显示有内在联系的图像，从而构成一幅完整的画面。此外，美国麻省理工学院的 Daniel Leithinger 和 Sean Follmer 在 Hiroshi Ishii 的指导下设计并开发了一种交互式形变桌面，如图 2-10 所示，该桌面利用 inFORM 变形表面，在电子元器件上模拟物理触感，即允许用户通过手部动作触发电子元器件来移动对象，而无须使用自己的手触碰对象。

图 2-10 交互式形变桌面

目前，实体交互用户界面主要有五种类型，即二维互动表面式、装配嵌入式、2.5D 变形材料式、体感植入式，以及智能环境式。

实体交互用户界面与图形用户界面最大的区别是，实体交互用户界面不再需要物理形态的模拟隐喻，如三维形态的按钮、虚拟的空间等；对于用户来说，无须转译，实体交互用户界面更直接、自然。但实体交互用户界面并不适用于所有的数字信息载体，对于有一定精度要求的应用，目前的实体交互用户界面还难以满足需求，也不具备必要性。

4. 自然语言交互用户界面

自然语言处理是人工智能领域中的重要部分，也是一项关键技术。这项技术主要解决人和计算机进行自然对话的问题。利用这项技术，可以研制表示语言能力和语言应用的模型，并建立模型所需的计算框架，最终能够让计算机理解人类的自然语言并进行交互。自然语言交互用户界面（NLUI，Natural Language User Interface）是一种基于自然语言触发计算机命令的特殊界面。使用这种界面比使用特定的输入工具（如鼠标、键盘等）或自然手势更容易掌握，用户无须进行特殊的培训即可操作。目前，对自然语言的研究分为以下五个阶段：将自然语言形式化→将形式化的语言转换为算法→根据算法编写程序→智能设备测试程序→根据测评的用户体验对质量和性能进行改进。

自然语言交互技术应当与语音识别技术有所区分，语音识别技术是自然语言交互技术的一个研究方向，后者涵盖前者。语音识别技术通常只执行标准化的语音命令，因此用户仍需要学习语音命令才能操作计算机。目前市场上已经出现了大量应用语音识别技术的智能产品，如亚马逊 ECHO DOT 和天猫精灵，如图 2-11 所示。用户通过标准化的语音命令可以操控产品完成一些简单的任务，如打电话、购物、取快递等。然而，自然语言交互技术除要完成语音识别外，还要通过检测单词的语法关系及语境，从而进一步确定某句话的含义，以便准确地执行用户的自然语言命令。

图 2-11　应用语音识别技术的亚马逊 ECHO DOT 和天猫精灵

自然语言交互技术在未来的理想状态可以借用第 86 届奥斯卡提名影片之一的《云端恋人》的场景完美诠释，即自然语言交互技术的终极发展目标是让用户全然忘记自己在与计算机对话。自然语言交互技术目前的难点在于识别、理解、处理不同语境、心理状态下复杂的人类语言。此外，语音、语调、语速、重音、同音、噪声干扰、信息干扰等都是目前亟待处理的问题。还有，用户需要向计算机表达完整的语句，如果用户仅仅表达部分语句，那么与该语句相关的完整信息将无法被计算机识别，导致在执行命令时产生延迟。

自然语言交互技术本身是一门交叉学科，综合了计算机科学、数学、心理学、语言学、哲学、电子工程学、生物学等多门学科，对开发者的研究领域的广泛性有极高的要求，这也是该技术发展速度相对较慢的制约因素之一。但可以预期的是，在未来，自然语言交互技术必然与人工智能技术深度融合。

5. 自然用户界面

"直到现在，我们还得适应技术的限制，并且遵从很多设置好的传统步骤使用计算机。运用自然用户界面，计算机将第一次适应用户的需要和喜好进行工作，人类可以通过最舒服和自然的方式运用科技。"这是微软公司联合创始人比尔·盖茨（Bill Gates）对

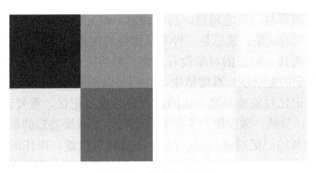

图 2-13　色彩搭配对比

设计师在考虑用户的注意力时，并非要在设计过程中"下猛药"，而应该掌握好对比关系。以图形交互界面为例，图形交互界面通常有多个功能接口，突出重点并将用户的操作指引到预期的功能接口中是设计师在设计界面时应思考的事情。如图 2-14 所示，在色彩上利用色相、色系、色调，在明度上利用明暗，在纯度上利用清浊，在结构上利用引导线，在空间上利用留白等方式，从而创建适当的对比关系，有利于交互操作更明晰，信息传递更准确。

图 2-14　利用各种方式创建适当的对比关系

交互设计强调的是优化用户与计算机的沟通过程，因此，对用户的偏好、注意力、思考逻辑的分析是交互设计的关注点。规避和减少导致视听疲劳的因素，移除多余的花哨功能，简化界面、突出重点，才能使用户更加专注交互过程。

2.2.2　"记忆"与"遗忘"

认知的第二个阶段是"记忆"。记忆有四个阶段：①识记，即对认知对象通过感官输入大脑进行编码的过程；②保持，即对认知对象编码进行进一步的加工整理，使其有序地组织好结构，以便用户长时间储存信息；③再认，即对过去识记过的对象再次呈现在眼前时能够确认和辨别的过程；④回忆，即对过去识记过的对象在未能呈现的情况下在大脑中进行重现的过程。整个记忆过程类似计算机从编码到提取的过程，编码越完善、组织越有序、间隔时间越短，提取越容易，反之越难。与之相对，遗忘是对识记过的对象无法再认或错误再认，或者错误再现的现象。遗忘是一种不可避免的现象，有五个方面的原因导致遗忘：记忆后时间过长没有再认、记忆的对象没有意义、外界干扰、内部压抑、生理性衰退。通过研究可以发现，对象的复杂度、难度适中，并且可以被频繁再认，有利于用户记忆对象。进一步研究，我们将记忆对象被频繁再认的过程称为重复记忆，重复记忆又分为被动重复记忆和主动重复记忆，显然，激发用户主动重复记忆，是减缓遗忘的最佳途径。

　　人机交互过程涉及的记忆对象包括三部分：功能的位置、操作的方法、传递的信息。对用户来说，传递的信息是记忆的重点，而功能的位置和操作的方法属于被动重复记忆的内容，功能的位置和操作的方法是将用户引向信息的"通道"，如果功能的位置和操作的方法过于复杂、冗余，就会加重用户记忆的负担，并且使产品的使用目的和使用过程本末倒置。

　　在交互设计中，识记、保持、再认是可控的因素，分别可以通过重复强化、意义重建、减少无用信息、增加趣味性等方式来加强用户记忆的持久性，尽可能降低遗忘率。其设计原则包括三个方面，其一，简化任务执行步骤；其二，菜单、图标的外观设计和布局保持一致性；其三，通过颜色分区帮助用户记忆。由于人的再认能力大于回忆能力，所以在交互设计中要尽可能地减轻用户回忆的负担，利用图文界面替代命令行界面。

　　如今，手机操作系统开发商非常关注人机交互操作的便利性，他们致力于降低用户在使用手机应用时的遗忘率。部分手机操作系统开发商进一步创新思路，对用户的"理解"和使用过程中的"情怀"进行深入研究。以 Smartisan OS 为例，其原创的两项功能深受用户喜爱：更加便捷、有人情味的设计——"闪念胶囊"，即一键快速记录用户脑海中突然冒出来的念头；释放用户对烦琐操作步骤产生的记忆压力的设计——"一步"，即让用户更加轻松、随性地进入或退出各种应用功能，而不会迷失在复杂的路径中，如图 2-15 所示。

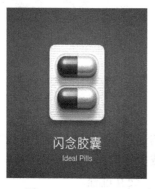

图 2-15　Smartisan OS "闪念胶囊"和"一步"应用

　　未来，人们对对象的记忆将越来越依赖搜索引擎和存储设备，因此搜索引擎的检索能力及存储设备的信息存储能力显得尤为重要。

2.2.3　"感知"与"思维"

　　感觉与知觉均反映事物的外部现象；知觉来源于感觉，比感觉更加抽象。人依靠各感官孤立地认识事物的某个属性，这便是感觉；人的大脑将事物的若干属性进行综合处理，并能够反映在人的感性行为上，这便是知觉。例如，人的视网膜受到不同色光的刺激，人的耳膜受到声波的刺激，这些都属于感觉，而由此产生的各种情绪则属于知觉。人通过知觉能够认识事物的整体。受先修知识和经验的影响，即使只接收到一个孤立的感觉信息，往往也能够引起人对事物的整体形象的知觉。因此在设计界面之前，对不同类别的用户所对应的普遍经验进行调研尤为重要。找出能够激发知觉的各种资源，就能有针对性地、有效地提升用户体验，增强用户参与度，为之后可能产生的用户黏度做准备。如图 2-16 所示，以"毒物"App 的界面设计为例，各板块多用黑色作为背景色并大量留白，其各项功能用简洁的高明度外框作为进入接口，各页面中都有倒三角形 Logo 相互呼应，文字少、字体细，有意凸显低调、奢华、神秘、精致、小众。"毒物"App 以该产品所推崇的购买宗旨和精神，即高品质有情调的生活，来吸引对独特性有追求的男性消费者，也为推送商品的价格提升进行了铺垫。这一系列设计都在感觉层面对用户进行刺激，当用户看到该 App 的外观并想深入了解其功能时，说明他们属于该 App 所针对的用户类别，同时他们在知觉层面被成功地激发了认同感，然而用户能否被长期的留住则受制于自身的思维。

图 2-16 "毒物"App 界面设计

与感知相对的，就是思维。它是一种理性抽象的大脑活动，它以感知为基础却又超越感知的深度，并借助语言和行为进行输出。思维通过探索事物的外部现象和特征来发现事物内部的本质和规律，其形式多样，有分析、综合、比较、归类、抽象、概括等。相较于感知，它更加难以被发现和定向，在界面设计中更加难以被控制。交互设计的难点正是要探索用户在交互体验过程中的思维模式，进而预期用户的行为，以便实施更好的过程设计来引导或服务用户。例如，在移动版的谷歌地图中，使用手势对地图进行放大并查看细节的操作，其中地图的显示涉及视觉感知，地图的放大涉及触觉感知和视觉感知，这些操作背后隐藏着用户想要获取的信息（如地图所见区域与真实区域的显示比例），这便是在交互设计过程中需要考虑的重要因素——用户思维。而地图比例标识应该出现于何时，应该如何显示和隐藏，是否有必要长期停留在屏幕上等问题，都需要设计师将用户的交互行为和信息的显示效果联系起来并进行思考。例如，用户想要获取的信息具有实时性，在需要的时候才会显示，因此地图上的标识被设计为在操作时渐显，在停止时渐隐的效果。

▶ 2.3 交互设计方法

优秀的产品，其外观漂亮且功能实用，在设计和研发的前期，用户调研必不可少，后期的产品测试和迭代也非常关键，背后则取决于方向正确的设计思维。具体而言，要对不同类别的用户在产品使用情境下的思维进行深入研究，进一步反映出用户的行为和习惯，从而挖掘用户的真实需求，然后根据用户的真实需求建模，逻辑清晰地对达成用户目的的交互过程进行分层、归类、抽象，为外观设计提供根据。下面介绍一些主流的、既独立又融合的交互设计思维，供读者参考。

2.3.1 以用户为中心

任何一款产品，无论是实体的还是虚拟的，均要满足用户的功能需求及审美需求，可见用户需求是产品设计的出发点，也更就是我们常说的以用户为中心。交互设计的出现，能够在推广虚拟产品时给用户以更自然、更亲切的感受，并能使该虚拟产品实实在在地帮助用户达成目的，这便是用户体验设计。

用户对产品的使用需求可以划分为多个层次，由低到高分别为能用、易用、爱用。使用需求的层次越高，用户主动性就越高。用户对产品的使用需求的层次为交互设计设立了底线和最高目标，供设计师进行优劣评估。

交互设计的执行流程：观察用户→理解需求→综合分析→建立雏形→迭代测试→应用执行。其中，理解需求是用户体验设计的关键。整个用户体验设计的过程强调认识用户的真实期望和目的、对用户体验有正确客观的预估、减少交互界面中的缺陷、控制维护成本，以便经常更新和修正，最终让用户觉得产品使用起来得心应手。

用户体验设计包括五个阶段：同理心、定义、构想、原型、测试。这五个阶段都是理解用户需求、发现问题的关键时期，在每个阶段均可实施以下设计方法。

1. 卡片分类

卡片分类用于观察和分析用户理解指定内容和组织信息的状况，如图 2-17 所示。卡片分类包含两种方法：开放式分类法，即不提供预先规定的标签，由用户判断卡片信息并自定义标签归类；闭合式分类法，即有预先规定的标签，用户仅需把卡片上的信息归类到这些标签下。

图 2-17　卡片分类

卡片分类的分析过程分为三个阶段：①定义将要分类的卡片类型，并将分类名称和文字信息印在独特的卡片上。卡片尺寸足够大，能够容纳足够的内容，以保证信息全面；文字信息使用便于阅读的字体，以保证参与测试的用户不会因为阅读障碍导致测试结果不准确。②提供卡片给特定的测试用户，并根据他们的自身需求，以一种对他们有意义的方式来归纳、组合项目，以及对组合进行命名。③分析卡片分类结果。当所有参与者完成组合及命名后，就将所有数据输入电子表格，进行聚类分析、测试各类组合，组织者将会发现其中部分项目具有一致性，部分项目存在差异性。利用这种方法，可以帮助开发者从用户的角度提取在特定情境下的共识思维。

在卡片分类测试中，应至少包含两次用户归类。第一次归类，让用户根据自己的思考自由归类卡片，无须给予过多引导。当用户感到疑惑时，可以适当引导用户，帮助其思考归类的原因。第二次归类，用户更加熟悉卡片信息，不会像第一次归类那样在阅读上耗时，而会专注于分类的精确性，可能给出更加理性和准确的变更。第二次归类有利于进一步挖掘和细化用户心中的心智架构模型。

卡片分类有利于更精准地归类导航层级和较复杂的交互应用。但卡片分类的结果并非持续、稳定、可靠，有以下三方面因素需要组织者参考。其一，用户的经验和专业知识背景对卡片分类的结果有很大的影响，测试时常会出现截然不同的分类结果；其二，用户在执行分类过程中的思路和特殊原因也可能影响测试结果，因此应予以记录，以便深入理解用户；其三，用户的分类维度也会影响分类的命名，例如，按性别偏好分类和按年龄偏好分类，两者的结果就不适合比较。

2. 情境访谈

情境访谈指在某个研究主题范畴内，研究员在用户的环境中而不在实验室中观察和聆听用户，了解其生活、工作方式等。情境访谈更自然，因此采集到的信息也更加真实可信。在情境访谈中，研究员和受访者通过"面对面"交流，让受访者用自己的语言传达他们对生活、体验及环境的感受。这种现场表述的方式比实验室测试或文字表达能更直接地被研究员理解。情境访谈并不像实验室测试那样正式，通常也不需要任务或脚本，研究员通常无须提供用户任务或场景，具有实时随机性。

情境访谈一般包含以下三部分，这三部分可以相互融合，也可以相互分离，具体搭配方式应视情境访谈而定。

（1）项目介绍。研究员对项目进行介绍时，应表现出真诚的态度，体现出亲和力，从而降低受访者的防备心理，以减少对访谈结果的干扰；研究员需要将项目的设计目标、访谈周期与受访者分享，并使用受访者能够理解的语言进行介绍；项目介绍完成后，请受访者对该项目概括表述，确保受访者能够理解该项目的目标并有效配合工作；随后请受访者签署保密协议，并征求现场拍照、录音、拍摄视频的许可权。

（2）实地访谈。研究员会在实际情境中进行观察和记录，在此过程中与受访者进行多次讨论，以获取信息。例如，用户使用什么设备？用户完成常规任务所需的时间是多久？用户旁边是否有其他人帮助其完成任务？用户会遇到什么问题？用户如何布置空间？用户有什么偏好？为了理解受访者正在做什么或正在想什么，研究员可以在用户使用产品时询问他们。

（3）总结访谈。研究员会向受访者公布和总结在访谈过程中得到的结论，值得注意的是，该结论通常是定性的（包含观察数据），而不是定量的（不包含测量数据）。受访者还有一次对结论进行修正的机会。

受访者处在其实际的工作或生活环境中，在多次与研究员接触并建立信任后，受到干扰的程度会逐渐下降，最终往往能提供比较精准的信息。同时研究员也并非仅仅以观察者的身份接收受访者的反馈，他们将参与和亲历受访者的工作或生活，与受访者一同行动，并记录流程和感受，作为与受访者进一步探讨的资料。在探讨过程中，受访者可以更正研究员的一些理解，同时研究员要确保与受访者的探讨保持在研究主题的范畴内。

情境访谈的劣势为访谈所花费的时间长，样本量少，样本量不足以作为统计数据进行研究；但情境访谈的优势也很明显，其访谈地点灵活、自然，访谈信息详尽、准确、可信度高，当一些随机事件发生时还能够观察受访者在平时工作中未曾意识到的新认识。通过情境访谈往往能够得到高质量的用户角色模型。

3. 焦点小组访谈

焦点小组访谈用于了解公众对某款产品的感受，以帮助产品开发者获取产品反馈信息，以及帮助营销人员做好产品推广工作。焦点小组通常会围绕固定的课题内容组织受访者开展访谈活动，以便了解受访者的想法和态度。焦点小组访谈的气氛应当是宽松的，研究员应鼓励受访者分享观点，而非诱导或强迫所有受访者达成共识。焦点小组访谈的目标是了解受访者的真实意见，而不是说服受访者。

焦点小组访谈具有群体动力、自由开放、定性数据和适合探索目的等特征，因此任何一位受访者的观点都会影响其他受访者的观点，所有受访者均不会受到约束。

筹划一次焦点小组访谈涉及的准备工作如下。

（1）项目计划。项目计划包括访谈课题的确定、项目目标的确定、焦点小组数量的确定、受访者的选择、研究员责任的确定。

（2）焦点小组数量的确定。小组数量会因访谈课题的差异而有所不同，通常情况下，小组数量应小于等于 10 个；若小组数量太多，则记录信息的工作量变大，信息更加冗余，但未必能获得更多有效的受访者反馈信息。

（3）受访者的选择。每个小组的受访者人数应控制在 10 人左右，受访者应当进行自我介绍，以便消除陌生感，便于深度交流；受访者并不是随机选择的，而是根据访谈课题的相关度进行选择的；受访者的选择应当尽量广泛，避免选择熟人。这样做，各组结果的对比分析才更有研究价值。

（4）访谈环境的选择。焦点小组访谈通常在宽敞、明亮、自然、舒适的环境（如图书馆、草坪、家中的客厅等）中进行，在这种环境中，可以让受访者身心放松、思维活跃，从而有利于研究员了解受访者的真实意见。

（5）研究员责任的确定。其一，在不限制受访者自由发表观点的前提下确保访谈不偏离主题，同时要让所有受访者积极参与讨论，避免部分受访者主导访谈；其二，研究员应保持公正、中立的态度，不进行诱导性发言，创建一个轻松的访谈氛围。在访谈过程中，注意记录并整理受访者的发言内容。其三，当访谈结束后，应及时总结内容，并让受访者进行补充，这样做可能产生一些在访谈过程中没有出现的有价值的信息。

与情境访谈相似，焦点小组访谈产生的数据往往是定性的而非定量的。虽然，访谈结束后的总结通常由一名担任主持人角色的研究员承担，但是，之后的数据分析工作至少需要三名研究员参与，以确保分析结论的中立性。分析过程包括以下几个阶段，首先决定对哪部分内容深入探讨，或者对哪部分内容重新定向；然后与小组中的受访者进行互动，获取反馈信息。最后，研究员审查音频和文字记录，对结论进行修订。

焦点小组访谈的特点是思路简单且容易实施，并且在获取受访者的想法和态度等方面也有着突出的优势。研究员可以直接面对受访者群体，一次收集大量的、可靠的数据；焦点小组访谈宽松的环境也能提升受访者的主观能动性，以获取额外的反馈信息；焦点小组访谈花费的时间少、经济成本低，工作效率高。然而，如果在访谈过程中设置较多问题，那么每个受访者的反馈时间会变少，反馈信息的精度也会降低，整个访谈过程会显得比较匆忙，部分受访者的细微反应可能被忽略。

4. 启发式评估

启发式评估是指让一些专业评估员使用一套简单、通用、有启发性的可用性原则对产品进行的可用性评估，启发式评估也被称为经验性评估。专业评估员根据一些通用的可用性原则和自己的经验发现一些有关产品可用性的问题。每个评估员分别进行评估，且每人提供一份独立的评估报告。为了确保每一份评估报告都无偏见，在所有评估活动结束后，评估员才可以相互交流并将各自的评估报告汇总为一份综合报告。在综合报告中，应该包含产品可用性问题的描述、问题的严重度、改进的建议。有实验表明，每个评估员平均可以发现产品中约 35% 的可用性问题，而 5 个评估员可以发现产品中约 75% 的可用性问题。

启发式评估法的关键点有两个，其一是对评估员的要求，其二是评估所参照的原则。

理论上，任何人都可以担任评估员，但是，为保证评估结果的客观性和中立性，产品的设计者最好不要担任评估员。但有实验表明，选用具备可用性知识又具备和被测产品相关专业知识的"双重专家"是最有效的，可以比只具备可用性知识的专家多发现约 20% 的可用性问题。评估员的数量一般为 3 ～ 5 人，也可以根据项目的规模和时间周期对评估员的数量进行调整。

经典的尼尔森十项可用性原则可以作为通用的评估原则。这是结合了计算机学、心理学、人机工程学、人机交互学等领域的研究数据所提炼出来的原则。需要提醒读者，开发者和研究员可根据实际情况挑选部分原则进行参考，不必完全受这十项原则的约束。下面列举尼尔森十项可用性原则。

（1）系统状态可见性。系统应在适当的时间内给出适当的反馈，告知用户当前的系统状态。

（2）系统与用户现实世界的匹配。设计应与用户在现实世界中对相关产品的认知、经验、习惯等相符合，以用户期望的方式表现出来，使用户可以利用已有的知识经验来执行操作任务。

（3）用户控制和自由。用户经常会在使用功能的时候发生误操作，这时需要一个非常明确的"紧急出口"来帮助他们从当时的情境中恢复过来，即能够允许用户取消当前操作并重新进行操作。

（4）一致性与标准化。在同一产品中，在产品架构导航、功能名称内容、信息的视觉呈现、操作行为交互方式等方面应保持一致；使界面给人以熟悉的感觉且易于理解；使用户可以利用已有的知识来执行新的操作任务，并且可以预期操作结果。产品所遵循的标准应与通用的业界标准一致。

（5）错误预防。在用户的选择动作发生之前，就要对用户可能产生的错误行为有所预防。

（6）让用户再认而非回忆。尽量减少用户需要记忆的事情和行动。提供可选项让用户再认信息。

（7）具备灵活性且高效。系统需要同时适用于经验丰富的用户和缺乏经验的用户。

（8）美观而简洁的设计。设计需要简洁美观，不要包含不相关的或不必要的内容。每一条多余的信息都会分散用户对有用信息或相关信息的注意力。

（9）帮助用户认知、判断和修复错误。用简单明确的语言解释错误信息，精确地指出问题的原因并提出具有建设性的解决方案。

（10）帮助和使用手册。提供帮助信息，帮助信息应易于查找、聚焦用户的使用任务，列出使用步骤，并且信息量不能太大。

启发式评估通常直面产品，可用于产品原型设计、产品测试、产品发布三个阶段。评估的阶段越早，评估速度越快，评估成本越低；如果参与评估的专家的经验非常丰富，就能够在早期发现许多可用性问题，有助于开发者尽早地扫清障碍，节省整个产品的开发时间和成本。但是，启发式评估也有缺点，它对专家的水平要求较高，同时专家评估的出发点不能够代表真实的用户意图，因此发现的问题未必会在用户测试的时候出现。

5. 单独访谈

单独访谈即研究员单独与用户进行一对一的访谈活动。研究员通过单独访谈能够了解用户是如何工作和生活的，并可以得知其感受和个人经历。单独访谈具有保密性强、访谈形式灵活、调查结果准确、问卷回收率高等优点。根据访谈内容的不同，单独访谈可分为标准化访谈和非标准化访谈。

标准化访谈是一种高度控制的访谈形式；访谈的过程是标准化的，对所有被访问者提出的问题，提问的次序和方式，以及对被访者回答的记录方式是完全统一的。这对研究员的要求非常高，研究员需要在理解方式与处理方式上高度一致，因此研究员必须在访谈前接受严格的训练，在访谈主题领域内做好充分的知识储备，并做好访谈前的心理准备。标准化访谈的结果是量化的，可进行统计。采用标准化访谈后，研究员能够对复杂问题及特殊问题进行深入调查；能够对受访者进行直接观察。

非标准化访谈是一种半控制或无控制的访谈形式。访谈的过程是非标准化的，只给出课题范畴或粗略的大纲供研究员和受访者进行自由交谈。研究员所提出的问题是在访谈的过程中根据探讨的话题而实时形成的，因此在非标准化访谈中，访谈的环境，研究员提出问题的数量、方式、顺序、内容，以及受访者的回答方式和内容，都没有标准模板。非标准化访谈的特征是弹性灵活，访谈形式更加自然；受访者思路活跃，往往能够提供一些研究员未曾预料的信息，因此非标准化访谈适用于探索性的研究。与标准化访谈相比，非标准化访谈不仅是调查问题的过程，也是研究问题的过程；不仅是搜集资料的过程，也是解析资料的过程。非标准访谈多被用于深入了解仅依靠观察而无法掌握的内在的复杂事实，如用户的行为动机、价值观念、思想等。

单独访谈的优势：获取的信息更加深入、详细、全面；可以了解用户的心理活动和思想观念；能够深入了解用户行为的发生背景，以及影响用户行为的各种因素；研究员有更多机会去分享和了解用户的观点，以及用户在更广泛问题上的信念、经历等；可用于研究个人隐私或敏感性问题。单独访谈的劣势：需要研究员熟练掌握访谈技巧，并接受专门的技能培训，以及在解析采访资料方面拥有丰富的研究经验；记录和分析的过程比较耗时，样本规模通常较小。

6．平行设计

平行设计指围绕同一个主题提供多种设计方案，并提供相应的设计产品。平行设计的目的是用户通过体验不同的设计产品，能够反馈每种设计产品的使用感受，基于此，研究员能够综合评估每种设计产品的优势和劣势，进而量化打分，最终选择最佳的设计方案。平行设计的优势：产品设计方案较多且分别独立，不同设计方案中的共识是值得被提炼的内容，而各设计方案之间的区别又可用于比较，以弥补自身的不足。平行设计的劣势：产品面世的周期较长，在设计过程中所出现的资源浪费现象较为严重，时间和经济成本相对较高。

7．虚拟用户角色模型

根据大量真实的用户需求，设计一个虚拟角色来代表大部分用户的典型性和普遍性特征，以此方式确立的产品设计解决方案被称为虚拟用户角色模型，虚拟用户角色模型建构案例如表 2-1 所示。研究员围绕虚拟角色开发和设计产品，是针对大部分用户的真实需求开展的，因此其定位非常精准。用户角色模型能识别用户动机、用户期望，并分析影响用户使用产品的因素。为了使模型更加真实可信，研究员通常会给角色赋予姓名、性格、照片和基本介绍。

表 2-1　虚拟用户角色模型建构案例

"一位经验丰富的机械工人"	
在岗时间	超过 10 年工龄
每天的任务	从事的工作大多数是简单的，大约有 20% 的复杂操作涉及手动操作。向年轻的机械工人分享机械领域中的经验和技巧
喜欢	被视为机械领域中的专家，并且向经验少的年轻机械工人传授经验和技巧
不喜欢	不能在用户发现问题之前找到该问题。 在同事面前学习新的技术，并给同事留下"像一个'菜鸟'"的不完美印象。 在用户面前手动处理复杂的问题
目标	随时了解公司的情况。 看起来不像新手。 保持专家形象

虚拟用户角色模型的优势：研究员只需面对一个虚拟用户而非一个用户群；虚拟用户角色模型能够精简杂乱冗余的用户需求，让研究员专注于用户的目标和需求，并根据代表大多数用户需求的模型进行设计，从而形成统一的、可管理的认知；虚拟用户角色模型去

除了真实的个人性格毛刺，迫使研究员专注于产品设计，并放弃想要满足所有人的需求的想法；当在设计过程中出现矛盾时，研究员能够根据角色模型来调整决策；研究员能够根据角色模型确立需求的优先级，即应当优先满足基本型需求，还是优先满足期望型需求，抑或是优先满足兴奋性需求；研究员能够根据角色模型进行评估，从而减少其他高成本的可用性测试。

8．制作原型

制作原型指研究员获得用户的基本需求后，快速建构一个小规模的原型。在产品开发的初期，研究员对产品仅有一个模糊的想法，其原型仅能满足用户的基本需求，难以达到系统而全面的水平；但随着产品开发的不断深入，一些新的用户需求会被加入进来，一些过时的用户需求会被摒弃，产品在用户的使用过程中不断更新迭代、逐步完善。

按照原型的功能进行分类：当用户的需求比较模糊且用户分析比较欠缺时，可采用探索型原型——用于清晰用户需求，探索多种方案的可行性；当资金充裕且预计开展大规模开发时，可采用实验型原型——用于判断实现方案的可靠程度，为正式开发做准备；当用户需求经常变化时，可采用进化型原型——在原型的基础上不断修改，最终形成面世的产品。

按照原型的精度进行分类：根据产品不同阶段的开发需求，制作低保真原型、中保真原型、高保真原型，以供用户和研究员测试产品的界面逻辑、交互效果，判断视听元素的设计是否合理等。原型的制作工具有很多种，如 Axure RP、Mockplus 等。手机应用的原型设计图如图 2-18 所示。

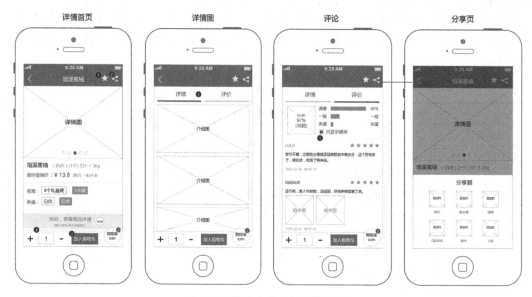

图 2-18　手机应用的原型设计图

一般情况下，产品的设计与开发工作所花费的时间较长，为避免在工作后期发现问题而进行大范围修改，同时也为了降低因修改而产生的高昂的成本，我们应当使用低保真原型进行小规模测试，这样能够较快地从用户那里得到正面反馈和负面反馈，以便及时改进。

制作原型时，要遵循人们认识事物的规律。人们对事物的认识是受环境的影响而逐步形成的。一般而言，修改并完善一个已有的对象往往比创建一个对象更加容易。

制作原型的优势：研究员能够在产品设计初期就发现问题，并加以解决。制作原型的劣势：面对复杂的用户需求，难以快速创建一个原型。

9.　问卷调查

问卷是指为统计和调查所用，以设问的方式进行表述的表格或选项列表。在问卷中，通过有选择性地设置问题对研究课题中的一些数据进行量化，以支撑研究员提出的论点。在产品开发的过程中，问卷调查可收集用户对产品的反馈意见，将各类数据系统化整理、聚类化分析，为产品的设计指明方向。问卷调查的成本低、实施性强、回收率高，当问卷的样本数量足够多时，能够反映比较准确的信息，因此问卷调查在各种课题调研中被广为采用。传统的问卷是纸质的，后来出现了通过计算机访问的在线问卷，目前比较常用的是移动终端问卷。移动终端问卷设计了断点续答功能，这样能够让受访者更好地利用碎片化时间参与问卷调查。然而，在有关产品可用性的实时修改方面，问卷调查存在一定的局限性。

设计问卷中的问题要遵循以下原则。

（1）客观性：设计的问题必须符合客观实际情况。

（2）必要性：必须围绕研究课题设计问题，避免不相关的或具有干扰性的问题。

（3）可能性：问题的设置不能超越受访者的回答能力。

（4）自愿性：避免出现受访者不愿回答的问题。

此外，还要关注以下几个方面：受访者的基本背景信息；受访者正在发生的行为或已经发生的事实；受访者的思想、感情、态度及愿望；受访者的回答是否具有真实性；受访者的表述能否做到具体准确、简洁明了、语言通俗、不被诱导等。

问卷调查的回答类型有以下三种。

（1）封闭型回答：封闭型回答的回收率最高、填写和分析耗时最短，受访者只能按照题目规定的内容进行回答；封闭型回答的形式包括填空题、单选题、多选题、列举题、排序题等。

（2）开放型回答：开放型回答的灵活度最大、自由度最高、具有启发性，但它对受访者的语言表达能力有较高的要求，受访者需要花费更多的时间来填写问卷，这就可能降低问卷的回收率，并且可能收到不明确的、无价值的信息。

（3）混合型回答：混合型回答是封闭型回答与开放型回答的结合产物，混合型回答综合了两者的优势，并且避免了两者的缺点，具有广泛的使用价值。

10.　任务分析

任务分析是指在设计产品的过程中，以流程图的方式展示为达成目标所采取的步骤，并基于此进行分析，如图 2-19 所示。任务分析所处的阶段位于对用户进行深入研究之后。通过任务分析，能够很容易地发现有关产品可用性的问题，因为所有的步骤都呈现在流程图中，研究员很容易发现让用户感到烦琐的步骤及缺漏的关键步骤，从而有利于产品的开发与优化工作。

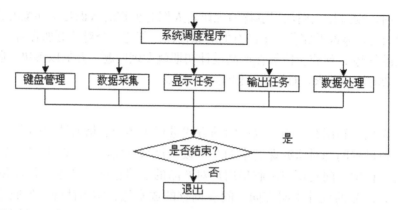

图 2-19　任务分析流程图示例

对于同一产品，其单次循环步骤如下：

（1）明确要分析的任务。选择一个用户角色和场景，分析该用户在场景中的任务目标，再选择另一个用户角色和场景，分析该用户在场景中的任务目标，查看两个用户的任务目标能否实现，并进行对比分析。

（2）将原始任务进行分层。每个原始任务通常能被拆分为 4～8 个次级任务。每个次级任务都有各自的目标，所有次级任务的目标能够汇集成原始任务的目标。

说明：如果次级任务的数量超过 8 个，则说明原始任务的目标太抽象。

（3）绘制完整的任务分析流程图。流程图描述的是用户的操作行为，而在每个次级任务的旁边可根据需要填补用户的行为动机。

（4）验证任务分析。需要任务分析专员及用户来检查任务分析的一致性。

任务分析并非仅开展一次，由于产品设计不断改进，任务分析也要更新迭代。

任务分析有两种类型：层次任务分析和认知任务分析。两者分别服务用户任务的两个维度，即决策流程和认知清障。层次任务分析的焦点是在每个步骤中帮助用户进行决策与判断，并解决问题，一步步推动用户向任务目标前进。认知任务分析的焦点则是帮助用户注意和记忆，进一步促使任务完成。在实际工作中，两种任务分析类型通常相互融合。

11．可用性测试

可用性测试是指通过观察、记录和分析用户使用产品时所产生的感受与反馈，来对产品进行评估与测试。由于可用性测试反映了用户的真实使用情况，所以对改善产品的可用性发挥了重要作用。可用性测试适用于产品（服务）的前期设计、中期改进和后期维护等阶段。可用性测试是"以用户为中心"这一思想的重要体现。

在可用性测试中，需要使用专门的工具来搜集和量化各类数据以便进行后期分析，因此可用性测试通常在实验室中开展。实验室分为测试区和观察区，这两种区域是隔开的，用户将会被集中到测试区，而研究员将在观察区观看测试过程。测试所用到的工具根据实际需求和经济水平而选择，此处列举四项供读者参考。

（1）用于记录操作时间的计时器。

（2）用于拍摄和采集语音的设备，包括摄像机、三脚架、话筒、耳机、数据线、计算机等。

（3）用于在 PC 端捕捉鼠标的操作轨迹的软件，以及捕捉用户的肢体动作和面部表情的软件，如 Morea 或 Noldus 等；用于在移动端捕捉用户手势的软件，如 Mobile Device Camera。这些软件将捕捉的内容经过处理后，最终能输出详尽的检测数据。

（4）用于追踪眼动轨迹和热区的眼动仪。

开展可用性测试前，需要考虑以下环节：在测试前要制订测试计划；招募测试人员，对测试人员的要求包括但不限于生理健康、心理健康、生活背景、工作背景等；安排测试内容，如确定测试的目标和范围，确定可用性测试的各项指标，拟定测试的详细脚本。

可用性测试的指标包括以下几项。

- 操作时间。用户在操作时，从开始到结束所花费的时间，用于衡量操作的难易程度。
- 操作成功率。当用户独立完成操作或在他人的帮助下完成操作，都算作操作成功，其余情况均算作失败。
- 操作出错率。先来定义什么是"错误"，"错误"即在操作过程中关键步骤出现的错误，而非其他误操作（如手滑）；然后统计出错的次数。这项指标可以反映出流程设计得是否合理。
- 帮助次数。用户可以向研究员寻求帮助，但帮助次数一般不超过 3 次。
- 路径操作数。先确定任务的最小操作单元，如点击、输入等，记录最小操作单元所发生的次数，以判断流程设计得是否冗赘。
- 路径拟合度。以研究员定义的路径操作数为分母，再以用户在操作时记录的路径操作数为分子，二者相除所得到的数据能反映出操作路径设计得是否匹配。

12. 用例法

用例法主要描述用户、需求、系统功能单元之间的关系，如在不同条件下系统对参与者的请求进行响应等。用例法可通过系统功能模型图来体现，我们也将这类图称为用例图，如图 2-20 所示。用例图可以帮助研究员以可视化的方式理解系统的功能需求。

使用 Visual Studio 软件可以制作用例图，用例图一般包含以下元素。

（1）参与者：使用产品的用户，通常用人形图案表示。

（2）用例：外部可见的系统功能，对系统提供的服务进行描述，通常用椭圆形表示。

（3）子系统：系统的某一部分。

（4）关系：参与者和用例或各自的某种联系。关系有以下五种类型：关联关系指参与者与用例之间的联系，用实线箭头表示；泛化关系指参与者之间或用例之间的联系，用空心箭头表示；包含关系将一个较复杂的用例所表示的功能分解成若干小功能，用虚线箭头加包含标签表示；扩展关系用于体现用例功能的延伸，相当于为基础用例提供附加功能，用虚线箭头加扩展标签表示；依赖关系用于体现源用例依赖于目标用例，用虚线箭头表示。

一个完整的用例涉及用例名称、用例标识、概述、范围、级别、参与者、项目相关人员及利益、前置条件、最小保证、成功保证、触发事件、主成功场景、扩展场景和相关信息等。对于一些复杂的功能需求，还可以用"用例描述表"进行说明，如图 2-21 所示。

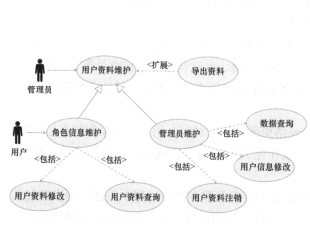

图 2-20　用例图

用例标识			用例名称	
创建人			创建日期	
版本			用例类型	
用例描述				
参与者				
触发事件				
前置条件				
事件流	基本流程			
	拓展流程			
	异常流程			
后置条件				
假定与约束				
非功能需求				
补充规格说明书		优先级		
业务需求列表				
创建人	版本	描述		创建日期

图 2-21　用例描述表

13．内容优化

内容优化指对产品内容进行梳理、修改、优化，让用户更清晰地了解产品内容。具体到执行手段上，需要先清除一切感知障碍，然后在界面、功能的设计上，以及在价值的体现上提升说服力和吸引力。

（1）清除感知障碍。

① 删减冗赘的内容，只显示必要的内容。

② 使用最少的文本来传递信息，文本的字体和大小应易于阅读，尽量做到图文并茂。

③ 删减无意义的功能接口或链接。

④ 减少需要用户记忆的内容，降低用户的记忆负担。

⑤ 优化程序性能，减少计算机的运行负担，以便用户能获得更流畅的交互体验。

⑥ 为移动端设计产品时，应使用自然的交互手势，降低用户的学习成本。

（2）提升说服力和吸引力。

① 设计产品界面时，要注重审美趣味，并与产品推广理念相互契合，界面本身要简洁大方，同时界面细节也能经得起推敲。

② 利用合理的方法（如黄金分割、色彩构成、明暗对比等），提升用户的主动注意力。

③ 确保产品具有实际价值和清晰的市场定位，从而有针对性地吸引特定的用户群。

以用户为中心的思想是交互设计的重点，上文中任何一项设计方法都是以用户为中心而开展的，然而产品的开发并非对用户需求一味地无条件满足，有一些容易混淆的事项需要帮助读者厘清：第一，不是用户想要什么就给什么，因为一个交互系统会被多人使用，每个人的想法会有所差异，尤其在信息的呈现和复杂系统的交互等方面，更不可能满足所有用户的需求。第二，全权让系统为用户作决策并非一定能提升效率，如果系统的建议显得模棱两可，则有可能降低人的决策速度。第三，用户对功能便捷性的需求不能大于对功能必要性的需求，因为自动化操作所引起的问题往往比其解决的问题还多。

2.3.2　以活动为中心

活动泛指人在自然环境、社会环境、虚拟环境、社会群体中所实施的交互过程，广义上包含了交互过程中人的行为、使用的工具、面向的对象、所在的环境等。由于人的意识受到文化道德、价值体系、审美趣味和自身经验的影响，所以以活动为中心的设计本质上是在强调对某个应用领域中最广泛的人的心理因素的把握，而非仅仅针对具体的某位用户。对活动的深入理解有助于在交互设计过程中正确把握用户的心理。

活动总是以目标为导向的。目标的外在表象是产品的"功能"，而目标背后隐藏着用户的"需求"。开发产品功能包含五个阶段：第一，要对广泛的用户进行研究并建立通用的用户模型；第二，确定用户需求；第三，根据用户需求设计产品的框架结构；第四，细化产品的各项功能；第五，实现产品并不断更新其功能。如图 2-22 所示，右侧的普通轮椅是为大多数完全丧失自主行为能力或部分丧失自主行为能力的人群设计的，是以解决无法行走这一问题作为出发点的，因此它并没有个性化的特征，也无法满足个别用户的特殊需求。左侧的特殊轮椅是著名物理学霍金的专用轮椅，在他的渐冻症

图 2-22　两种针对性不同的产品

逐步严重的过程中，这款轮椅不断升级功能，让他能够与普通人进行语音交流和文字交流，因此这款轮椅属于个性化产品。

当产品功能满足了大多数用户的需求时，便达成了目标，即使用户的使用过程不完美，该功能的设计也是成功的。相反，目标不明确或产品功能设计得模棱两可，纵然产品有再多花边噱头，也会大大降低用户的好感。以音乐 App 为例，用户在使用音乐 App 时，希望同时打开其他类型的 App 进行多线程的娱乐活动，如打开社交类 App 浏览朋友圈，然而如果该行为导致音乐 App 停止播放甚至退出，对于很多喜欢多线程娱乐活动的用户而言，产品体验会大打折扣，即活动的目标未能很好地实现。再举例说明，在某社交软件中，有的用户想创建聊天群，这个目标很明确且容易实现，因为该行为是自己的意愿决定的；相反，对于被拉入聊天群的用户而言，他们是被动接受的，有的用户加入聊天群后出于种种原因会选择退群；虽然同样在聊天群，活动的目标也能达成，但不同的用户有不同的角色和心理，因此用户体验的差异性比较明显。

活动从低到高有三个层级：操作、行动、活动。设计活动的目标要跨越微观，并延伸到宏观。

操作是活动中的动作单位，具有较小的目标性。操作设计举例：设计网页中的按钮，要考虑按钮在鼠标指针掠过时的动画反应、音效反应、逻辑反应等，进而吸引用户并激发用户的兴趣。

行动则是一系列操作的组合，具有较大的目标性。行动设计举例：设计购物网站有奖问答知识竞赛时，要从色彩搭配、版面配置、按钮交互、流程逻辑、难度设置、趣味性等方面吸引用户。

活动则是由许多行动组成的，具有终极目标性。活动设计举例：购物网站通过知识竞赛、页面浏览、购物积分、信息反馈等行动，能够提升用户的兴趣、增加用户的黏性，从而促成一次新的用户消费行为，并会使用户不断重复这一过程。

活动对人的影响有内化和外化两方面。内化指将活动中的知识、技能、理论等深入灌输到人的意识之中。内化是人对外在世界的认识不断更新的过程。外化源于内化，外化能够改变人的外在行为。

交互设计要研究、把握、顺应用户的传统行为习惯，同时也要通过创新设计引导用户形成新的行为习惯，从而打造品牌影响力并增强用户的依赖性。下面举例说明，我们知道，在计算机操作中，Ctrl+Z 组合键用于撤销上一步操作，这种方式给予了用户不断尝试的可能性，降低了犯错误的成本，然而这也使一部分用户养成了一种不假思索的行为习惯，导致在现实生活中做事时没有慎重考虑，出现问题后的第一时间在脑海里想着有没有能撤销或反悔的手段。从技术层面上来讲，这是人机交互活动内化转向外化的真实体现。再举例说明，在触屏手机上旋转图片所使用的手势符合人们在现实生活中的行为习惯，因此这种手势必然容易让人接受，这是将已有的技能用于人机交互的过程，即"内化"；而图片缩放手势则是一种用户行为习惯的创新，虽然在现实生活中不存在这样的行为习惯，然而它的设计逻辑却符合人们对图片缩放的预期效果，这种手势的学习时间成本也非常低，用户能够很快地掌握，这是人机交互中不断养成新行为习惯的过程，即"外化"。

2.3.3 有远见的设计

1. 有远见的设计思维

有远见的设计思维可以超越时间维度，让我们看到过去和未来。要具备有远见的设计思维，设计师必须先学会站在历史的长河中从多个学科角度去看待当下的问题，并按照时间节点量化产品的各项指标，进行统计和分析，才能发现焦点的变迁轨迹，预判产品的发展趋势。在这种思路下，所创作的产品才具有前瞻性。

一些新手设计工作者往往认为，设计就是对感官的高度满足，只要用户喜欢就是对产品的全面认可。他们对于用户的这种"喜欢"是否具有持久性、广泛性、生命力，以及是否会产生负面价值等问题却未曾考虑。以塑料袋的诞生为例，它因方便、轻巧、耐用、廉价成为了 20 世纪以来产量最高、使用最广泛、最具"生命力"的产品。然而这样一个"畅销"的产品在今天却被冠以"自然环境头号杀手"的称号。它的"好用"甚至让用户突破道德底线——明明知道其危害，却仍然在广泛使用。近年来，我国出台各种政策，提高塑料袋的使用成本，进而控制其使用量。假设不以发展的眼光看待这一产品，那么它在材料设计领域中是非常成功的，然而事实证明塑料袋对环境的破坏是灾难性的。

一款产品通过时间的检验即可看出其设计师是否具有长远的眼光。无论是以实体的形式还是以虚拟的形式，产品最终呈现在现实的三维空间中，设计师高度关注的是此时此刻该产品看起来是否美观、用户的使用感受如何，而往往忽略了时间对产品的影响，以及产品对环境的影响。随着时间的流转，产品的时效性和用户的思维都会发生变化，因此孤立地、狭隘地探讨产品如何"抗老"显然不符合有远见的设计思维。

2．一些值得思考的方向

要让产品设计具备前瞻性，我们必须从多个维度深入地观察和分析与之相关的若干对象，并将其带入以下问题进行思考。

（1）未来的互联网时代，对产品的设计有怎样的影响？首先，文化交融——世界文化在相互碰撞、彼此影响的同时还溅出了若干"火花"，即产生了各种新文化和亚文化，它们或大众或小众，都有相应的追捧者和传播者。这样的趋势要求产品设计要为用户的个性化需求留有接口，要在一定程度上分配更多的权重让用户进行自定义。其次，资源共享——尤其是具有一定技术壁垒的科技资源，如果通过互联网的广泛传播，一方面能够促进各行各业的发展，另一方面也将激化不良竞争。这样的形势要求产品设计能够不断突破和创新，努力实现"人无我有，人有我优"，并重视知识产权的保障。最后，全民参与——全球在线用户的数量庞大，同时他们早已从单纯的受体转变成了信息的发布者和接收者的双重身份。通过共享资源的学习，他们极有可能快速发展为"专家型用户"，他们能够给出专业度极高的建议，甚至成为产品设计流程中的一员。试想，有一个规模庞大的专家型用户群的存在，势必会左右产品的设计方向，但这种影响可能是积极的也可能是消极的，因此处理好这个用户群的需求，利用好这个用户群的资源，同时保护好产品的"思路"不被海量用户的建议所"吞没"，是未来产品设计思路中需要强化的方面。

（2）我们将成为现实世界与虚拟世界中的双重用户吗？5G、物联网、人工智能等是当今的流行词汇。2019 年 8 月 1 日，清华大学施路平团队研发的"天机芯"（Tianjic）登上了全球顶级科技杂志《自然》的封面，"天机芯"的成功研发是我国在人工智能领域的重大突破。计算机模拟人脑的运行机制来实现自我学习、自我优化，其应用领域极为广泛，这样的技术一旦全面投产，必将改变实体产品的现状，也将进一步提升人机交互的水平。处理速度快、服务人类、自主学习、经验积累将会成为实体产品或虚拟产品的标签，而让这些产品在智能化的基础上再次飞跃到人性化的高度正是前瞻的设计思维。

（3）学科在交叉融合的同时，产品也在细分，设计师应如何理解二者之间的矛盾呢？未来，一个产品所涉及的学科将越来越多，相关的学科交叉技术将越来越复杂，然而产品针对的群体却将越来越窄，为何这两者之间看似有矛盾呢？其实不然，以婴儿奶瓶的设计为例，过去，奶瓶主要为玻璃材质，且种类比较单一；而现在，奶瓶种类繁多、材质复杂，常见的品种有耐高温玻璃新生婴儿奶瓶、抗摔型硅胶奶瓶、环保型 PPSU 材质奶瓶等，这些产品综合了材料加工、外观设计、人体工程学等多种学科的技术，以尽可能满足易消毒、易携带、易学握等多样的用户需求。再以语音交互产品为例，针对儿童的产品大多会出现拟人化的形象和童音，以便与儿童进行更有亲和力的交互，从而帮助他们学习和认知；而针对成年用户的产品，其外形更加简洁，通常采用亲切的年轻女性的声音进行交互，以提供更加广泛的服务。虽然后者可能涵盖了前者的所有功能，但并不意味着后者可以有效地占领低龄用户的市场。产品类别之所以能被细分，其条件是用户基本需求的满足；当用户希望获取更贴切的服务时，自然会选择更有针对性的产品。

（4）在产品的生命周期内，在哪些阶段有哪些产品设计可帮助产品实现价值的最大化呢？产品生命周期理论是由哈佛大学教授雷蒙德·弗农（Raymond Vernon）于 1966 年在其《产品周期中的国际投资与国际贸易》一文中首次提出的。产品的生命周期指产品的市场寿命，即一种新产品从开始进入市场到被市场淘汰的整个过程。弗农认为，产品和人的生命一样，要经历形成（引入）、成长、成熟、衰退四个周期。引入期指产品从设计、投产到投入市场进行测试的阶段，通过小范围使用捕捉用户的初步反馈，此时如果产品在决策方面出现重大失误，则能够快速叫停，进而降低成本损耗。当产品经过了市场的考验，顺利通过了引入期，便进入了成长期。在成长期，产品在市场上站住脚并且打开了销路。成长期是需求增长的阶段，需求量和销售额迅速上升，生产成本显著下降，利润迅速增长，也为之后的成熟期积累了大量的用户反馈。与此同时，同行看到有利可图也纷纷进入市场抢占市场份额。依靠模仿进入市场的企业要么搭上了浪潮，要么迅速被淘汰，而产品原创企业的利润增长速度也将减缓。当市场需求趋于稳定、饱和时，表明产品进入了成熟期。此时，产品普及并标准化，生产成本低且产量大，迫于同行竞争的压力，产品制造商不得不在产品质量、功能设计、外观设计、规格、售后服务等方面追加成本，而优化产品设计的根据要利用来自前一阶段对用户大数据的分析。最终，产品将不可避免地进入衰退期。随着科技的发展、消费习惯的改变、用户需求的提升，老产品将被市场上其他性能更好、价格更低的新产品所代替。老产品的销量持续下滑直至该产品完全退出市场。之后，部分老产品将进入回收阶段，其中，部分实体产品将回归环境或被再生利用，部分虚拟产品将被开放共享。如果老产品回收后能够纳入新产品的生命周期且被利用，那么老产品从诞生到消亡将实现其价值的最大化的开发。

（5）交互产品的用户群正在发生着怎样的变化？随着时间的推移，在科学技术飞速发展的同时，人口老龄化的程度也在持续增加。老年用户的特点是阅历丰富、习惯固化、审美怀旧、记忆力减退、身体能力下降等。为了满足老年用户的需求，交互产品在界面和功能设计上也会向着人性化的的角度去改变，如加强界面的可读性、易懂性等。服务于老年用户的交互产品还应体现人文关怀，例如，智能马桶可以获取老年用户的健康数据，以便其关注自己的身体健康；扫地机器人能够检测当前室内的空气质量，以便提醒用户特别是患有呼吸道疾病的老年用户改善空气环境。此外，兼具语音、文字、手势、眼动等各种功能于一体的交互产品也是老年用户青睐的产品，这类产品能够帮助老年用户克服部分视觉障碍或行动障碍，从而给予他们更多的关怀。

3. 有远见的设计思维的优势

有远见的设计思维的优势：洞见潜在的需求、规避潜藏的问题，影响一代又一代人。当谈及设计领域中的远见，不得不提到包豪斯学院。包豪斯学院成立于 1919 年，关闭于 1933 年。如今，"包豪斯"不再是学院的代名词，而是指一种非常有影响力的设计风格，即包豪斯设计风格。包豪斯设计风格体现了有远见的设计思维，至今我们仍然能够从大量的建筑、家居、饰品、智能设备中看到这种设计风格的影子，并且这种设计风格在持续地产生着深远的影响。由此可见包豪斯设计风格旺盛的生命力。

包豪斯设计风格最大的贡献在于将艺术归还给大众。工业革命以后，社会生产开始分工，设计、制造、销售相互分离，设计因此获得了独立的地位，但并未受到重视。然而，设计的独立性为其进一步发挥潜能奠定了基石。当时的大工业产品重视技术、销售、利润，而轻视设计和审美，使产品显得粗糙且毫无审美趣味。与之相比，艺术家所推崇纯粹的、形而上的艺术审美不具备实用意义，因为在他们看来平民与艺术相隔甚远，所以艺术家并不能也不屑于发现工业产品的设计问题。而工业与艺术的矛盾正是包豪斯设计风格的切入点，包豪斯学院的创始人及首任校长——德国著名的现代主义建筑大师格罗皮乌斯看到了这一点。包豪斯学院要求他们所培训的设计人员"懂得营利的目的"，即艺术性的设计工作只不过是生活要素的必要组成部分；通过降低艺术的生产成本、提高艺术的生产效率，使艺术全面融入人类的现代生活。审美趣味不再与工业产品的实用性对峙，两者的结合成为包豪斯设计风格最突出的特征。

如图 2-23 所示，在不同的设计阶段，设计师需要解决的问题有所不同，而完成一项设计，要经历由繁到简的过程。那么，如何让设计更加合理、更加贴近用户需求呢？包豪斯设计风格能够给我们深刻的启示——有远见的设计思维要求设计师跳出时间维度，突破专业隔阂，深入用户群体，拓宽认知视野，能够预测相关行业的发展趋势，从纷繁复杂的用户表层需求切入，挖掘用户的潜在需求，提炼萃取理想的设计方案，并为其设置尽可能多的接口，洞察未来的产品将面临的机遇和发展的可能性，让交互设计适应更加多样化、更加复杂的环境。

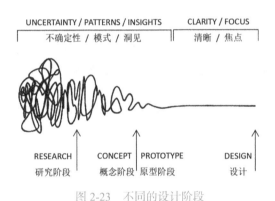

图 2-23　不同的设计阶段

2.3.4　系统设计方法

系统设计方法是一种按照事物本身的系统属性把对象放入系统中加以考察的方法。在系统设计方法中，要考虑整体与要素之间、整体与外部环境之间的相互联系与相互作用，并基于此对每个对象进行精确的综合性考察，从而揭示系统属性和发展规律，以协调所有对象的关系。例如，使用系统设计方法深入分析人机交互系统与环境之间的密切关系，如图 2-24 所示。

系统设计思维是一种基于系统设计方法的特殊思维。在这种思维模式中，我们将产品和用户视为一个有机的整体，并且产品与用户有着密切的联系，产品与环境也有着密切的联系。系统设计思维能够帮助我们辩证地看待整体与部分、结构与功能、现象与本质、需求与目标等多个方面。

人机交互设计的目的是让产品理解人的复杂行为以达成对人的服务，而人的行为又受到社会环境和自然环境的影响，因此不可脱离环境而探讨人机交互设计。人机交互设计不仅聚焦用户和产品对彼此的影响，还关注用户的文化背景、人际关系、行为习惯，以及用户使用产品时所涉及的环境重建、社群移植等。面对如此纷繁复杂的问题，我们必须使用系统设计思维，否则难以入手解决。例如，将产品放入系统中加以考察，一方面有助于设计师建立全局观，另一方面也有助于设计师与其他工作人员搭档，以逻辑化、板块化的方式处理产品设计流程中的各项任务。

　　著名的主流系统设计方法有很多种，我们主要介绍 TOGAF（The Open Group Architecture Framework）制定的企业架构全球标准。企业架构是指公司（企业）的软件和其他技术的整体观点和方法。制定企业架构全球标准的目的是将跨企业的、比较零散的遗留流程（人工流程/自动流程）优化到一个集成的环境中，从而及时地响应变更并有效地支持业务的交付。具体而言，它通过四个目标帮助企业解决所有关键业务的需求。

　　① 确保企业人员和用户都使用相同的语言。这有助于不同的群体之间消除沟通障碍，尽可能准确地理解业务需求。

　　② 避免使用限制企业架构的专有解决方案。建议使用 TOGAF 制定的企业架构全球标准，促进更多个人、公司、组织使用统一的标准。

　　③ 架构明晰、标准统一将节省时间成本和经济成本，资源利用更加合理。

　　④ 实现可观的投资回报。

　　TOGAF 制定的企业架构全球标准的核心是 ADM 分层架构开发模型，如图 2-25 所示，其特征是迭代循环，并可以根据企业的需求进行定制。通常情况下，先确立架构的愿景，再划分阶段，如业务架构、信息架构、技术架构、机遇和解决方案、迁移规划、实施治理、架构变更管理、需求管理等。一旦架构雏形开发出来，企业就可以将其推广到所有团队或部门进行迭代，从而降低出错概率，最终完成总体架构的管理和更新。

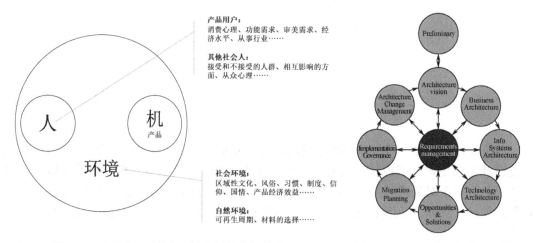

图 2-24　人机交互系统与环境之间的密切关系　　　图 2-25　ADM 分层架构开发模型

　　在不同的阶段，完成相应的功能需求体现了系统设计方法的实施细节。第一步，确认相应架构的需求，对产品进行预期分析、与用户进行沟通、对环境进行调研，并形成文档，这些准备工作用于支持后续的用户需求分析。第二步，分析用户外在的显性需求，即用户使用自己的语言能够表达的信息，这部分信息不一定准确，也不能直接使用，但由于数据量庞大，这些信息为洞察用户内在的隐性需求（用户的行为习惯）提供了必要条件，需要说明的是，隐性需求往往是确认产品需求的关键。第三步，整理资源并查看资源是否到位，这些资源包括用户需求、技术人员、软硬件、时间、资金等。第四步，评估团队能力并实施技术选型，如采用开源技术或实施自主研发。第五步，产品的迭代测试，通过对前四个步骤的若干次修正，最终实现设计目标。

系统设计方法要求设计要以整体作为出发点和最终目标，在实施过程中，管理与技术、整体与部分、功能与设计、目标与结果、系统与环境、计算机与人要不断进行双向协调，从而选择最优的方式。

2.3.5　概念模型的构建

在人们将现实世界的具体对象抽象为计算机能够理解的信息之前，必须有一个重要的步骤，那就是概念模型的构建。概念模型用于对现实世界中的对象进行描述、抽象、提炼、归类，并呈现为文字、流程图、逻辑图、关系图等形式。概念模型是连接现实世界和信息世界的纽带，是现实世界到信息世界的第一层抽象形态，是用户与设计人员之间进行交流的语言。一方面，概念模型为上一阶段中用户对操作的预期给出简单、清晰、易于理解的语义表达，另一方面，概念模型为下一阶段中计算机对用户指令的理解给出结构化的布局。这种信息结构并不依赖于具体的计算机系统，不是某个数据库管理系统（DBMS）支持的数据模型，而是概念级的模型。

概念模型是面向对象思维的出发点。概念模型的构建与程序员的关系并不大，与设计师的关系却非常紧密，因为概念模型的构建会受到设计师主观意识的强烈影响。一般而言，能够胜任构建概念模型这项任务的人，其主观意识应保持普遍性和典型性，既不能用散文式的感性思维也不能用符号式的机器思维，因此建议首选本系统或产品所在领域的专家或资深的用户，而非普通用户或程序开发技术人员。构建概念模型时，需要从场景中提取各种"对系统目标有用"的概念，通常是通过识别主要的领域词汇来建立的。然而，不同的人对同一个场景所提炼出来的概念模型可能有所不同，由不同概念模型所开发的系统，其性能差异可能很大，而系统的性能对概念模型的最终质量起着决定性的作用。

构建概念模型在构建数据模型之前。

概念模型可分为三类：层次模型、网状模型和关系模型。

层次模型是典型的树形结构，具有简单、自然、直观，易于理解等特点，尤其在一对多的父子关系的描述上具有很大的优势。例如，学校这个组织包含了若干级别的次级组织，可将其理解为学校的子对象，如图 2-26 所示，如果将这样的结构移植到概念的划分上，"学校"这个抽象概念可以被划分为"大学""中学""小学""职业院校""技工院校"等次级抽象概念；而"大学"既可以按大学名称进行划分，也可以按地区进行划分，如"海外高校""国内高校"，还可以按不同的级别进行划分，如"世界顶级学府""世界一流大学""普通大学"等，可见越往子级方向划分，分类标准越多，且分支数量越多，越接近具体的实例。然而现实世界中的联系非常复杂，具有非层次性和多对多的特征，导致层次模型在人机交互设计中模拟现实世界时存在局限性——处理子节点时必须经过相应的父节点，层次命令趋于程序化，比较死板。

网状模型允许一个子节点可以拥有多个父节点，网状模型可以克服层次模型的弊端，更加趋近于现实世界中实体的关联模式。如图 2-27 所示，"教师""学生""督导"三者之间虽然在层级上有所区别，但在身份上是独立的，用网状模型体现更加合理。

前两种概念模型所指向的数据模型已经很好地解决了数据的集中和共享的问题,但是在数据独立性和抽象级别上仍然有很大的欠缺。用户使用这两种概念模型存储数据时,仍然需要明确数据的存储结构,指出存储路径。而关系模型可以很好地解决这个问题。

关系模型是以集合论中的关系概念为基础发展而来的。在关系模型中,无论是实体还是实体之间的联系均由单一的结构类型——关系来表示。关系模型是静态的、稳定的,而关系是动态的、变化的,关系是关系模型的值。如图 2-28 所示,教师和学生分别对应两组规范化的二维表格,有分别对应的属性(字段),属性的值可以对表格中的一行(元组)进行标识,这个表格就是关系。关系中的每个属性的值不可以再分解,在关系中不可以出现相同的元组,在关系中不用考虑元组之间的顺序,每个元组中的属性也是无序的。关系模型的优势是结构清晰,更符合现实世界对关系的描述,更容易被细化分解为逻辑模型。

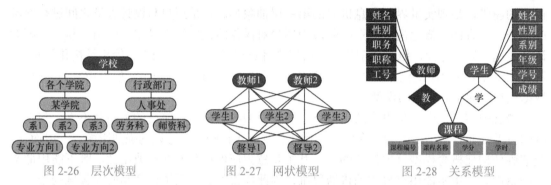

图 2-26　层次模型　　　　图 2-27　网状模型　　　　图 2-28　关系模型

人机交互设计对广泛而复杂的人类行为进行抽象提炼,其中,概念模型的构建是设计的关键,而构建概念模型中的关键又是关系的分析,是一对一、一对多、多对一、多对多中的某种关系,是主导还是被支配,是强制关系还是依赖关系等;概念模型的构建有助于在特定条件下进行用户分类、行为分类、行为逻辑展开、行为习惯归纳,以及及主导行为的思维模式的提炼。

2.3.6　用户模型设计思维

Alan Cooper 在《About Face:交互设计精髓》一书中对"用户模型"进行了定义,用户模型是研究用户的系统化方法。它是产品经理、交互设计师了解用户目标和需求,与开发团队及相关人员进行交流,避免设计陷阱的重要工具。由用户模型所指导的软件产品,其开发过程、使用方法及运作方式都发生了很大变化——以快速迭代、快速试错的方法取代了传统的瀑布模型。迭代构建用户模型如图 2-29 所示。

Alan Cooper 提出的用户模型包含了两种用户模型:第一种,基于访谈和观察进行详细、严谨的用户研究——构建用户模型。第二种,当缺乏时间、资源,并且无法对用户进行访谈和观察时,基于专家研究、市场调研所得出的统计数据的用户研究——构建临时用户模型。构建临时用户模型与构建用户模型的过程比较类似,只不过用户模型的数据来自对真实用户的研究,临时用户模型的数据则来自专家研究成果和对统计数据的描述。用户模型的精度要高于临时用户模型。

用户模型的构建流程如图 2-30 所示,其流程大致如下。

第一，整理和收集与用户相关的认知、经验和数据，包括对用户的理解、产品业务数据库中记录的用户信息（如性别、年龄、等级等属性）、用户填写的任何表单或留下来的信息（如用户填写的调查问卷、留下的社交账号等）。

第二，将这些信息映射成为用户的属性信息和行为信息。

第三，将用户的属性信息和行为信息存储为用户档案。

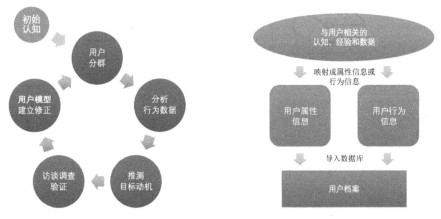

图 2-29　迭代构建用户模型　　　　　图 2-30　用户模型的构建流程

用户模型的优势如下。

（1）高效、准确、实时。分析用户数据时，失之毫厘，谬以千里。数据的准确性和时效性是帮助企业和产品在市场竞争中决胜的关键。分析数据的速度越快，就越能占据发展先机，帮助企业尽早作出决策。

（2）在分析用户数据的过程中，应努力发现更多潜藏的有价值的数据。过去，我们一般通过静态的结果去判断和洞察用户行为动机，然而行为的动态数据更有价值，它记录的是用户与产品的每一次交互行为，它所构建的用户模型更加完整、科学。

（3）覆盖用户生命周期。基于用户行为数据的用户模型是动态变化的。从访客到陌生人再到高价值用户，用户的每一步成长都通过行为记录下来，基于用户生命周期的不同阶段，针对新用户、流失用户、活跃用户、沉默用户分别采取有针对性的拉新、转化、留存等运营策略。

从用户的角度对产品进行理解所形成的模型是"用户心理模型"，从设计师的角度对产品流程进行创建所形成的模型是"产品工程模型"，两者反映了用户与设计师基于各自的思维模式对产品的主观认识，然而，两者并非是理想的用户模型。

用户模型基于用户在现实世界中积累的经验，体现了用户对某系统或产品在头脑中形成的简单概念，以及不带有复杂细节的对各种操作的预期。用户模型的设计包含以下 7 项流程：获取用户的有用信息，记录用户访问行为，产生用户行为日志，评价用户关注程度，界定重要行为模式，提取用户感兴趣内容，指定任务角色模型。

用户模型比用户心理模型更凝练，同时又比产品工程模型更简化。以触屏滑块的动态设计为例，如果使用触屏滑块时有卡顿感，或者没有设计慢进慢出，就与用户对物体"惯性"的预期背道而驰；再以汽车方向盘系统为例，该系统的工程模型和用户模型如图 2-31

所示,让驾驶员理解该系统的运行逻辑完全没有必要,其复杂的原理会让普通用户陷入困惑,从而失去对操作的兴趣。因此,触屏滑块设计适当的弹性动画效果符合用户对交互操作的预期;方向盘旋转角度与汽车运行方向的关联性符合驾驶员对控制车辆行进方向的预期,这些因素才是构建用户模型的关键,把握好这些因素有利于提高交互操作的趣味性,并能够强化用户的使用习惯。

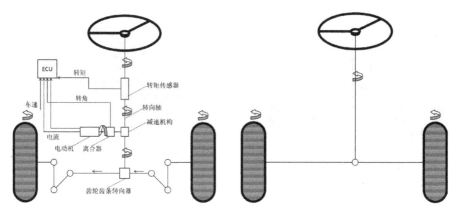

图 2-31 汽车方向盘系统的工程模型和用户模型

用户和产品之间有着双向的影响。其一,由于设计师掌握着系统和产品的设计主导权,所以在用户可接受的范围内,产品设计往往能培养用户的使用习惯。其二,系统和产品的"可用性"比"易用性"有着更高的地位,比如某项功能尽管设计得简洁方便,但是如果不符合用户需求,则是毫无意义的。其三,一个系统、一款产品需要与各种用户需求匹配,以适应不同用户的操作差异性。

2.3.7 原型设计

原型是产品在正式面市之前的基本框架,能够以最节约成本的方式展示产品的模块、元素等。原型设计通常处于软件开发的初始阶段,需要根据用户需求为软件创建用于测试的版本。原型设计通常用于团队内部的演示、沟通、修正等,涉及的使用人员包括商业分析师、信息架构师、可用性专家、产品经理、IT 咨询师、用户体验设计师、交互设计师、界面设计师、架构师、程序开发工程师等。原型设计能够帮助产品开发团体明确开发方向,为人机交互设计的顺利实现提供了必要保障。

原型设计的投入产出比非常高,它在设计与开发工作之前就能揭示和测试系统的功能与可用性。同时,原型的开发成本比产品的开发成本要低得多,因此原型设计具有非常重大的实践意义和经济意义。原型按层级可划分为低保真原型、中保真原型和高保真原型。从设计之初到产品问世,原型设计要经历三个阶段,这三个阶段分别为低保真阶段、中保真阶段和高保真阶段。在低保真阶段,低保真原型仅体现产品的基本功能逻辑,进行静态展示,如图 2-32 所示,低保真原型具有成本低、易修改等特点。在中保真阶段,中保真原型可体现产品的部分功能细节,并演示基本的动态交互操作,如图 2-33 的左侧子图所示,中保真原型具有成本适中、不易修改等特点。在高保真阶段,高保真原型可以全面体现产品的功能细节,并演示复杂的动态交互操作,如图 2-33 的右侧子图所示,高保真原型具有时间成本高、经济成本高、修改复杂度高等特点。

通过原型设计，能够让参与测试的用户率先体验产品，虽然无法像正式产品那样提供良好的用户体验，但这种方式足以激发用户的代入感，让他们给出有实践意义的反馈，以便开发团队及时修改问题。原型设计提升了交互产品设计的工作效率，让设计团队脱离了纸上谈兵的交流，并在产品问世前能够对产品进行持续的完善。一款产品在成型前，可能有很多版本的原型，在原型设计上投入的时间和资金看似很多，但它的确节省了产品开发的总的时间成本和经济成本，因为原型的每一次迭代都能避免更严重错误的发生。不过，原型设计也有劣势，即当原型敲定后，它将在一定程度上限制设计师的思维。然而，这种问题不足以掩盖原型设计所带来的好处。

图 2-32　低保真原型

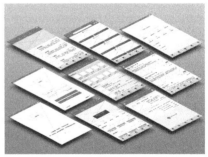

图 2-33　中保真原型和高保真原型

设计师在原型设计的不同阶段所实施的内容有所不同。在低保真阶段，设计师只需简单地厘清系统逻辑，设计团队内部的成员能够理解这种逻辑即可，用户无须参与该阶段的反馈。在中保真阶段，设计师要参考低保真原型进而完成更细致的流程图和动态面板的交互设计，这要求设计师应投入一定的时间进行学习和实践。在高保真阶段，设计师需要使用原型设计工具完成线框图设计、视觉设计、交互设计等，这对设计师提出了更高的要求，需要投入更多的时间进行学习和实践。在原型设计之前，设计团队需要统筹考虑时间、资金、能力，以及系统或产品等因素，以选择最合适的设计师，并确定原型层级，以保证在规定时间内有效地完成系统或产品的设计。

2.4 习题

（1）在人机交互过程中，用户经常使用的感知有哪几种？每种感知分别有什么特点？

（2）人类的认知过程分为哪几种？

（3）什么是原型？原型设计的步骤有哪些？

（4）什么是概念模型？概念模型分为哪三类？请举例说明。

（5）常见的交互设计方法有哪些？请举例说明。

第 3 章

交互设备

计算机系统的人机交互功能主要通过各类输入设备、输出设备和对应的软件完成。可供人机交互使用的设备主要分为以下几类：视觉交互设备、语音交互设备、触觉交互设备及跟踪交互设备，本章将介绍人的视觉特性以及各种人机交互设备。如图 3-1 所示为人机交互设备系统。

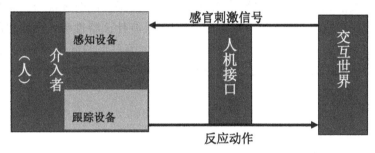

图 3-1　人机交互设备系统

3.1　视觉特性与视场

3.1.1　人体的视觉特性——立体视觉

视觉是人类感知客观世界的最主要的途径。研究表明，人类获取的信息中有 83% 来自视觉。显示技术作为视觉信息呈现的重要技术手段，是"信息获取、处理、传输、存储和显示"产业链条中的关键环节，对满足人类的视觉需求具有极其重要的意义。从传统绘画技术的盛行到阴极射线管显示器、液晶显示器的诞生，再到三维显示技术、虚拟现实（VR，Virtual Reality）技术、增强现实（AR，Augmented Reality）技术的广泛应用，显示技术经历了从黑白到彩色，从静态到动态，从平面到立体，从低级到高级的演化过程，形成了当前多种显示技术共存、蓬勃发展的局面。当前的显示技术具有真彩色、高动态、高分辨等特性，极大地满足了人类的视觉需求。

让计算机或机器人具有像人类或生物那样高效、灵活的视觉，是人类多年的梦想，为了实现这个梦想，科技工作者进行了大量的、卓有成效的研究，其中大多数学者又以"计算机视觉"作为突破点来进行研究。迄今为止，尽管神经生理学、心理学等领域的专家对人类视觉系统进行了大量的研究，然而人类对自身视觉系统的工作原理仍然认知不足。为充分了解人类视觉特性，我们先来回答这个问题：人为什么会长两只眼睛？

要回答这个问题，我们先来看如图 3-2 所示的单幅画面表现的立体效果。请读者思考，

图 3-2　单幅画面表现的立体效果

在这幅图中，我们通过什么方法可以获得图中的立体效果呢？或者说，当我们进行常规的摄影和绘画时，可以通过什么方式来表现空间的立体透视感呢？其实，在一般情况下，我们会根据场景中的光照变化、物体遮挡、阴影，以及自身的经验等来感觉场景的立体效果。但是，仅从单幅画面中无法准确获知物体的深度信息，在现实世界中，人类通过双眼分别同时获取某一场景的二维图像信息，然后经过大脑视觉中枢的加工与处理，从而得到该场景的三维信息，我们不仅能感知场景的立体效果，同时还能获得场景的深度和距离，这些都依赖我们的两只眼睛。那么，人类的双眼有什么特性呢？两眼之间的瞳距是一定的，对于同一场景，两眼获取的图像略有差别，大脑对这两幅图像中的细节进行解释，进而使我们得出场景的距离和深度。我们通过如图 3-3 所示的示意图可以得到深度 z 的计算公式：

$$z = \frac{D \times S}{x_1 - x_r}$$

其中，S 为瞳距；D 为理想的双目焦距；x_1 和 x_r 分别为空间中的一点 P 投影在左眼图像和右眼图像中的横坐标值。

立体视觉（Stereo Vision）是指人通过双眼观察景物并能分辨物体距离和形态的感觉。立体视觉是计算机视觉领域的一个重要课题，它能够帮助我们重构场景的三维信息。这里，我们提出一个概念——视差。空间内的某一点，分别在两眼的图像中投影生成两个像点，这两个像点在图像中横坐标值的差值就是视差，在计算深度 z 的公式中，视差即 $x_1 - x_r$。

围绕立体视觉，我们可以开发相应的交互设备，实现立体显示，如图 3-4 所示。其原理如下：通过交互设备使用户的左眼与右眼分别看到两幅图像，两幅图像在水平方向的距离差值在人眼中形成视差，使得原本在二维平面上的图像被重构成一个虚拟的立体空间。

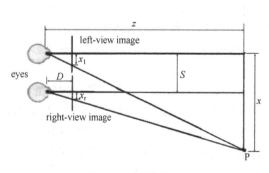

图 3-3　计算深度 z

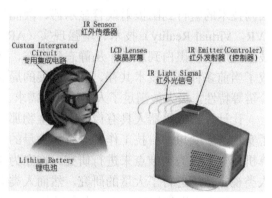

图 3-4　立体显示交互设备

3.1.2 视场

视场是指光学仪器镜头（如望远镜或摄像机镜头）能够观测到的最大夹角。通常情况下，人的单眼的视场约为水平 ±100°、垂直 ±60°，而水平的双目重叠视场可达 ±120°。目前，全景显示设备的视场可达水平 ±100°、垂直 ±30°，能够为用户提供较强的沉浸式体验。在开发立体显示交互设备时，视场是非常重要的因素。

3.2 视觉交互设备与相关技术

3.2.1 视觉交互设备的分类

在视觉交互设备中，根据元器件的不同，可以将其分为阴极射线管（CRT，Cathode Ray Tube）显示器、液晶显示器（LCD，Liquid Crystal Display）、等离子显示器（PDP，Plasma Display Panel）、发光二极管（LED，Light Emitting Diode）显示器和虚拟视网膜显示设备，下面介绍各种设备的成像原理和应用情况。

1. 阴极射线管显示器

阴极射线管显示器是一种由阴极射线管构成的显示器，阴极射线管的构成如图 3-5 所示。阴极射线管显示器具有可视角度大、无坏点、色彩还原度高、色度均匀、多分辨率模式可调节、响应时间极短等优点。

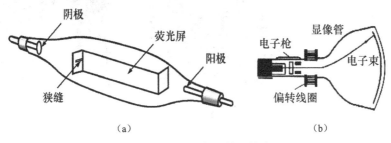

（a） （b）

图 3-5 阴极射线管的构成

随着网络及多媒体的普及与应用，阴极射线管显示器已无法满足用户的多样化需求。尽管个人计算机已很少选配阴极射线管显示器，但是在一些对色彩还原度要求较高的行业（如医疗、冶金等）中，仍要使用阴极射线管显示器。

2. 液晶显示器

液晶显示器是一种借助薄膜晶体管驱动的有源矩阵液晶显示设备，它由一定数量的彩色或黑白像素组成，这些像素被放置于光源或反射面的前方。液晶显示器功耗低、比较轻薄，因此被广泛使用。

3. 等离子显示器

等离子显示器于 20 世纪 90 年代开始商业化生产，其性能参数、产品稳定性和良品率等指标不断提高。近年来，随着产业规模不断扩大，等离子显示器的价格持续下降，性价比进一步提升，等离子显示器从前期以商用为主转变成以家用为主。等离子显示器的特点是比较轻薄、分辨率高。这类显示器在结构方面有明显的优势，它由独立的荧光粉像素构成，因此得到的图像鲜艳、明亮、干净且清晰。

4. 发光二极管显示器

发光二极管是一种能将电能转换为光能的半导体电子器件，如图 3-6（a）所示。发光二极管显示器由众多发光二极管构成。随着技术的不断进步，发光二极管显示器在体育场馆、街道、商场、证券交易所、银行、高速公路等场所被广泛使用，如图 3-6（b）所示。

如图 3-7 为阴极射线管显示器、液晶显示器和发光二极管显示器。

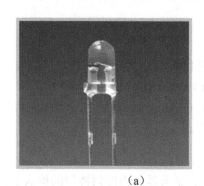 

（a）　　　　　　　　　　（b）

图 3-6　发光二极管及发光二极管显示器的应用场所

图 3-7　阴极射线管显示器、液晶显示器和发光二极管显示器

5. 虚拟视网膜显示设备

虚拟视网膜显示设备由美国华盛顿大学 HIT（Human Interface Technology）实验室于 1991 年发明。该设备的应用目标是实现全彩色、宽视场、高分辨率、高亮度、低价格的虚拟现实显示效果。虚拟视网膜显示技术有很多应用场景，包括军事航天领域和医学领域。虚拟视网膜显示设备的结构及应用如图 3-8 所示。

虚拟视网膜显示设备直接把调制的光线投射在人眼的视网膜上，产生光栅化的图像，用户感觉图像出现在眼睛的前方，实际上，图像呈现在自己的视网膜上。虚拟视网膜显示设备生成的图像质量高、无闪烁、有立体感。虚拟视网膜显示设备的主要特点如下。

- 眼镜轻薄小巧。
- 可获得更宽广的视场。

- 适应人类视觉的高分辨率。
- 拥有更高分辨率的全彩色。
- 适用于室外的高亮度。
- 较低的功率消耗。
- 体现深度的立体显示效果。
- 具有看穿的显示方式，在看到激光扫描的虚拟图像的同时，也能看到真实的场景。

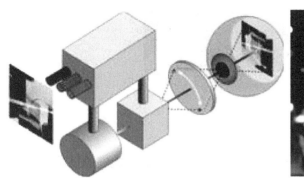

图 3-8　虚拟视网膜显示设备的结构及应用

3.2.2　投影显示设备

投影显示设备是由平面图像控制光源，利用光学系统和投影空间把图像放大并显示在投影屏幕上的装置。投影显示设备在日常生活中的应用十分广泛，如在教学环境中。投影的屏幕较大，目前已经能够实现高清显示。

早期，人们将图像投影到干净的白墙上，由于白墙的显示效果不好，并且无法移动，投影显示设备在使用时受到了很大的限制，所以人们用白塑幕替代白墙，白塑幕成为真正意义上的第一代投影屏幕。第二代投影屏幕是玻珠幕，玻珠幕在幕面上增加了一层非常细小的玻珠，因为玻珠既能聚光，又能沿原方向反射入射光，所以它的屏幕增益比白塑幕高一倍，在视角范围内，它的显示效果远远优于白塑幕。第三代投影屏幕是金属幕，与前两代投影屏幕相比，金属幕在技术上有了相当大的突破。一方面，金属幕在增加屏幕增益的同时，也增加了屏幕的可视角度。目前，市面上的金属幕的屏幕增益的理论值一般为 2.0，其屏幕的可视角度却较玻珠幕大大增加。另一方面，金属幕在抗环境光干扰能力上有了显著进步。在一般的环境中，金属幕有着良好的显示效果。此外，比起白塑幕和玻珠幕，金属幕的立体感更加出色，能够展现令人震撼的立体效果。微晶投影显示屏幕是第四代投影屏幕，其核心技术为微晶投影显示技术，该技术是一项由傲龙（Honorest）研发的在投影屏幕领域中比较先进的专利技术。引入微晶投影显示技术的投影屏幕，其显示效果有了飞跃性的突破，如色彩更加饱和、鲜艳，自然而无偏色，对比度提升，黑色更加深沉，白色更加通透，层次更加丰富，画面极富立体感。

常见的投影显示设备只能简单地显示画面，不能进行交互，而印度的一位科学家尝试将投影显示设备与手势识别设备进行融合，从而构建可交互的投影显示设备，如图 3-9 所示。

图 3-9　可交互的投影显示设备

3.2.3　三维显示设备

显示技术的终极目标是真实地再现客观三维世界的场景，使人类能够通过显示设备获得与观察客观三维世界相同的视觉感受。当前的显示技术主要以二维图像的形式获取、记录和再现信息。人类视觉系统由双目组成，而以二维形式记录并表现三维世界，使得双目只能感知到场景或物体的某个特定角度的信息，无法精确感知客观三维世界内的空间关系。当前的 2D 显示技术不符合人类认知客观三维世界的物理规律，阻碍了人类视觉系统对外界环境的全面感知。以三维形式记录并显示信息是当前显示技术领域亟待解决的问题。

具有大视场、高分辨率、真彩色等特性的三维显示技术是未来显示技术重要的发展方向。三维显示技术可分为 4 类：分光立体眼镜显示技术、自动分光立体显示技术、全息术和体三维显示技术。其中，前两类显示技术采用了视差的方式来为用户呈现 3D 效果，即分别为用户的左眼和右眼显示稍有差别的图像，模拟出 3D 效果，从而"欺骗"用户的大脑。由于通过人为制造视差的方式所构造的 3D 效果并不自然，这加重了用户的脑力负担，所以用户看久了会出现头痛症状。全息术利用光波的干涉和衍射，一般只能生成静态的三维光学场景，并且对用户的观察角度还有要求，因此对于人机交互而言，全息照相术并不适用。

3.2.4　典型的虚拟现实立体显示设备

1. 可看穿的头盔显示器

在可看穿的头盔显示器中，虚拟图像被投射在用户眼前的半反光半透明的光学玻璃上。于是，用户在看到计算机生成的虚拟图像的同时，也能看到真实的场景。如图 3-10 所示为 BAE 为"鹰狮"战斗机配备的综合头盔显示器，该设备能够帮助飞行员通过头盔显示器观察、锁定和射击目标，有助于飞行员在遇到情况时迅速作出反应。

2. BOOM 显示器

BOOM 显示器即双目全方位显示器。相比于头盔显示器，该设备可以减轻用户在头戴设备时所出现的不适；并有效改善跟踪延迟、分辨率低等问题。如图 3-11 所示为带支架的

BOOM 显示器；如图 3-12 所示为躺坐式的 FakeSpace 2 BOOM 显示器；如图 3-13 所示为带有控制手柄的 FakeSpace Pinch BOOM 显示器。然而，由于 BOOM 显示器使用不便，且设备结构复杂，目前已很少使用。

图 3-10　BAE 为"鹰狮"战斗机配备的综合头盔显示器

图 3-11 带支架的 BOOM 显示器

图 3-12　FakeSpace 2 BOOM 显示器

图 3-13　FakeSpace Pinch BOOM 显示器

3. 游戏头戴式设备

在 2013 年的国际消费类电子产品展览会中，一款名为 Oculus Rift 的游戏头戴式设备引起了大家的关注，如图 3-14 所示。Oculus Rift 是一款为电子游戏设计的头戴式显示器，它具有两个目镜，并且拥有陀螺仪以控制视角，能够提供 1280 像素 ×800 像素的分辨率。Oculus Rift 可以通过 DVI、HDMI、micro USB 接口连接计算机或游戏机，该设备还获得了 Unity 3D、Source、Unreal Engine 4 等引擎的支持。2016 年 11 月，Oculus Rift 荣登 2016 中国泛娱乐指数盛典"中国 VR 产品关注度榜 top10"。

图 3-14　Oculus Rift 游戏头戴式设备

Oculus Rift 将虚拟现实技术融入游戏中，使用户感受到身临其境，对游戏的沉浸感显著提升。尽管该设备还不完美，但是它已经改变了用户参与游戏的方式，让科幻大片中描述的美好前景距离我们又近了一步。虽然 Oculus Rift 最初是为游戏打造的，但是设备研发公司决定将此设备应用到更广泛的领域中，包括观光、电影、医药、建筑、空间探索等。Oculus Rift 提供的是虚拟现实体验，用户戴上设备后并没有意识到"屏幕"的存在，用户看到的是一个虚拟现实世界。就像电影《头号玩家》中的许多场景一样，头戴式设备能够提供更好的沉浸式体验。头戴式设备也是未来虚拟现实技术的重点研究内容。

4. 立体显示眼镜

用户佩带立体显示眼镜后，双眼会分别看到有一定视差的图像，从而感受到立体效果。

如图 3-15 为常见的 3D 眼镜。

按照眼镜的成像原理进行分类，立体显示眼镜可分为主动式立体显示眼镜和被动式立体显示眼镜。主动式立体显示眼镜本质上属于有源系统，该系统利用红外线传送同步信号，用于控制液晶光阀眼镜的开关，用户佩戴液晶光阀眼镜后，使双眼分时观看图像，从而看到立体效果。被动式立体显示眼镜本质上属于无源系统。该系统需要配置两台放映机，如图 3-16

图 3-15 常见的 3D 眼镜

所示，其中一台放映机透过红色滤镜放映红色影像，另一台放映机透过绿色滤镜放映绿色影像，两种影像在屏幕上相互叠加，用户佩戴红绿玻璃纸眼镜，如图 3-17 所示，可看到立体效果。

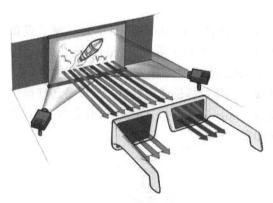

图 3-16 两台放映机

图 3-17 红绿玻璃纸眼镜

如图 3-18 所示为偏振投影画面。我们设计一个演示实验：使用两台放映机，为每台放映机均装载一个偏振片，把两幅带有偏振光的影像同时放映在金属屏幕上，两幅影像中的偏振光的振动方向互成直角。用户佩戴由偏振片制成的眼镜，左眼的镜片只许左侧放映机放映的影像通过，右眼的镜片只许右侧放映机放映的影像通过，用户便能看到立体效果。

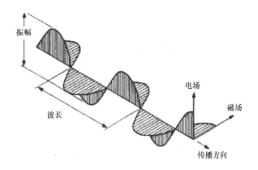

图 3-18　偏振投影画面

5. 偏振投影式立体视觉系统

如图 3-19 所示为偏振投影式立体视觉系统，通过两台投影机实现偏振 3D 投影，这两台投影机必须采用同样的型号，才能保证用户的左眼与右眼看到完全相同的显示效果。此外，该系统对两台投影机的调试要求较高，画面中的像素要做到完全重合。

图 3-19　偏振投影式立体视觉系统

6. 环屏立体显示设备

环屏立体显示设备又被称为环形幕。环形幕带有一定的弧度，能较好地过滤环境光线、抑制太阳效应，并且画面的层次感和色彩饱和度较好，有较好的色彩还原性。环形幕的屏幕平整度高，且不易变形。如图 3-20 所示为环形幕用于高尔夫球虚拟练习，大视场的环形幕能够让用户有更强烈的沉浸感。如图 3-21 所示为环形幕架设示意图，如图 3-22 所示为环形幕应用场景及双位投影机。

图 3-20　环形幕用于高尔夫球虚拟练习

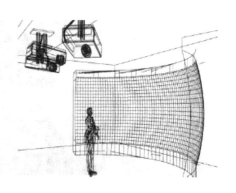

图 3-21　环形幕架设示意图

图 3-22　环形幕应用场景及双位投影机

环屏立体显示设备的核心技术是边缘融合技术。边缘融合技术能够将多台投影机的显示图像交互融合，并对图像进行几何校正与色彩处理，消除光线重叠部分的多余亮度，调整不同投影机之间的色差，从而确保整幅图像没有物理缝隙，亮度均匀一致，色彩均匀一致，并保持较高的分辨率，就像一幅由一台投影机投影得到的图像。边缘融合技术分为硬件边缘融合、软件边缘融合、集成式边缘融合。边缘融合技术过去常用于专业领域的虚拟仿真、系统控制和科学研究，近几年来开始向展览展示、工业设计、教育培训、会议中心、监控中心等领域发展。如图 3-23 所示，通过对比，我们可以看到经过边缘融合处理的图像显得更完整、平顺。如图 3-24 所示为数字边缘融合及几何校正的原理图。如图 3-25 所示为无几何矫正时的柱幕投影效果，我们可以看到重叠区域未经处理，用户在观看过程中会感觉不适。

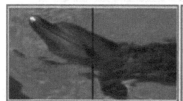

图 A 简单拼接

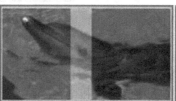

图 B 简单重叠

图 C 边缘融合

图 3-23　边缘融合

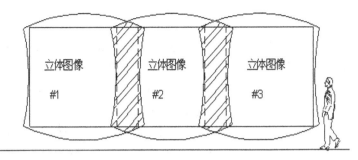

图 3-24　数字边缘融合及几何校正的原理图

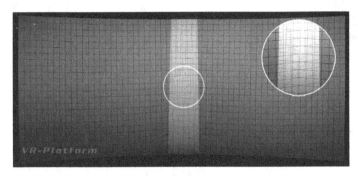

图 3-25　无几何矫正时的柱幕投影效果

7．球幕

内投球技术是一种新兴的展示技术。内投球的屏幕是一个球形屏幕，我们称其为球幕，放置在球幕内部的投影机把图像投影到整个球形屏幕上，观众可以看到在整个球幕上布满了图像。球幕既可以播放特制视频，也可以播放常规的视频和电影。

球幕因其外形接近球体，所以在表现宇宙天体方面有着很大的优势。使用不同的材料，可以制作不同大小的球幕。硬质材料可用于制作直径 0.5 米到 6 米的球幕，直径较大的球幕不便于运输，但可以现场拼接安装。软质材料可用于制作充气球幕，球幕的直径可达 15 米，充气球幕一般用于户外大空间，充气球幕易于安装和运输。如图 3-26 为球幕的应用场景。

图 3-26　球幕的应用场景

8. 洞穴状自动虚拟系统

洞穴状自动虚拟系统（CAVE，Cave Automatic Virtual Environment）是一种大型的 VR 系统，具有高度的沉浸感和良好的交互手段，可以有效地融合视觉、触觉、听觉等。CAVE 的工作原理比较复杂，它以计算机图形学为基础，把高分辨率的立体投影显示技术、多通道视景同步技术、三维计算机图形技术、音响技术、传感器技术等完美地融合在一起，

图 3-27 个人工作站式的 CAVE

从而构建一个可供多人使用的沉浸式的虚拟环境。CAVE 的造价比较昂贵，从数十万美元到数百万美元不等，一般用户无法承受这样高昂的成本。过去，该系统使用 SGI 工作站和多通道图形系统，因此无法向大众推广。近几年来，随着微机性能的提高，AGP 总线突破了 PCI 总线的 33MHz 的限制，图形加速卡的图形渲染能力也得到了很大的提升，从而促使微机系统逐步替代了昂贵的 SGI 工作站。如图 3-27 所示为个人工作站式的 CAVE。

CAVE 提供了一个四面（或六面）的立体投影显示空间，该显示空间可供多位用户参与。所有用户均沉浸在一个被立体投影画面包围的高级虚拟仿真环境中，借助虚拟现实交互设备（如数据手套、力反馈装置、位置跟踪器等），实现各种交互操作。由于立体投影画面能够覆盖用户的大部分视野，所以 CAVE 能为用户提供一种前所未有的且极具震撼性的交互体验。如图 3-28 所示为 CAVE 搭建模型结构图及效果图。

配合三维跟踪器，CAVE 可以使用户近距离接触虚拟三维对象，并漫游虚拟环境。CAVE 通常用于高标准的虚拟现实环境中。自纽约大学于 1994 年建立第一个 CAVE 以来，CAVE 已经在全球范围内的多所高校、科技中心、研究机构中有所应用。

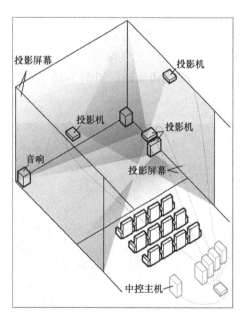

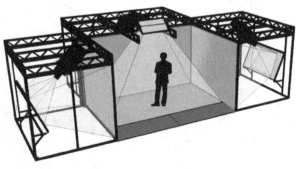

（a）

图 3-28 CAVE 搭建模型结构图及效果图

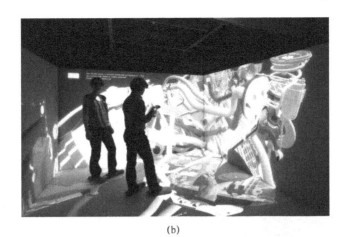

(b)

图 3-28　CAVE 搭建模型结构图及效果图（续）

　　CAVE 也为科学家带来了一种创新的思考方式，并且促进科学家对研究对象深入探索。例如，大气学家能"钻进"虚拟"飓风"的中心观看"飓风"内部复杂的结构；生物学家能够"进入"虚拟"DNA 双螺旋结构"中对基因序列进行研究……可以说，CAVE 可用于大部分具有沉浸感需求的研究领域，它是一种全新的、高级的虚拟仿真手段。

　　CAVE 适用的教学和科研领域包括：

- 虚拟样机、虚拟制造、虚拟设计、虚拟装配。
- 模拟驾驶、训练、演示、教学、培训等。
- 虚拟生物医学工程（虚拟手术/医学分析；基因/遗传/分子结构研究）。
- 地质勘探、矿产勘探、石油勘探。
- 航空航天数据可视化。
- 军事模拟与指挥、虚拟战场、电子对抗。
- 地形地貌研究、地理信息系统仿真。
- 建筑模型与城市规划。
- 地震及消防演练。

3.2.5　裸眼 3D 显示技术

1. 裸眼 3D 显示技术的概念

　　3D 是 three-dimensional 的缩写，含义为"三维的"。通过计算机显示三维图形，其实质为在平面中显示三维图形，只不过人的眼睛在观察三维图形中的对象时存在视差，因此看对象时会产生距离感，从而感觉三维图形是立体的。裸眼 3D 显示技术最初是人类为了摆脱专用眼镜的束缚而开发的技术。裸眼 3D 显示技术利用人的眼睛在观察对象时所产生的视差，从而形成裸眼 3D 效果，如图 3-29 所示为 Miracube 立体显示器的裸眼 3D 效果。

　　早在 2009 年 4 月，美国 PureDepth 公司宣布研发出改进后的裸眼 3D 显示技术——MLD 技术（多层显示技术）。如图 3-30 所示，根据该技术的实现原理，设置两块有一定间隔但重叠的液晶面板，用户在不使用专用眼镜的情况下，即可观看文字及图画的 3D 效果。这种技术的好处是不会让用户产生不良的观看反应，如恶心、眩晕等。同时，MLD 技术还突破了视野及角度的限制，使得观看场所可以进一步扩大。此外，使用 MLD 技术还可以添加二维字幕。

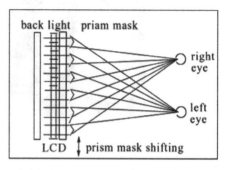

图 3-29　Miracube 立体显示器的裸眼 3D 效果　　图 3-30　MLD 技术的实现原理

2．裸眼 3D 显示技术的分类

裸眼 3D 显示技术最大的优势便是摆脱了专用眼镜的束缚，但是在分辨率、可视角度和可视距离等方面还存在很多不足。观众在观看三维图形时，需要与显示设备保持一定的距离，并处于某些特定的位置才能看到 3D 效果。传统的裸眼 3D 显示技术分为光屏障式3D 显示技术、柱状透镜 3D 显示技术和指向光源 3D 显示技术。

（1）光屏障式 3D 显示技术。光屏障式 3D 显示技术是由夏普公司欧洲研发部的几位工程师共同研发出来的新型显示技术。该技术的基本原理如下：在 LCD 液晶面板和内部发光器件之间增设偏振模和高分子层，当图像通过液晶面板显示在用户面前时，偏振模可以将用户左眼和右眼接收的画面区分开来，从而在用户大脑中形成立体的显示画面，其原理如图 3-31 所示。采用光屏障式 3D 显示技术，能够将偏振模和高分子层集成在显示设备的内部，并且显示设备能够与既有的 LCD 液晶制作工艺兼容，从而有效地控制成本，但这种技术无法有效地提升图像的显示亮度和分辨率。在实际生活中，夏普的 3D 手机和任天堂的3DS 游戏机都采用这种技术。

（2）柱状透镜 3D 显示技术。柱状透镜 3D 显示技术也被称为微柱透镜 3D 显示技术。如图 3-32 所示，在液晶显示屏幕的前面加装一排柱状的透镜，这样图像就会呈现在透镜的焦平面上，通过透镜的折射，将图像中的各像素点分别投射在用户的左眼或右眼中，实现图像的分离，用户的大脑将双眼所接收到的图像进行叠加，形成 3D 图像。与光屏障式 3D显示技术相比，柱状透镜 3D 显示技术最大的优点是透镜不会遮挡光线，因此亮度得以进一步提升。但是，图像毕竟通过了一层透镜呈现在用户眼前，故图像很难获得较高的分辨率。此外，在液晶屏幕的前面加装透镜需要较高的制作成本和维护成本；使用该技术制造的显示设备与既有的 LCD 液晶制作工艺不兼容，需要新建设备生产线。

（3）指向光源 3D 显示技术。指向光源 3D 显示技术的原理可简要概括如下：精确控制两组屏幕中的图像分别向用户的左眼与右眼进行投射。指向光源 3D 显示技术搭配两组LED，配合快速反应的 LCD 面板和驱动方法，让 3D 图像按照顺序分别交替投射到用户的左眼与右眼，从而产生视差，形成 3D 效果，如图 3-33 所示。

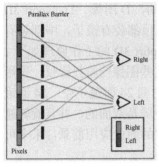

图 3-31　光屏障式 3D 显示技术
原理

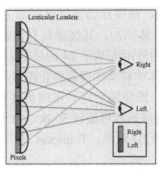

图 3-32　柱状透镜 3D 显示技术
原理

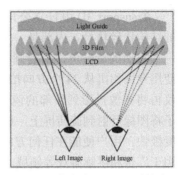

图 3-33　指向光源 3D 显示技术
原理

　　美国 3M 公司围绕指向光源 3D 显示技术进行了深入研究。该公司成功研发了 3D 光学膜，极大地增强了基于移动设备的交流和互动。指向光源 3D 显示技术的优点是能够保障显示设备的分辨率和透光率，不会影响既有的设计架构，3D 效果出色。缺点是技术尚在探索阶段，相关产品还不成熟。

　　当前的裸眼 3D 显示技术虽然还不够成熟，但是它能给人们带来新奇的视觉享受，其巨大的市场潜力也激励着研发人员持续深入研究，不断提升技术水平。

3.2.6　体三维显示技术

　　与裸眼 3D 显示技术有所不同，体三维显示技术是真正能够实现动态效果的 3D 显示技术，它可以让用户看到"悬浮"在半空中的三维透视图像。体三维显示技术可大致分为扫描体显示（Swept-Volume Display）技术和固态体显示（Solid-Volume Display）技术。其中，前者的代表产品为 Felix 3D、Transport 3D 和 Perspecta，而后者的代表产品为 Depth Cube。

　　Felix 3D 拥有一个很直观的结构框架，如图 3-34 所示，该结构框架是一个基于螺旋面的旋转结构，其中，马达带动螺旋面高速旋转；由 R、G、B 三束激光汇聚成一束光，经过光学定位系统打在螺旋面上，产生一个彩色亮点；当螺旋面旋转得足够快时，螺旋面看似变得透明了，而彩色亮点仿佛悬浮在空中，形成一个体像素（Voxel，也被称为空间像素），通过点、线、面的关系，进而构成直线、面，以及三维物体。

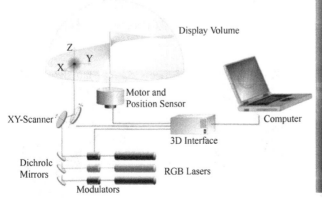

图 3-34　Felix 3D

Transport 3D 由日立公司研制，该显示器能够从任意方向显示 3D 图像。Transport 3D 的结构比较精妙，内部是一个圆柱体结构，其底部装有投影仪，顶部装有镜子，中部装有一个双面的旋转屏，沿着圆柱体的外围安装了 24 面镜子。Transport 3D 的工作原理如下：使用专用相机从 24 个方向拍摄物体的移动图像或静止图像，将这些图像传给投影仪，投影仪再将图像投影到顶部的镜子中。图像随后以一定的角度被反射到 24 面镜子中，24 面镜子将图像反射到旋转屏上，该旋转屏每秒可旋转 30 次，由于旋转屏是双面的，并且旋转速度极快，用户便能在任何方向看到 3D 效果。Transport 3D 有一定的商业应用前景，未来可用于广告和拱廊游戏等领域。

Transport 3D 的研发是一次大胆的创新，即实现了真正的三维图像显示，用户使用该设备可从任意方向看到 3D 效果，获得更好的体验。

Perspecta 是比较成功的应用扫描体显示技术的产品，如图 3-35 所示，与 Felix 3D 有所不同，Perspecta 的结构更简单，内部为一个直立投影屏，该投影屏由电动机驱动，投影屏每分钟可旋转 730 次，它由很薄的半透明塑料制作而成。Perspecta 的工作原理如下：使用专用相机环绕物体 360° 拍摄全景图像，Perspecta 通过自带的软件从全景图像中建立物体的虚拟模型，该虚拟模型在空间中沿 Z 轴旋转，每旋转不到 2° 截取一张垂直于 X-Y 平面的剖面图，总计生成 198 张剖面图，每张剖面图的分辨率为 798 像素 ×798 像素，相应地，投影屏每旋转不到 2° 便会投影对应的剖面图，当投影屏高速旋转时，所有剖面图被快速地依次投放在投影屏上，我们便可以全方位地观察物体的 3D 效果了。

Depth Cube 是比较成功的应用固态体显示技术的产品，它的结构比较特殊，如图 3-36 所示，采用了层叠液晶屏的结构。Depth Cube 的显示介质由 20 个液晶屏层叠而成，每个液晶屏的分辨率为 1024 像素 ×748 像素，屏与屏之间的间隔距离约为 5mm；这些液晶屏具有特殊的电控光学属性，当对其通电加压时，液晶屏中的液晶将平行排列，像百叶窗被打开时的叶片一样，有利于光束的传播；当液晶屏的电压为零时，液晶屏中的液晶自由排列，对光束进行漫反射，液晶屏也变得不透明，形成了众多存在于层叠液晶屏中的体像素。在任意时刻，Depth Cube 中有 19 个液晶屏是透明的，只有 1 个液晶屏是不透明的。

Depth Cube 通过快速切换 20 个液晶屏的透明状态，从而显示物体的不同截面来让用户体验纵深感，Depth Cube 还采用了一种名为"三维深度反锯齿"的显示技术来增强液晶屏的显示效果，令 1024 像素 ×748 像素 ×20 像素的物体空间分辨率实现 1024 像素 ×748 像素 ×608 像素的显示分辨率。Depth Cube 采用了 DLP 成像技术。由于 Depth Cube 的观察角度比较单一，用户只能在显示器的正面进行观察，所以并不需要像 Perspecta 一样高的帧频，Depth Cube 每秒仅需显示 1200 个截面即可产生 3D 效果。

图 3-35　Perspecta

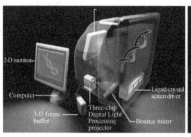

图 3-36　Depth Cube

3.2.7 全息术

人类生存在一个多维的空间中，人类对空间中的各种信息进行记录、测量、重构和显示，并不断深入探索。随着科技水平的不断提高，以及客观需求的持续提升，真实重现三维景象已逐步成为热门的话题。长期以来，众多研究者都围绕着三维显示技术努力探索。在三维显示技术的发展初期，主要通过人眼的视差和视觉暂留效应，让用户的大脑合成立体效果。但从本质上而言，这类方式并没有出现物理景深，只是让用户在大脑中形成了虚拟景深，如果用户长时间观看这类立体效果，会产生视觉疲劳。

如今，全息术成为三维显示技术中重要的组成部分，被广泛应用于各领域。全息术基于波前重构来完成信息的记录、分析和再现。它既满足了人类视觉中的所有视点、深度信息，又无须借助任何辅助设备，就能复制、再现真实的三维图像。全息术遵从人眼的感知功能，是一种理想的三维显示技术。"全息"的英文为 holography，全息术能记录和再现光波的振幅和相位信息。1948 年，科学家盖伯率先提出"全息术"这一概念，他也因此获得了 1971 年的诺贝尔物理学奖。20 世纪 60 年代，激光的出现使全息术进入快速发展阶段。

我们看到的世界是三维的、彩色的。从波动光学的角度来看，这是不同物体或同一物体的不同部分反射了不一样的可见光而导致的。光的特征主要取决于光的振幅（强弱），位相（同相面形状）和波长（颜色）。如果能获得物体所反射的光的全部特征，就能形成逼真的物体的三维图像，这就是全息术的设计初衷。几十年来，全息术的发展取得了巨大的成就，它已被广泛地应用于近代科学研究和工业生产中。目前，全息术已和计算机技术、光电技术及非线性光学技术紧密结合，成为一种高新技术，并逐步扩展到医学、艺术、装饰、包装、印刷等领域，有着良好的市场应用前景，如图 3-37 所示为 2015 年央视春晚歌舞类节目采用全息术的显示效果。

图 3-37　2015 年央视春晚歌舞类节目采用全息术的显示效果

全息术采用两步成像法：第一步被称为波前记录；第二步被称为物体再现。

全息术目前已被用于大型主题活动中。例如，在荆州方特东方神话主题乐园，园区重点打造了大型 AR 剧场表演节目《屈原》。该节目通过全息术营造了逼真的场景，结合精彩的真人舞台表演，生动地表现了伟大的爱国主义诗人屈原的家国情怀。该节目还对水墨画风格和动态特效进行了创新，营造出如梦如幻的意境。节目《屈原》在持续收获超高人气的同时，接连斩获多个国内外的文旅领域的重量级奖项，实现了市场、口碑双丰收。

3.2.8 其他裸眼 3D 技术

在研究裸眼 3D 技术的过程中，除以上主流的研究内容外，还有许多研究者另辟蹊径，制作了许多有趣的产品，下面简要介绍。

1. iPod touch 变成三维显示器

日本的研究者在 iPod touch 上增加三层倒影显示功能，实现画面景深的分层效果，屏幕被划分为三个区域，在画面倒影中出现前景、中景和后景，于是 iPod touch 变成了三维显示器。如图 3-38 所示。

图 3-38　iPod touch 变成三维显示器

2. 增强现实三维显示设备

2013 年，谷歌公司推出谷歌眼镜，这是一款增强现实三维显示设备，集成了头戴式装置、摄像头、传感器、耳机等硬件设备，支持常规的交互操作，并对用户浏览网页、接打电话等操作提供了增强现实功能。2015 年，微软公司推出一款名为 HoloLens 的增强现实设备，这款设备的功能非常强大，能够全面探测环境信息，实现更复杂的交互功能。该设备的环境深度成像与提取系统能建立准确的环境场景三维模型，这使得其交互内容能够随着视线的移动始终"粘"在指定的交互位置上，更贴近现实生活中的感觉。HoloLens 对手势识别与交互内容遮挡关系的细致处理，使得增强现实的实现效果更为自然。Magic Leap 公司曾推出一款增强现实设备，如图 3-39 所示，这款设备进一步改善了场景的自然性，以及三维画面与现实环境的融合性。

图 3-39　Magic Leap 公司推出的一款增强现实设备

▶ 3.3　语音交互设备与相关技术

3.3.1　耳朵的定位功能

在前文中，我们回答了一个有趣的问题：人为什么会长两只眼睛？现在，我们提出另一个有趣的问题：人为什么会长两只耳朵？要回答这个问题，需要先了解以下概念。

双耳效应：依靠双耳听到声音的音量差、时间差和音色差，人可以判断声源的基本方位。

耳郭效应：通过耳郭效应，人可以判断声源在三维空间中的位置。

人耳的频率滤波效应：定位声源的方式与声音的频率有关，对于 20 ～ 200Hz 的低音，依靠双耳听到声音的时间差来定位；对于 300 ～ 4000Hz 的中音，依靠双耳听到声音的音量差来定位；对于高音，依靠双耳听到声音的音色差来定位。

3.3.2　语音交互设备

1. 常规语音的特性

语音，即语言的物质外壳，是语言的外部形式，是记录人的思维活动的最直接的符号体系。语音指人的发声器官发出的具有一定社会意义的声音。语音的三要素包括音量、音调和音色。

音量：声音的强弱程度，也被称为音强、响度。音量是由发声体在发声时的振动幅度（简称振幅）决定的，两者成正比关系，振幅越大则声音越"强"，反之则越"弱"。

音调：声音频率的高低。频率高则音调高；频率低则音调低。在汉语中，有"声调"这一概念，声调即语言的音调变化。声调也是区分汉字的方式之一，例如，"妈""麻""马""骂"四个字，它们的声调不同。在音频处理软件中，对声音频率的改变可实现音调的调整，从而获取各种声音效果。

音色：声音的特色。音色是由发声体、发声条件、发声方法决定的。不同的发声体，因其材质、结构不同，所发出的声音的音色也有所差异。例如，我们在听演奏时，不同的乐手使用不同的乐器，即使部分乐器发出的声音的音量或音调相近，我们依然可以对乐器有所区分。

声音分为纯音和复音两种类型。纯音是指振幅和周期均为恒定常数的声音。复音是指具有不同频率和振幅的混合音，自然界中的大部分声音是复音。复音中的低频音是"基音"，也被称为声音的基调。其他频率的声音被称为泛音。音色取决于泛音，所有发声体所发出的声音，除包含基音外，还包含许多不同频率的泛音，通过泛音便可分辨出发声体。

语音最明显的两个特性是时变性和非平稳性。时变性指语音在形成的过程中受到诸多因素的影响，如声道、气流、气压等。这些因素导致了语音随时间变化而变化。非平稳性是由时变性衍生出来的特性，一般用于说明语音的整体特性，非平稳性决定了语音不能被直接处理，因此，需要以"帧"为单位对语音进行分解处理。

2. 虚拟环绕声技术

虚拟环绕声技术：将多声道信号经过处理后，在两组平行放置的音箱中进行播放，从而让用户感觉到环绕声效果。虚拟环绕声技术最典型的应用就是杜比（Dolby）环绕声系统，如图 3-40 所示。

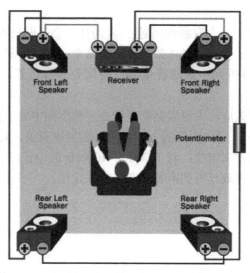

图 3-40　杜比环绕声系统

3. 语音交互技术

语音交互技术的核心技术包括语音识别技术、语音合成技术和语义理解技术。语音识别技术能够将用户输入的语音转换为相应的文本或命令，语音合成技术能够将文本转换成机器合成的语音，语义理解技术能够从语音识别输出的文本中获取语义信息，从而理解用户的意图。

随着移动智能终端的普及，语音交互作为一种新型的人机交互方式，越来越受到 IT 业界的重视。特别是苹果公司推出 Siri 后，语音交互技术取得了突飞猛进的发展。谷歌公司在 Android 平台上推出了 Google Now，微软公司将语音技术应用于 Windows Phone，国内的科大讯飞公司推出了讯飞语点、讯飞语音输入法，百度公司、搜狗公司也推出了语音助手。此外，科大讯飞公司、云知声公司、百度公司、搜狗公司等推出了语音云平台，免费为开发者提供语音技术服务。

（1）语音识别技术。语音识别技术以语音为研究对象，通过语音信号处理和模式识别让机器自动识别和理解人类口述的语言。语音识别也是一门涉及面很广的交叉学科，它与声学、语音学、语言学、信息理论、模式识别理论，以及神经生物学等学科都有着非常密切的联系。语音识别技术正逐步成为计算机信息处理技术中的关键技术，语音识别技术的应用已经具有较高的市场热度。

① 语音识别技术的发展与应用。1952 年，贝尔实验室的 Davis 等人研发出能识别 10 个英文数字的语音实验设备，揭开了语音识别研究的序幕。20 世纪 70 年代，日本学者提出了著名的动态时间规整算法（Dynamic Time Warping，DTW），较好地解决了说话速度不均匀而造成的识别困难问题。1978 年，Sakoe 和 Chiba 将动态规划用于数字语音孤立词识别，

提出了 4 种时间规整斜率限制方案，成功地降低了误识率。这一时期的语音识别技术主要基于模板匹配思想，研究范围局限于特定人、小词汇量、孤立词的识别。20 世纪 80 年代，矢量量化（Vector Quantization，VQ）、隐马尔科夫模型（Hidden Markov Model，HMM）和人工神经网络（Artificial Neural Network，ANN）等方法相继被应用于语音识别，并不断得到改进和完善。这一时期，语音识别技术研究的重点转向大词汇量、非特定人、连续语音的识别，研究思路由传统的模板匹配技术开始转向基于统计模型的研究。其中，隐马尔科夫模型成为公认的研究热点。目前，大多数成功的语音识别系统都是基于隐马尔科夫模型开发的。人工神经网络在语音识别技术中的应用研究也在这一时期兴起。20 世纪 90 年代，语音识别技术在细化模型的设计、参数的提取和优化，以及系统的自适应技术上取得了一些关键进展。语音识别技术进一步成熟，并进入市场化阶段。

在人工智能快速发展的今天，语音识别功能逐渐成为很多设备的标配，语音识别技术被越来越多的人关注。国外的微软公司、苹果公司、谷歌公司等，国内的科大讯飞公司、思必驰公司等都在研发语音识别技术的新策略和新算法。语音识别技术使过去很多停留设想中的操作得以实现，我们憧憬着在未来能出现如电影《钢铁侠》中那种智能的语音助手，从而使我们的生活更加智能化。

② 语音识别技术的基本原理。语音交互流程如图 3-41 所示，用户通过输入设备（如话筒）输入语音信号，语音信号经过语音识别子系统被转换为文本，文本经过语义理解子系统被转换为语义，即用户的意图，执行子系统负责执行用户的意图，并返回执行结果文本，执行结果文本经过语音合成子系统被转换为语音，执行结果文本连同合成的语音分别通过屏幕和扬声器展现给用户。一个语音交互系统不一定包括图 3-41 中的所有子系统，例如，语音输入法（本质上属于语音交互系统）只包含语音输入子系统、语音输出子系统和语音识别子系统。

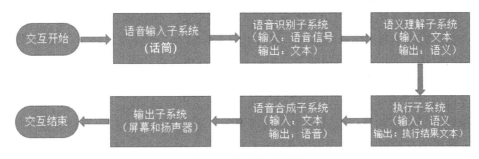

图 3-41　语音交互流程

上述语音交互流程中的一个非常关键的环节是如何识别语音中的意思，下面我们详细介绍。可以看到，语音经过话筒被转换为语音信号，之后被加在语音识别子系统的输入端，先经过预处理，再根据人的语音特点建立语音识别模型，对语音信号进行分析，并抽取所需的特征，在此基础上建立语音识别所需的模板。计算机在识别语音的过程中会根据语音识别模型将存储的语音模板与语音信号的特征进行比较，根据一定的搜索和匹配策略，找出一系列最优的与语音信号匹配的模板。根据此模板的定义，通过查表就可以给出计算机的识别结果。显然，这种最优的结果与特征的选择、语音识别模型的好坏、模板的准确性都有直接的关系。

语音识别的目的就是让机器"听懂"人类口述的语言,"听懂"包含两层含义:其一是机器能逐字、逐句地听懂,并将语音转换为书面文字;其二是机器能对语音中所包含的要求或询问加以理解,给出正确的响应,而不拘泥于所有词的正确转换。

语音识别技术的三个基本原理:第一,语音信号中的信息是按照短时幅度谱的时间变化模式来编码的;第二,语音是可以阅读的,即它的声学信号可以在不考虑说话人试图传递的信息的情况下,使用数十个具有区别的、离散的符号来表示;第三,语音交互是一个认知过程,因此不能与语言的语法、语义和语用结构割裂开来。

(2)语音合成技术。语音合成技术是指通过智能设备产生人造语音的技术,语音合成技术的关键部件是 TTS 语音引擎。通过 TTS 语音引擎把文本转换为语音并输出。常见的 TTS 语音引擎有微软 TTS 语音引擎、科大讯飞语音引擎等。我们使用更形象的说法来解释,语音合成技术将文本内容转换为声音内容,相当于给机器装上"嘴巴",模拟人的声音,让其"开口说话",从而实现将任意文本自动并实时转换为自然语言,如图 3-42 所示为语音合成系统的框架。

语音合成技术按照语音学规则、语义学规则、词汇规则及相关方法,保证语音的合成效果能够满足清晰度和自然度的要求。将文本转换为语音包括两个阶段。第一个阶段,将文本按照相应的规则变换成音韵序列,这个阶段除了会用到韵律生成规则,还涉及字音转换技术、分词处理技术等;第二个阶段,将音韵序列转换为语音波形,这个阶段会用到语音学规则、语义学规则等,保证能够实时输出自然度高和清晰度高的语音流。由此可见,语音合成系统的研究涉及语言学的相关知识及相应的数字信号处理技术。

(3)语义理解技术。简单地说,符号是语言的载体,只有被赋予含义的符号才具有实际意义,这时的语言就蕴含了信息,而语言的含义就是语义。语义可以被简单地看作数据在现实世界中所对应的事物所代表的含义,以及这些含义之间的关系。

语义理解技术是将自然语言文本转换为用户的意图,使机器理解用户的需求。例如,当用户在智能终端中通过输入法输入,或者通过语音输入"我要去公司",智能终端能够理解这句话的意图,即用户询问路线怎么走,并且目标地点是公司(前提是智能终端已录入用户的公司地址)。智能终端将查询到的相关路线及路况信息呈现给用户。

语义理解技术能够让机器明白用户的意图,回答用户的问题,并与用户进一步对话。语义理解技术可以让搜索引擎通过推理获得答案。语义理解技术和语音合成技术的结合,形成了一种更为自然和智能的交互方式。

2010 年 10 月,苹果公司发布 iPhone 4S 手机的同时,也推出了智能语音助手 Siri,如图 3-43 所示;2011 年,IBM 公司推出知识问答系统 Watson,并使用搭载该系统的计算机在智力问答比赛中成功战胜了两位人类选手;2012 年 5 月,谷歌公司推出知识图谱(Knowledge Graph),可以对搜索结果进行知识系统化处理,即任何一个关键词都能获得完整的知识体系;2012 年 9 月,搜狗公司和百度公司分别推出知立方和实体搜索,意图构建中文的互联网知识图谱;2013 年 9 月,Facebook 单独组建了一个新的人工智能部门,其研究目的是将人们分享的内容联系起来,从而使得 Facebook 可以对用户提出的问题进行深入回答。这些 IT 行业的领军企业,希望对互联网大量无序数据进行结构化重组,以便更好地理解用户的自然语言和行为,这背后离不开语义理解技术的支持。

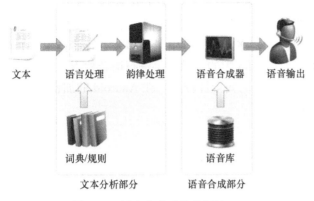

图 3-42 语音合成系统的框架 | 图 3-43 iPhone 4S 的智能语音助手 Siri

4. 几种典型的语音交互设备

1966 年，麻省理工学院的教授约瑟夫•维森鲍姆发明了一个可以和人对话的小程序，该程序名叫 ELIZA，这个名字源自戏剧《卖花女》。第一次使用 ELIZA 程序的人大多被惊呆了，约瑟夫•维森鲍姆将 ELIZA 设计成一个可以通过谈话帮助病人完成心里恢复的"心理治疗师"。人们不敢相信，ELIZA 竟然像人一样，与病人持续聊天长达几十分钟，而且有的病人特别愿意与它聊天。ELIZA 的出现，引发了 IT 企业对语音交互程序的研发，后来相继出现了微软小冰、苹果 Siri、亚马逊 Alexa、谷歌 Allo 等。

微软小冰是微软亚洲互联网工程院于 2014 年 5 月 29 日发布的一款人工智能伴侣虚拟机器人，如图 3-44 所示。微软小冰基于微软公司于 2014 年提出并建立的情感计算框架而实现。研发人员通过对算法、云计算技术和大数据技术的综合运用，采用代际升级的方式，逐步形成完整的人工智能技术体系。

微软小冰的产品推广策略是优先选择人口数量超过 1 亿的国家，在当地建立完全本地化的研发与运营团队，初始的训练数据也完全从当地取得，从而确保微软小冰根植于该国的本土文化。例如，印度的微软小冰与的美国微软小冰均默认使用英语，但两国的微软小冰的训练数据是不同的。因此，印度的微软小冰与的美国微软小冰的语言、文化和知识体系存在差异。

2014 年 11 月，亚马逊推出了一款名为 Alexa 的智能音箱，如图 3-45 所示。这款产品最大的亮点是采用了智能语音交互技术。Alexa 智能音箱可以像朋友一样与用户交流，同时还能播放音乐、新闻，并帮助用户进行网上购物、订购外卖等。

图 3-44 微软小冰 | 图 3-45 亚马逊推出的智能音箱 Alexa

　　Allo 是谷歌公司于 2016 年推出的一款即时通信软件，如图 3-46 所示。Allo 最基本的功能是实现人与人之间的即时通信，Allo 提供了很多专属的表情，用户在发送表情的时候，可以改变它们的大小，以此来表达自己的情绪。Allo 应用了很多人工智能技术，如自动推送一些常用的回答方式。用户还可以通过 Allo 中的谷歌助手进行语音检索，从而搜索照片、联系人和网络信息，并推送给好友。Allo 的安全性较高，在 Android 的加密模式下，Allo 的内容在通信过程中是端到端加密的。

图 3-46　谷歌公司推出的即时通信软件 Allo

3.4　触觉交互设备与相关技术

　　研究表明，触觉是人类除视觉和听觉外重要的感觉之一。触觉交互设备是一类重要的人机交互设备。触觉交互设备通常采用气动、液压、电机、磁场等主动式力量反馈方式，也有部分触觉交互设备基于液体智能材料制作而成，采用被动式力觉反馈方式。

　　触觉交互设备是刺激人的触觉的人机交互设备，触觉交互设备能够比较真实地再现虚拟环境中的触觉要素，如物体的硬度、纹理、粗糙度、形状等。实现触觉仿真比实现视觉仿真更难，主要原因是人的触觉的敏感度比视觉的敏感度更高，在视觉交互系统中，连续的图像达到每秒 30 帧的播放速率就可以构成动画。而在触觉交互系统中，要得到令人满意的触觉仿真效果就必须提供更高的刷新频率。

　　借助触觉交互设备和计算机仿真环境，触觉交互技术能够提供作用力反馈，使操作者可以操纵虚拟环境或远程环境中的物体。与传统的视觉再现技术、听觉再现技术相结合，触觉交互技术可以显著地提高虚拟现实系统的真实感，以及提高相应的任务执行效率。作为触觉交互系统中操作者和虚拟环境的交互接口，触觉交互设备在将操作者的行为读入并传送给虚拟环境的同时，也产生作用力并反馈给操作者，因此触觉交互设备的性能直接决定了触觉交互系统的性能。

1.　触觉交互设备的分类

　　根据触觉交互信息进行分类，触觉交互设备可以分为触觉再现设备和力觉再现设备。

触觉再现设备一般用于再现触觉纹理信息，并且这类设备通常装配在力觉再现设备上，两者共同发挥作用。如今，触觉交互设备发展得比较成熟并被广泛使用。

力觉再现设备能够提供真实的作用力来阻止用户的运动，这就要求使用大型激励器，通常这类设备比较复杂且价格昂贵。根据安装位置的差异，力觉再现设备又可分为地面固定式、桌面固定式和身体穿戴式。前两者有各种力反馈操纵杆，并被固定在静止的区域，后者通常被戴在操作者的四肢上。如图 3-47 所示为 Omni 虚拟现实游戏跑动设备，这款设备就属于力觉再现设备。

根据内在的机械行为特征，力觉再现设备可分为阻抗型力觉再现设备和导纳型力觉再现设备。阻抗型力觉再现设备用于再现阻抗特性，它根据输入的位移（或速度）来计算输出的作用力；导纳型力觉再现设备则相反，它根据输入的作用力的大小来输出位移（或速度）。由于阻抗型力觉再现设备设计简单、成本较低，所以大部分力觉再现设备采用这种类型。而导纳型力觉再现设备往往用于需要较大工作空间和较大作用力的场合。如图 3-48 所示为 Cyber Grasp 力反馈手套。

图 3-47　Omni 虚拟现实游戏跑动设备

图 3-48　Cyber Grasp 力反馈手套

触觉是双向的，当你用力接触物体时，自己也会感觉到力量的反馈。此外，触觉是唯一不能相隔一段距离进行刺激的感觉。简而言之，画面、声音、气味，都可以间隔一定的距离被人感知，但是，触觉必须通过近距离接触才能让人感知。新加坡的科学家发明了一款有趣的产品——接吻机器人，它能模拟与伴侣接吻的感觉，如图 3-49 所示。接吻机器人的形状和大小与垒球相似，它的"嘴唇"是由两片内置的触敏装置构成的。

图 3-49　接吻机器人

下面分析人的手部动作和力度的关系，如图 3-50 所示为动作"抓"的分类示意图，在该图中，左侧的动作更有力量，右侧的动作更加灵巧。如图 3-51 所示为手指活动关节信号拾取示意图，数据手套的设计就参照了该示意图。

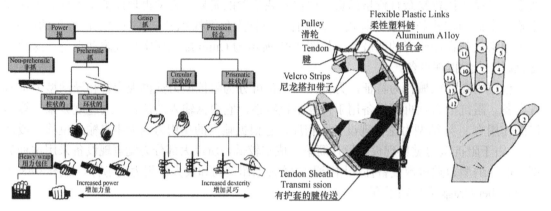

图 3-50 动作"抓"的分类示意图   图 3-51 手指活动关节信号拾取示意图

对人的手部动作和力度进行分析后，科学家陆续研发了如图 3-52 所示的力反馈鼠标 Feel it Mouse、如图 3-53 所示的力反馈操纵杆，以及如图 3-54 所示的穿戴式力反馈设备。

图 3-52 力反馈鼠标 Feel it Mouse

图 3-53 力反馈操纵杆

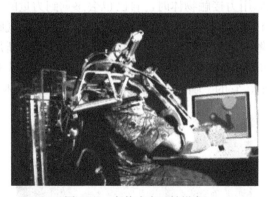

图 3-54 穿戴式力反馈设备

触觉在虚拟现实和遥控操作系统中比较重要。触觉反馈设备通过刺激皮肤可以让用户感知物体表面的粗糙度、平滑度、纹理等。此外，通过加强设备温度的变化和压力的变化，可以提升用户在虚拟现实环境中的沉浸感。下面介绍一些典型的应用设备。

　　美国西北大学研发的 TPad 触觉再现设备如图 3-55 所示，该设备利用压电陶瓷器件改变用户手指与接触面的摩擦力，从而模拟出各种纹理效果。Senso VR 数据手套如图 3-56 所示，这款手套不仅能追踪手指的位置，还能为用户提供更真切的触摸感受。探针阵列式的振动触觉反馈设备如图 3-57 所示，这款设备可通过声音线圈的振动来为用户提供各种触摸感受。

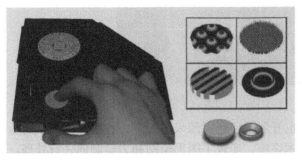 

图 3-55　美国西北大学研发的 TPad 触觉再现设备　　　　图 3-56　Senso VR 数据手套

　　微软公司研发了一款应用触觉交互技术的 3D 屏幕，如图 3-58 所示，这款 3D 屏幕能通过阻力和振动给用户以触摸反馈，使得用户能够感受到屏幕中物体的触感。

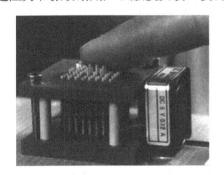 

图 3-57　探针阵列式的振动触觉反馈设备　　　　图 3-58　应用触觉交互技术的 3D 屏幕

　　这款 3D 屏幕包括一个装有众多压力传感器的 LCD 屏幕和一个用于将屏幕拉前推后的机械臂。3D 屏幕的基本工作原理是通过控制用户指尖的压力模拟出物体的质量。当用户的指尖触摸屏幕时，系统便会产生一个轻微的阻力，从而保证用户手指与触摸屏处于贴合状态，如果用户继续按压屏幕，机械臂便会向后移动屏幕，如果用户指尖对屏幕的压力降低，机械臂就会相应地将屏幕向前推移。与此同时，系统会调整屏幕中虚拟对象的大小和角度，并创建一张 3D 效果图。

　　2. 触觉交互设备的应用

　　（1）医学领域。随着计算机技术与互联网技术的快速发展，触觉交互设备在医学领域中的应用变得越来越广泛。基于触觉反馈的虚拟手术训练系统可以生成逼真的虚拟手术环境。研究者设计了虚拟骨科手术系统，该系统使用 PHANTOM 设备模拟钻孔机，操作者可以使用该系统完成钻孔、切割等手术操作。

　　此外，韩国科学技术院的专家设计了虚拟牙科手术训练系统，建立了牙齿的触觉渲染模型。微软公司研发的 3D 屏幕也可用于医学领域。例如，将患者检查的图像显示在 3D 屏幕中，系统能够给出触摸反馈，医生触摸 3D 屏幕后，能觉察到患者某些部位有异常，如图 3-59 所示。

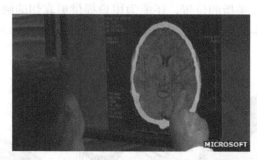

图 3-59　3D 屏幕用于医学领域

在我国，一些医疗机构和高校也开展了广泛而深入的研究。首都医科大学的专家研发了基于图像的鼻腔可视化及虚拟手术系统，实现了图形绘制和力绘制的并行处理，搭建了虚拟手术操作环境。天津大学的专家围绕触觉反馈技术研发了名为"妙手"的显微外科手术机器人系统，该系统采用主从遥操作方式，主手由两个 PHANTOM Desktop 装置组成。国防科技大学的专家研发了基于力反馈的虚拟膝关节手术系统，华南师范大学的专家研发了基于 PHANTOM 设备的肝脏虚拟手术系统。北京航空航天大学的专家围绕牙科手术模拟的力觉交互仿真方法进行了研究，提出了基于状态切换的切削过程简化描述模型和基于异步架构的多更新率仿真方案。

（2）军事领域。目前，军用设备的发展表现为技术复杂度不断增加且使用年限不断缩短，装有触觉交互设备的虚拟现实仿真系统除了能够方便训练还具有良好的升级灵活性，可以很好地满足军事训练要求。空军飞行员的训练，由于其环境的特殊性，所以训练活动离不开仿真器的支持。

（3）教育领域。触觉交互技术能够让用户操作三维化的对象，从而帮助用户更好地理解和感知复杂的数据。同时，这种技术也能帮助视觉障碍者获取信息。此外，触觉交互技术可以用来展现微观世界和宏观世界中物体之间的相互作用，让用户获得更直观的认识。例如，北京航空航天大学机器人研究所的专家研发了基于触觉反馈的汉字书法训练系统。中国科学院沈阳自动化研究所的专家使用 PHANTOM 设备搭建了一个具有触觉与视觉反馈的交互式纳米操作系统，操作者通过该系统可以实时感受到作用在原子力显微镜探针上的力，并在原子力显微镜下观察对象的变化过程。

美国北卡罗来纳大学的专家研发了用于感知二维力场的触觉交互系统，用于在物理课上进行教学演示。美国华盛顿大学和斯克利普斯研究所共同研发了应用触觉交互技术的分子生物模型，以便为教学提供更多帮助。

（4）娱乐领域和生活领域。触觉交互设备在娱乐领域中同样有着广泛的应用。一些电子游戏配有触觉交互设备，提升了自身的娱乐性和用户的沉浸感。在日常生活中，一些电商平台和数字博览馆提供了触觉交互设备，让用户真切感受到商品和展品。

微软公司研发了一款名为 The Claw 的机械臂，这款设备也使用了触觉交互技术，如图 3-60 所示，使用这款设备可以帮助用户在虚拟世界中抓取物品。

此外，微软公司还研发了一款名为 Haptic Links 的双手控制器，如图 3-61 所示。使用这款设备可以帮助用户在虚拟世界中实施抓取、推拉、挥舞等动作。双手控制器可以动态地改变用户感知到的虚拟对象的触感和质量。

图 3-60　机械臂　　　　　　　　　　图 3-61　双手控制器

微软公司还研发了一款名为 CaneTroller 的供盲人所使用的模拟手杖，如图 3-62 所示。当我们使用模拟手杖在地面上左右挥动时，可以模拟出手杖碰到物体时的触感。通过震动反馈和听觉反馈，为用户营造出如同在现实世界中使用拐杖的场景。

模拟手杖可以帮助盲人朋友和存在视觉障碍的用户在虚拟世界中进行导航。微软公司的研发人员表示，传统的虚拟现实技术以可视化手段为主，因此存在视觉障碍的用户几乎无法感受它的魅力。研发人员希望这些产品可以让更多人体验到虚拟现实的魅力。

图 3-62　为盲人设计的模拟手杖

作为一种新型的人机交互设备，触觉交互设备提供了其他交互设备所无法实现的互动性，它提高了虚拟现实系统的真实性，拓宽了虚拟现实系统的应用领域。围绕触觉交互设备的深入研究，将会进一步加强其在医学、军事、教育、娱乐和生活等方面的广泛应用。

3.5　跟踪交互设备与相关技术

3.5.1　机械式传感器

1. 跟踪球

跟踪球是一种装有传感器的球体装置，如图 3-63 所示，用于测量用户的手施加在弹性元件上的力和力矩，从而控制虚拟物体的运动速度和角速度。跟踪球包含可自由推动的球，以及横向、纵向的轴角编码器。当球转动时，系统会传输相应的横向和纵向的编码，控制屏幕上的光标随球的移动方向进行移动。

2．3D 探头

3D 探头有六个转动关节，每个转动关节表示一个自由度，如图 3-64 所示。

图 3-63　跟踪球　　　　　　　　　　　　图 3-64　3D 探头

3.5.2　数据手套

数据手套基于弯曲传感器技术，能够精确地识别与测量手指的运动。利用数据手套，用户可以在虚拟现实环境中实现抓取、指压等经典动作的模拟。根据传感器数量和测量精度，数据手套可分为多种类型：5 个传感器的数据手套、14 个传感器的数据手套、18 个传感器的数据手套、22 个传感器的数据手套等。如图 3-65 所示为 VPL 公司研发的 DataGlove，这款数据手套主要采用光纤制作而成。

数据手套按功能进行分类，可分为虚拟现实数据手套和力反馈数据手套。虚拟现实数据手套如图 3-68 左侧子图所示，力反馈数据手套如图 3-66 右侧子图所示。

借助虚拟现实技术，数据手套为用户提供了良好的体验，如图 3-67 所示为用户佩戴数据手套体验虚拟驾驶。

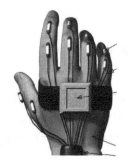  

图 3-65　VPL 公司研发的 DataGlove　　　　图 3-66　虚拟现实数据手套和力反馈数据手套

图 3-67　虚拟驾驶

3.5.3 交互设备中常用的传感器

1. 磁场传感器

磁场传感器是可以将各种磁场及其变化的量转变成电信号输出的装置。自然界中的许多地方都存在磁场。部分人工处理的永久磁体产生的磁场可作为多种信息的载体。因此，探测、采集、存储、转换、复现和监控各种磁场和磁场中承载的各种信息离不开磁场传感器。在当今的信息社会中，磁场传感器已成为信息技术和信息产业不可缺少的部分。目前，人们已研制出利用各种物理、化学和生物效应的磁场传感器，并且在科研、生产和社会生活等各方面进行了广泛应用。

早期的磁场传感器是随着测磁仪器的发展而变化的。在测磁仪器中，"探头"或"取样装置"就是磁场传感器。随着信息产业、工业自动化、交通运输、电力电子技术、办公自动化、家用电器、医疗仪器的飞速发展，需要使用大量的传感器将要测量和控制的非电参量转换成可与计算机兼容的输入信号，这也为磁场传感器的快速发展提供了绝好的机会，促进了相关产业的进一步发展。

2. 超声波传感器

超声波传感器是将超声波信号转换成其他能量信号（通常是电信号）的传感器。超声波是振动频率高于 20kHz 的机械波，它具有频率高、波长短、绕射现象少、方向性好等特点。超声波穿透液体或固体的能力很强。超声波传感器被广泛应用在工业、国防、生物医学等领域。

超声波传感器一般包括超声波发射器，超声波接收器，用于启动发射的红外同步信号发射器等。

3. 光学传感器

光学传感器是依据光学原理进行测量的，它有许多优点，如能够实现无接触且无破坏的测量，抗干扰性强，传输速率快，可远程遥控等。光学传感器主要用于检测目标母体是否出现，以及对机械产品、电子产品进行自动化检测。

光学传感器的工作原理：将手指按压在玻璃的一侧，在玻璃的另一侧安装有 LED 光源和 CCD 摄像头，LED 光源发出的光束以一定的角度照射玻璃，摄像头用于接收从玻璃表面反射的光线。指纹脊线与玻璃表面接触，指纹谷线不与玻璃表面接触，因此，照射在与指纹脊线接触的玻璃表面的光线被漫反射，而照射在与指纹谷线所对应的玻璃表面的光线被全反射，在由 CCD 摄像头捕获的图像中，对应指纹脊线的部分颜色较深，对应指纹谷线的部分颜色较浅。

光学传感器常用于人脸表情捕捉技术和动作捕捉技术。这些技术在影视制作中被广泛应用。例如，电影《阿凡达》就使用了大量的动作捕捉技术和表情捕捉技术。

4. 惯性传感器

惯性传感器主要用于测量加速度、倾斜角度、冲击力、振动频率、旋转角度等参数。惯性传感器的构成包括加速度传感器、角速度传感器、惯性测量单元及磁传感器的姿态参考系统等。

3.5.4 体感游戏应用案例

1. 索尼公司的 EyeToy

　　EyeToy 是索尼公司于 2004 年 4 月 28 日为 PS2 游戏主机推出的动作感应控制装置。当玩家把 EyeToy 插到 PS2 主机上时，可以通过 EyeToy 的摄像头把人像投影到游戏中，玩家通过肢体动作就能够参与游戏。例如，在足球游戏中，虚拟的足球向玩家飞来，玩家可以根据足球的运动轨迹进行扑救，如图 3-68 所示。

图 3-68　EyeToy 的摄像头及足球游戏

2. 任天堂公司的 Wii Remote

　　Wii 是任天堂公司于 2006 年 11 月 19 日推出的家用游戏机。是 NGC[①]的后续机型。Wii 第一次将"体感"这一概念引入游戏机。Wii 在任天堂公司的开发代号为 Revolution（革命），预示这款游戏机能够引发电子游戏领域的革命。凭借"体感"概念和家庭娱乐模式，Wii 第一年的销量就达 2000 万台，截止停产时，Wii 的总销量超过 1 亿台。如图 3-69 所示为 Wii 的使用场景及游戏机。

图 3-69　Wii 的使用场景及游戏机

[①] NGC（Nintendo Game Cube）是任天堂公司推出的第四代家用游戏机。

Wii 的主要特色是它的标准控制器 "Wii Remote"。Wii Remote 的外形为棒状，就如同电视遥控器一样，可单手操作。Wii Remote 除了可以使用按钮进行控制，它还有两项新颖的功能：指向定位及动作感应。前者与光线枪和鼠标类似，可以控制屏幕上的光标，后者可以侦测三维空间中的移动轨迹，两者结合后可以实现所谓的 "体感操作"。Wii Remote 在游戏中可以 "扮演" 各类武器，并实现挥动、甩动、砍劈、回旋、射击等动作。将体感操作纳入标准配置，让平台上的所有游戏都能实现指向定位及动作感应功能，可以说这是 Wii 的成功之处。

3. 索尼公司的 PlayStation Move

PlayStation Move 是一款由索尼公司生产的体感控制器，它由一个形状像遥控器且带有体感侦测功能的体感控制器和一个辅助控制器组成。如图 3-70 所示为索尼公司的 PlayStation Move 及使用场景，PlayStation Move 的体感控制器的结构比 Wii Remote 更加简单，不仅没有十字键，而且没有让人困惑的 A、B 键和 1、2 键。PlayStation Move 的导航键在手柄正面的中心位置，扳机键则在手柄的下方，其余 5 个按键也在手柄的正面。这样的设计让 PlayStation Move 显得结构非常简单，也体现了对玩家的友好性。

图 3-70　索尼公司的 PlayStation Move 及使用场景

4. 微软公司的 Kinect

微软公司于 2010 年推出 "初生计划"，2010 年 6 月 14 日，微软公司发布 Xbox 360 体感周边外部设备，并将其命名为 Kinect，如图 3-71 所示。同时，为了配合 Kinect 的发布，游戏软件供应商陆续推出了跳舞游戏、宠物游戏、运动游戏、冒险游戏、赛车游戏等，其中比较有影响力的游戏有 Kinect Sports、Kinect Adventure、Joyride。Kinect 具有即时动态捕捉、影像辨识、话筒输入、语音辨识、社群互动等功能，玩家可以利用这些功能在游戏中与其他玩家互动。

图 3-71　微软公司的 Kinect

3.5.5　神经/肌肉跟踪技术

神经/肌肉跟踪技术是一种通过感知人体肌肉或神经信号来确定手指动作的技术。

加拿大的 Thalmic Labs（一家研发智能手环的公司）推出的 MYO 臂环（手势控制臂环）是神经/肌肉跟踪技术的典型应用产品。用户佩戴 MYO 臂环后，只需动动手指，就能进行操控。MYO 臂环可以佩戴在用户左臂或右臂，如图 3-72 所示。

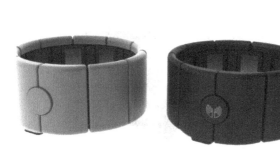
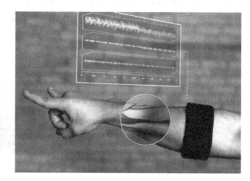

图 3-72　MYO 臂环

MYO 臂环可以探测用户手臂肌肉的活动，它通过低功率的蓝牙设备与其他电子产品进行连接，无须借助相机就可感知用户的动作。其基本原理如下：臂环上的感应器可以捕捉到用户手臂肌肉在运动时产生的生物电流的变化，系统将生物电流的变化转换成操作命令，从而判断用户的动作意图，再将处理结果通过蓝牙发送至受控设备。MYO 臂环的研发者表示，研发团队致力于研究并运用科技手段来增强人类的能力，MYO 臂环不仅可以用于玩电子游戏、浏览网页、控制音乐播放等，甚至还可以操控无人机。MYO 臂环能够识别 20 种手势，包括手指的轻微敲击动作也能被识别，用户可以利用手势进行一些常用的触屏操作，如对页面进行缩放，上下滚动等。另外，MYO 臂环还能对他人产生的不规则噪声自动予以屏蔽。

MYO 臂环对用户手势和手臂动作的捕捉非常快，有时候用户还未做出手势，或者手臂没有做出任何动作，MYO 臂环就能判断出用户的动作意图了，其原因是手臂中生物电流的变化早于手臂动作，从而使 MYO 臂环能够快速捕捉用户的手臂动作。MYO 臂环的优势在于不受场地的限制，与用户的交互更自然，但是在精度和手势丰富度方面，仍无法与 Leap Motion 这款产品相比。

Leap Motion 是面向 PC 的体感控制器，这款产品于 2013 年 2 月 27 日正式发布，如图 3-73 所示。在功能上，Leap Motion 并非要替代现有的键盘、鼠标、手写笔或触控板，相反，Leap Motion 可以和这些设备协同工作。用户使用 Leap Motion 时，只需挥动手指即可浏览网页、阅读文章、翻看照片、播放音乐等。即使不使用任何画笔，用户也可以使用指尖进行绘画。此外，这款产品提供了较大的空间视场，用户能够在其中自由操作，进行雕刻、浇铸、拉伸、拼接等操作。用户还可以在 PC 中装载一些专门的应用程序，配合使用 Leap Motion，完成探索宇宙、弹奏乐器、采摘果实等全新体验。

Leap Motion 可以追踪用户的所有手指，并且精度高达百分之一毫米。此外，它能够以超过每秒 200 帧的速度追踪用户的手部动作，这使得屏幕中显示的内容与用户的手部动作完美同步。

图 3-73　Leap Motion

3.6　习题

1. 什么是立体视觉？立体视觉有哪些特性？
2. 视觉显示设备如何分类？简要叙述每种类型的特点。
3. 简要叙述裸眼 3D 技术的特点及其应用。
4. 什么是语音的三要素？
5. 简述触觉交互设备的特点及其应用。
6. 对跟踪交互设备进行分类，并分析每种类型的特点。

第 4 章

用户研究及方法

4.1　用户的含义及研究用户的目的

4.1.1　用户的含义

什么是用户？一般意义上讲，用户是指使用产品的人，用户作为主体，产品则作为客体。这一概念主要包含以下两层含义。

1. "用户"和"人类"的关系

用户是人类的个体，具有人类的共同特征（如具备感知能力、认知能力、思维能力、行为能力、控制能力和表现能力等）。人类具有社会性，并且有着认识自然和改造自然的能力。人的行为受感官、能力等因素的支配，人的生存和发展受环境的影响。

2. 用户是产品的使用者

用户与产品的关系是使用与被使用的关系，产品生命周期的演化实质上是一个被用户化的过程。用户在使用产品的过程中，会对产品有所期待，并伴随"皮格马利翁效应"，即你期望什么，你就会得到什么，你得到的不是你想要的，而是你期待的。用户会根据自己的需要对产品产生特殊的感情。

以用户为中心的设计和评估方式，其最基本的思想就是将用户时时刻刻摆在所有过程的首位。在产品研发的最初阶段，应以满足广大用户需求为首要动机和最终目标。在产品的设计和研发过程中，对用户的分析和调查应当被用作各种决策定论的根据。此外，在产品的各阶段进行评估时应参照用户的使用反馈。因此，用户是设计和评估的核心因素。研究用户应当从对人类的一般属性和需求，以及与产品的相关属性入手。这就需要我们从心理学、社会学、人类学、统计学等多种理论学科进行分析，研究人机交互中的规律。

4.1.2　研究用户的目的

以用户为中心的设计通常以用户为研究目标，在产品的设计和研发过程中以研究用户作为一切的基础。用户是产品成功与否的最终评判者。例如，产品功能是否满足用户需求；产品设计是否对用户有吸引力；产品的安全性能和保密性能是否良好。总之，产品的销售情况、产品的生命周期，以及企业效益均与用户有一定的联系。

在多数情况下，产品研发者缺乏对用户的深入研究，在产品的阶段性设计中，缺乏对产品的评估，没有足够重视用户的反馈。一个常见的现象是：产品研发者比较自信地认为自己对产品有足够的把握，认为产品能够实现用户的期望，认为自己喜欢的产品也会受到用户的喜欢。然而，在没有经过调查的前提下，产品研发者可能无法彻底了解真实的产品需求。例如，产品研发者喜欢的产品却不畅销，而产品研发者不喜欢的产品却很畅销。这就表明，少数人的意见不能代表用户群体的意见，产品研发者应时刻保持与用户群体的沟通，确保产品的有效性。因此，在产品的设计和研发过程中，研发者应坚持"以用户为中心"的基本原则，时刻关注用户的需求与期望。

4.2　用户分类及用户特征

4.2.1　常见的用户分类

Giles Colborne 在《简约至上：交互式设计四策略》一书中把用户分为三种类型：专家型用户、新手型用户、主流用户（用户数量最多的群体）。

1. 专家型用户

通常情况下，专家型用户会积极且持续地学习很多内容，他们能够熟练地使用产品，并且希望能看到为其量身定制的新技术。专家型用户会花很多时间研究新产品，对产品的功能进行研究与分析。然而，专家型用户并不是主流用户，主流用户追求的是产品的实用性，而专家型用户则针对产品的少数功能进行探索。专家型用户也是非常重要的人群，因为他们会用到产品的某些专业功能，当新用户通过其他人介绍而考虑使用此产品时，新用户则会更信赖专家型用户的意见。

2. 新手型用户

新手型用户通常对产品抱有强烈的好奇心，但在使用产品的过程中很容易产生挫败感，因此新手型用户是非常敏感的，他们希望尽快摘掉"新手型用户"这个标签。新手型用户往往会进一步分化，要么逐渐成为"主流用户"，要么干脆放弃此产品。作为产品的交互设计师，应该将新手型用户想象成非常聪明但又非常忙碌的人，他们需要一些简单的提示，并且提示具有较强的针对性，以便让新手型用户在使用产品时快速上手，从而给予他们舒适的体验感。然而，随着新手型用户使用产品的经验不断增加，他们对于功能的需求也在不断提升。因此，分层或分级的结构设计是有利于新手型用户平滑过渡到主流用户的重要方法。

3. 主流用户

主流用户是用户数量最多的群体，他们不会因为产品所涉及的技术而选择产品，他们选择产品的主要原因是该产品能够满足他们的基本需求。主流用户能够掌握一些重要功能的使用方法，但不太愿意学会使用所有功能。

Larry Constantine 最早揭示了为主流用户设计的重要性，虽然大部分主流用户知道产品所具有的高级功能，但他们通常很少使用这些高级功能，当产品的主要功能能够满足主流用户的需求时，他们就心满意足了。换言之，产品设计师需要为专家型用户提供产品的高级功能，也需要为新手型用户提供多方面的支持，但最重要的是，产品设计师必须将其大部分时间和精力投入为主流用户的服务中。

对这三类用户而言，专家型用户更需要了解产品的性能指标。此外，专家型用户使用产品或服务的时间相对较长，设计师和专家型用户有很多共同语言。然而，专家型用户的判断仍会出现偏差，他们不太关心新手型用户和主流用户遇到的问题，他们更愿意关注新手型用户和主流用户不在意的功能。因此，设计师不能片面地听取专家型用户的意见，否则会让设计的产品变得复杂、不好用。设计师应当明白，新手型用户和主流用户追求的是简单的体验。

例如，针对苹果公司发布的 iPod，有人在 Slashdot（一个专家及技术发烧友运营的博客）平台上发言："iPod 不能无线上网，内存比较小，没什么意思。"使用 iPod 的专家型用户希望 iPod 是一款功能丰富、令人惊叹的产品，而使用 iPod 的主流用户仅希望 iPod 是一款好用的 MP3 播放器。如图 4-1 所示为各种型号的 iPod。

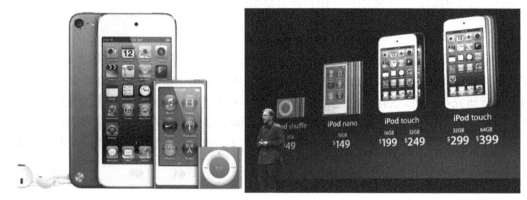

图 4-1　各种型号的 iPod

美国 HBO 电视网于 2014 年播出了一部电视喜剧《硅谷》（英文名：Silicon Valley），如图 4-2 所示。该剧讲述的是年轻的计算机天才理查德（Richard）在硅谷创业的故事。在该剧的第一季中，理查德发明了超越理论极限的压缩算法，组建了 Pied Piper（魔笛手）公司。在该剧的第三季中，理查德及其合作伙伴推出产品"魔笛手"的测试版本，他们发现大多数网友们对测试版产品给出了高度评价。但是，业务主管莫妮卡发现测试版产品的安装次数较高，但产品配套软件的使用活跃度很低。于是她邀请部分用户进行深度测试，经过测试，这些用户反馈产品在使用过程中有诸多不便之处。莫妮卡发现了问题的根源，开发团队的成员既是产品设计者，也是产品的专家型用户，他们在研发产品时更注重新技术的应用。然而，这款产品的主要受众是普通用户，开发团队忽略了普通用户的需求和使用习惯。通过这个故事，我们明白了这样的道理：专家型用户与主流用户想要的产品是不一样的，我们应围绕主流用户的需求，设计出受更多人喜爱的产品。

要想做一款成功的产品，则必须关注主流用户。如图 4-3 所示为腾讯公司推出的即时通信应用程序"微信"的 Logo，"微信"之所以能够被广泛应用，是因为设计师和开发人员在创作之初就关注主流用户，紧密围绕主流用户的需求开发产品功能，并非以专家型用户的角度去看待产品。

图 4-2　电视喜剧《硅谷》

图 4-3　腾讯公司推出的即时通信应用程序"微信"

4.2.2　用户特征

若想设计一款让大多数用户满意的产品，设计师必须明确产品的目标用户是谁，产品应提供哪些功能等。用户对产品的评价会受到用户的生理因素、心理因素、个人背景和使用环境的影响。

1. 用户的生理因素

用户的生理因素包括用户的年龄、性别、体能等。用户的生理因素是产品设计过程中必须考虑的重要因素，下面简单列举几项予以说明。

（1）用户的年龄决定了产品交互界面的设计风格。例如，面向儿童的产品，其交互界面应该是多彩的、五颜六色的，这样能够激发儿童的兴趣；而面向青年人的产品，其交互界面应该是时尚的、充满活力的。

（2）用户的性别决定了部分实用型产品的尺寸。例如，男性的可穿戴设备的尺寸通常比女性的可穿戴设备的尺寸偏大。

2. 用户的心理因素

由于受性格和思维逻辑的影响，每位用户完成任务的动机和态度是有差异的，这对完成任务的质量和效率有显著的影响。强烈的动机、主动的态度，以及对目标的渴望是用户重要的心理基础。在现实生活中，很多人会对自己的各种目标进行排序，当为了实现自己认为比较重要的目标时，就会投入较多精力并积极行动，这样使得行动的效率也随之提高、目标的完成质量也同步提高。在完成某项任务的时候，人的动机也会随着心理、环境、进程等因素持续变化。在产品的设计过程中，设计师应当对各种用户群体进行研究，设计出多样化的方案以供用户选择。

意大利幼儿教育家玛丽亚·蒙台梭利认为：与做游戏相比，儿童在选择使用自己感兴趣的教具时更能集中注意力，并且不需要一定的奖励机制，他们就能高效地完成任务（选择教具）。如果用户正在完成的任务是自己选择的，那么用户会处于被激励状态，这样更容易提高行动的效率。反之，如果用户正在完成的任务是被迫接受的，那么用户可能感到身心疲惫，并可能产生负面情绪，进而影响任务的完成进度。因此，在设计产品的时候，设计师应多方位考虑用户的喜好，全面细致地评估用户体验，不要轻易放过任何细小的问题。

3. 用户的个人背景

在人机交互设计领域，用户的个人背景其实是一种狭义的用户背景。以计算机系统设计为例，设计师需要了解的用户背景一般包括用户的教育背景、识字能力、读写能力、对计算机知识的了解程度、对计算机常规操作的熟练程度等。用户的个人背景体现在地域、语言、风俗、生活习惯等各方面，这些因素都直接或间接地影响着用户对产品的认知和使用。因此在设计和开发产品时，设计师应当充分考虑这些因素。例如，为幼儿设计的启蒙教育类 App，因为幼儿的识字水平达不到青少年和成年人的识字水平，所以要考虑在 App 中运用少量的文字且使用大量的语音提示来帮助幼儿进行认知。

4. 使用环境的影响

用户使用产品时所在的环境也会对产品的使用情况造成影响。使用环境包括光线、噪声、空间等。例如，在光线较强的环境中，会让用户对产品的颜色出现辨别误差；在噪声较强的环境中，用户就无法顺利地通过语音与设备进行交互。

4.2.3 用户描述维度

任何产品都做不到、也没有必要做到使每位用户完全满意，但是产品的设计师必须努力使大多数用户达到满意的程度。要使产品的最终设计能够满足用户的需求，首先就要分析目标用户。某一产品的用户群体通常是具有某些共同特征的个体的总和。如表 4-1 所示，列举了用户特征的主要方面。

表 4-1　用户特征的主要方面

1. 一般数据	年龄； 性别； 受教育程度； 职业； 民族； ……	4. 个体区别	生活习惯； 喜好； ……
2. 性格取向	内向型 / 外向型； 形象抽象型 / 逻辑思维型； ……	5. 对产品的了解程度及使用情况	系统功能相关知识； 使用产品的熟练程度； 使用产品的时间、频率； ……
3. 一般能力	体能； 视觉、听觉等感知能力； 判断和分析问题的能力； 操作能力； ……	6. 产品使用的环境和技术基础	网络传输速率； 显示器的分辨率及色彩显示能力； 操作系统及软件版本； 软、硬件配置； ……

　　在分析目标用户时，应当根据产品的具体情况定义最适合的用户特征。显然，对每个产品而言，设计师很难将所有用户特征描述一遍，但尽可能多地分析用户特征将有助于全面把握设计的准确性。

4.3　用户需求

4.3.1　用户需求的含义

1. 马斯洛需求层次理论

　　关于需求，有很多理论流派，每个理论流派对"需求"设定了各自的理解框架。目前能被大众广泛接受且比较易懂的是马斯洛需求层次理论。马斯洛需求层次理论是亚伯拉罕·马斯洛于 1943 年提出的，这项理论把人类的需求分为五个层次，这些层次由低往高分别为生理需求、安全需求、社会需求、尊重需求和自我实现需求，如图 4-4 所示。马斯洛需求层次理论认为，人类具有一些先天需求，低级的需求是基本需求，这些需求与动物的需求相似；而高级的需求大多是人类所特有的。所有需求都是按照先后顺序出现的，当一个人满足了较低级的需求后，才能激发较高级的需求，这便是需求层次的由来。

　　（1）生理需求。

　　生理需求是人类维持自身生存的最基本的需求，包括饥、渴、衣、住、行等方面的需求。如果这些需求得不到满足，人类的生存就成了问题。从这个意义上说，生理需求

图 4-4　马斯洛需求层次理论示意图

是推动人类行动的最强大的动力。马斯洛需求层次理论认为，只有这些最基本的需求得到满足后，其他的需求才能被激发出来。互联网中有许多基于生理需求的产品，如美团 App、饿了么 App、大众点评 App 等，这些产品基于用户强烈的生理需求而发展壮大，并且拥有庞大的用户群体。

（2）安全需求。

安全需求指人类保障自身安全，避免财产、隐私受到侵害，减少疾病困扰等方面的需求。互联网中有许多基于安全需求的产品，如 360 安全卫士、腾讯管家等，以及关于健康监测的 App。

（3）社会需求。

社会需求包括两方面的内容：其一是友爱的需求，"友"即保持伙伴之间、同事之间的关系融洽；"爱"即爱别人，并接受别人的爱。其二是归属的需求，即拥有一种归属某个群体的感情，希望自己成为群体中的一员，从而与群体中的其他成员相互关心、照顾。社会需求比生理需求更深入，社会需求和人的生理因素、社会履历、教育经历、宗教信仰等都有关系。互联网中有许多基于社会需求的产品，如百合网、世纪佳缘网等。

（4）尊重需求。

很多人希望自己有稳定的社会地位，并希望个人的能力和成就得到其他人的认可。尊重需求又可分为内部尊重和外部尊重。内部尊重是指一个人充满信心、能够独立自主。外部尊重是指一个人受到别人的尊重、信赖和高度评价。马斯洛需求层次理论认为，人的尊重需求被满足后，能够激发信心和热情，从而发挥自己的价值。

（5）自我实现需求。

自我实现需求是最高层次的需求。自我实现需求指实现个人理想、抱负，最大程度地发挥个人能力，完成与自己能力相称的一切事情的需求。马斯洛需求层次理论认为，为满足自我实现需求所选取的途径是因人而异的，自我实现需求能够激发我们的潜力。

2. 交互系统的用户需求分类

设计师在设计交互产品之前应当思考以下问题：产品最终要满足用户的哪些需求？这些需求处于哪个需求层次？在这个需求层次中，最关注和最可能遇到的问题有哪些？对设计师而言，要从用户的角度出发，尽量满足用户的需求，这时候就要倾听用户的心声，努力思考怎样才能满足用户的需求。

面对用户需求，不能盲目行动，应当认真分析，我们先看一个案例：假设用户在跑步，途中感到口渴难耐，非常想喝水，这时候如果向用户售卖瓶装矿泉水，即使瓶装矿泉水的价格略微贵一点，多数用户也有意愿购买；当用户喝完水后，喝水的需求被解决了，这时候即使再向用户售卖便宜的瓶装矿泉水，也没有太大吸引力了。可以发现，喝水前，喝水是一项重要的用户需求，喝水后，喝水的需求已经被淡化了。因此，我们能够看到需求是会变化的，我们要用变化的眼光分析用户的实际需求，不要被片面的现象所蒙蔽。

除马斯洛需求层次理论外，我们在交互设计中，从用户的角度出发，又将用户需求分为显性需求、隐性需求和潜在需求。

（1）显性需求：显性需求又被叫作"直接需求"，指用户能够明确提出的基本需求。例如，用户能够直接表述"我要什么"，这类需求就是直接需求。

（2）隐性需求：隐性需求指用户在头脑中有想法但没有直接提出、不能清楚描述的需求。用户的隐性需求是需要被引导的。如果想激发用户的隐性需求，设计师应当深入了解用户。

（3）潜在需求：潜在需求指用户有明确的欲望，但由于受购买力等条件的限制，暂时没有明确表现出来的需求；以及用户本来没有需求，因受外界影响所产生需求。例如，用户考取职业证书的需求就属于潜在需求。对用户个人而言，自己并非需要考取证书，但因为岗位需要，用户便考取证书以获得相关资质，这种需求是受外界影响所产生的。

隐性需求和潜在需求都属于间接需求。这类需求比较婉转，不容易被发现，因此在做用户需求分析的时候需要深入挖掘。相比之下，识别用户的显性需求非常容易，而挖掘用户的隐性需求却非常困难，若想持续激发用户的隐性需求，则需要不断创新设计，这样才能让用户认可。苹果公司推出的 iPod 不断创新设计，迭代更新，如图 4-5 所示，这就是充分激发了用户隐性需求的典型案例。

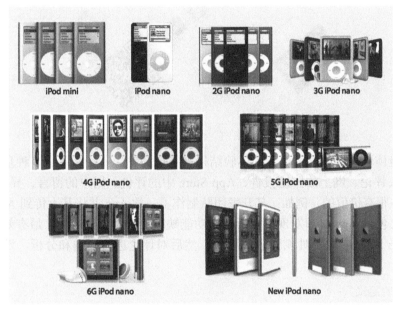

图 4-5　苹果公司 iPod 产品图

4.3.2　用户需求活动过程

1. 了解用户的需求和期望

问题是需求的来源。问题是一种由体验得出来的结果，也唯有靠体验才能发现问题。体验分为两种，一种是直接的体验，另一种是间接的体验。

（1）直接体验，即自己体验，在体验的过程中发现问题。例如，我们要设计一款民宿 App，应找到好的切入点，最好的办法就是自己旅游并体验一下各种民宿，在住宿的过程中，发现当前有哪些问题，哪些方面是可以改进的，将这些内容作为设计 App 的切入点，也就是我们常说的"痛点"，解决痛点就是我们的动力来源。如图 4-6 所示为一款名为"逸宿"的民宿 App 的设计图，设计者为重庆邮电大学的学生黄文章，设计者在设计过程中采用了直接体验的方式，并将解决痛点的思路融入了 App 的设计中。

图 4-6　"逸宿"民宿 App 的设计图

（2）间接体验，即通过其他人的体验结果来发现问题。体验结果有多种呈现方式，如周围人的口头评论、网上的体验报告、App Store 中的评价、用户的留言、异常的数据等。间接体验也是很有价值的，例如，某开发团队制作了一款 App 并将其上传到 App Store，而开发团队自己使用 App 时却发现不了所有的功能缺陷。针对这种情况，最有效的措施之一就是查看 App Store 中用户对该 App 的评论，然后对评论进行归纳和分析，发现问题并加以解决。

2．需求的定义

（1）需求的定义：准确描述用户需求。

设计产品时，需要考虑用户的心理活动和社会处境。互联网产品其实是社会学科的自然表达，这里的社会学科包括社会学、心理学等，因为人本身是感性的、主观的，但代码的实现过程则是逻辑的、严谨的。这就需要设计师更加关注理性的层面，去发掘用户的真实想法，让形式追随内容，产品追随人心。

需求的定义过程，实际上也是一个逻辑梳理的过程，从实现的角度去准确描述需求的原因、过程、结果。需求的定义是为了准确且严谨地描述用户需求，这就需要设计师能够发现用户的真实需求。在日常生活中，间接需求是比较难发现的，需要产品经理深入理解业务和用户，站在用户的角度去思考场景，才能发现那些触及用户"痛点"的间接需求。如图 4-7 所示为需求分析结构图，需求分析需要考虑以"用户动机"为核心的一系列问题，从用户需求到产品需求，以及与人性、欲望相关的一系列外在因素，如行为、环境、用户等。只有将外在因素全部考虑进去，才能发现用户的真实需求。

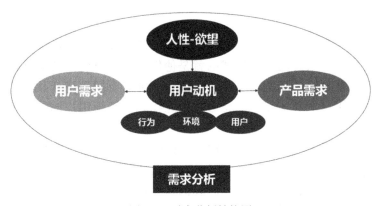

图 4-7 需求分析结构图

（2）案例分析。

假设我们从事销售工作，需要经常去外面拜访客户，并且会频繁地使用手机来处理各种事情。我们会发现，手机电量消耗得特别快，经常遇到这种情况——事情没有处理完，手机就没有电了，并且还没有地方能及时为手机充电，造成很多重要的事情被耽误。此时，手机不能及时充电对我们来说就是一个痛点，我们来进一步分析。

① 是否是迫切的？是的，如果不解决这个问题，老板和客户都联系不到我们，可能一个重要的单子就"飞"了。

② 是否必须解决？是的，除非不再使用这部手机，否则必须为这部手机充电。

③ 这个问题出现的频率高吗？这个问题的出现频率很高，几乎每天会出现这个问题。

④ 问题的持续时间长吗？问题的持续时间很长，只有找到有电源的地方才能为手机充电，但实际上，寻找可供我们自由使用的电源并不容易。

通过这个案例我们发现，解决这个痛点很有价值。在实际生活中，一些手机品牌准确把握手机充电这个痛点，推出了手机电池续航时间较长的新产品，满足了用户的需求，提高了产品的销量。此外，市面上也出现了共享充电宝，如图 4-8 所示，很多共享充电宝被设置在各大商场、超市、博物馆等公共场所，方面用户的同时也让产品实现了盈利。

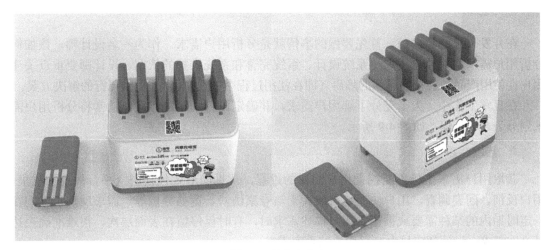

图 4-8 共享充电宝

3. 需求定义的原则

（1）倾听用户不等于听从用户。有时候，当设计师倾听用户讲解他们的需求时，会陷入用户的思维中去，认为用户所描述的就是他们真正想要的，其实这种方式是不客观的。很多用户不清楚自己的真实需求是什么，设计师需要把最终产品或相似的产品展示给用户，才能引发用户对真实需求的思考，因此我们在倾听用户的同时也要学会挖掘用户的真实需求。

（2）用户的真实需求会发生改变。作为设计师，我们要通过分析用户想要的产品来判断用户的真实需求。假设用户拥有了产品，那么这样的产品能满足他们哪些需求，不能满足他们哪些需求。在分析的过程中，我们会发现，当用户拥有真实的产品后，他们会经常使用产品的某些功能，很少使用那些他们认为不重要的功能，他们在拥有产品之前的需求会发生改变，用户会根据个人喜好、使用习惯、产品体验对产品进行评价，故用户此刻对产品功能的需求才是真实需求，此时的真实需求可能已被满足，也可能没有被满足。因此我们可以有针对性地满足大部分用户的共性需求，这种需求才更接近广大用户的真实需求。

（3）设计师应当坚持原则，准确把握用户需求。有些用户有自己的设计思路，会直接告诉设计师需要什么样的产品、产品该怎么设计，以达到其想要的结果。遇到这种用户时，经验不丰富的设计师可能动摇自己的想法，甚至觉得这个用户的思路很清晰，沟通起来很顺畅，认为用户所描述的内容就是最终需求。实际上，设计师应当有自己的原则，并且应秉持客观的态度，不能随波逐流，从而准确把握用户需求。

（4）"可以怎么做"有别于"应该怎么做"。"应该怎么做"有较强的局限性，相对来说是不变的，"应该怎么做"是动态变化的，即可以采取多种方法。通俗地讲，即条条大道都可以通罗马，而不是应该走某条大道去罗马。

上述内容给我们的启示：需求的理解和定义不仅受制于需求本身，还与需求之外的各方面有很大的关系。

4.3.3 分析用户需求的步骤

在开发一款产品之前，首先要做的事情就是分析用户需求。作为一名设计师，该如何分析用户需求呢？用户需求是系统设计、系统完善和系统维护的依据。设计师要重点关注用户在使用产品的过程中遇到的障碍（即在使用过程中的痛点），并提供可行的解决方案。

在日常工作中，为了充分了解用户需求，并确定可行的解决方案，通常将分析用户需求划分为 8 个步骤，如图 4-9 所示。

1. 获取用户需求

获取用户需求是指不断挖掘用户需求的过程，常见的形式包括公众平台信息的收集、用户反馈、问卷调查、用户访谈、行业人士与专家访谈、竞品分析等。需求反映了人们在一定时期内的某种需要或欲望。用户描述需求时，有时仅停留在表面层次，很难准确表达其真实需求，设计师应尽力挖掘用户的真实需求。

例如，应用程序 QQ 的隐身功能，如图 4-10 所示。QQ 的隐身功能看似不是产品的主要功能，而是产品的附属功能，那么为什么要设计这样的功能呢？原因就在于不同的用户在社交群体中会表现出多种心理状态，这属于深层次的真实需求，这项功能可以让部分用户在社交过程中既有存在感又有安全感，同时也满足了用户倾诉的需求。然而，用户几乎不会告诉设计师，他们的确需要这样的功能，这就需要设计师进一步挖掘用户的真实需求。

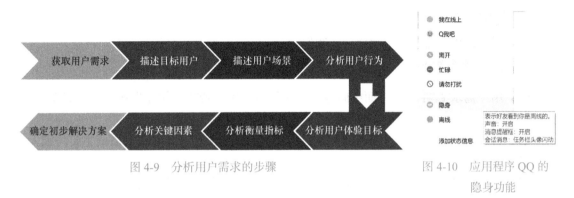

图 4-9　分析用户需求的步骤　　　　图 4-10　应用程序 QQ 的隐身功能

2. 描述目标用户

描述目标用户是指描述用户的年龄、特征、经验。例如，"一条" App 的目标用户为：身处一线城市，年龄为 25～35 岁，拥有高学历，收入较高，以男性用户为主，购物频次少，单次消费高，有 2 年以上的网上购物经验。

3. 描述用户场景

描述用户场景，与我们写作文时所要描述四要素有些类似，即人物、时间、地点、事情。我们通常用 "4W" 来描述用户场景，即 Who（什么人）、When（什么时间）、Where（什么地点）、What（发生了什么）。

4. 分析用户行为

基于用户场景，可以进一步分析在该场景下发生的用户行为。

5. 分析用户体验目标

分析用户体验目标，即分析用户体验产品时的目标。例如，用户使用微信的发红包功能，目的是能够快速给对方发送红包。

6. 分析衡量指标

分析衡量指标是指对产品的某项功能设定指标并进行衡量。例如，通过设定指标衡量微信的发红包功能，包括发送红包的金额限制、发送红包的步骤等。

7. 分析关键因素

一般而言，关键因素是指用户在使用产品的过程中可能遇到的问题。例如，微信的发红包功能所涉及的关键因素有：

（1）能否快速填写祝福语？

（2）能否在发送红包的同时发送定制的表情？

8. 确定初步解决方案

针对关键因素，逐一分析，并形成初步解决方案。因此，在分析关键因素的时候，尽量全面地列出关键因素。

4.3.4　案例分析

学习了分析用户需求的步骤之后，我们对以下三个案例进行分析。

1. 案例：微信的发红包功能

（1）用户需求：在聊天页面中向好友发送红包。用户希望能快速发送红包，好友也能快速获取消息通知，并且能快速收取红包。

（2）目标用户：余女士，60岁，使用装有安卓系统的手机4年，通过微信主要与家人、朋友聊天。

（3）用户场景：女儿过生日那天，余女士与身处外地的女儿聊天时，想给女儿发红包，并配上祝福文字。

（4）用户行为：单击发红包按钮。

（5）用户体验目标：快速发送红包并配上祝福文字。

（6）衡量指标：发红包的步骤。

通过上述分析，我们得出了微信的发红包功能的关键因素与初步解决方案，如表4-2所示。

表4-2　微信的发红包功能的关键因素与初步解决方案

	关键因素	初步解决方案
恭喜发财，大吉大利！点按领取红包　微信红包	1. 不能快速填写祝福文字	1. 自定义祝福语
	2. 电子钱包中的钱不够，或者没有钱	2. 多种支付保障，包括银行卡、信用卡等
	3. 需要填写的信息太多	3. 减少非必要信息的填写

2. 案例：支付宝的快捷支付功能

（1）用户需求：希望提供能够快捷支付的在线交易方式。

（2）目标用户：王小姐，28岁，公司员工，使用支付宝5年，经常使用支付宝购物。

（3）用户场景：下班路上，王小姐在去公交站的途中经过一家水果店，看到水果店正在搞促销活动，王小姐想到家中的水果已经吃完了，因此她进入水果店购买水果，由于着急赶公交车，所以王小姐希望快速选好水果并完成支付。

（4）用户行为：单击支付按钮。

（5）用户体验目标：快速完成支付。

（6）衡量指标：支付的步骤越少越好，越快越好，并要求保障支付的安全性。

通过上述分析，我们得出了支付宝的快捷支付功能的关键因素与初步解决方案，如表4-3所示。

表 4-3　支付宝的快捷支付功能的关键因素与初步解决方案

	关键因素	初步解决方案
快捷支付支	1．用户在着急的时候找不到快捷支付入口	1．将快捷支付入口放在首页醒目的位置
	2．支付宝钱包中的钱不够，或者没有钱	2．多种支付选择，包括银行卡、信用卡、花呗等
	3．支付步骤太多	3．扫描二维码，并输入密码。两个步骤完成支付

3．案例：美团的拼单功能

（1）用户需求：省钱（凑单满减、省派送费）。

（2）目标用户：张小姐，29 岁，公司员工，工作日不带午餐，经常点外卖。

（3）用户场景：一个工作日的中午，张小姐打开美团 App，发现有一家线上门店在搞满 40 元减 20 元的优惠活动，用 40 元可以购买很多食品，但是自己一个人一顿饭吃不了这么多食品，于是她问身边的同事有没有要一起拼单的。

（4）用户行为：单击拼单按钮。

（5）用户体验目标：快速邀请好友，完成拼单操作。

（6）衡量指标：拼单步骤越少越好。

通过上述分析，我们得出了美团的拼单功能的关键因素与初步解决方案，如表 4-4 所示。

表 4-4　美团的拼单功能的关键因素与初步解决方案

	关键因素	初步解决方案
美团外卖 美团专送	1．拼单入口找不到	1．将拼单入口放在店铺首页醒目的位置
	2．分不清某一单是谁参与拼单的	2．每单用不同口袋命名
	3．拼单的步骤太多	3．直接单击拼单按钮，邀请好友即可

4.4　用户研究方法

用户研究是以用户为中心进行设计的重要体现。用户研究的方法有很多种，不少专家对现有的用户研究方法进行了总结。其中，克里斯蒂安·罗勒（Christian Rohner）绘制了用户研究方法图，该图分为两个维度，一个是"定性-定量"维度，另一个是"态度-行为"维度，如图 4-11 所示。根据研究途径进行划分，用户研究方法可以分为定性研究方法与定量研究方法。例如，用户访谈就是定性研究方法，问卷调查则是定量研究方法；根据数据来源进行划分，用户研究方法可以分为基于态度的研究法和基于行为的研究法。例如，焦点小组就是基于态度的研究方法，眼动跟踪则是基于行为的研究方法。

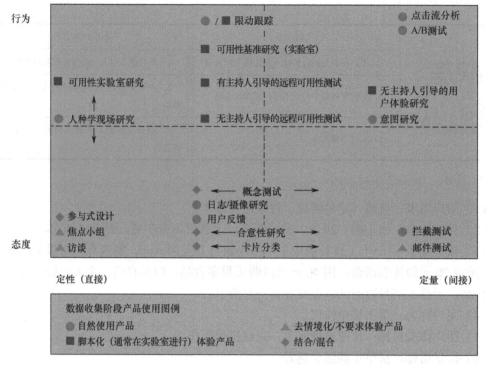

图 4-11 克里斯蒂安·罗勒绘制的用户研究方法图

4.4.1 定性研究法与定量研究法

诺曼·邓津和伊冯娜·林肯曾经对定性研究给出这样的定义："定性研究是一种将观察者置于现实世界中的情境活动。它由一系列解释性的、使世界可感知的身体实践活动构成。这些实践活动将世界转变成一系列陈述，包括实地笔记、访问、谈话、照片、记录和自我备忘录等。研究人员在对象所处的环境中来研究对象，并试图根据人们给对象所赋予的意义来理解和解释对象。"

定性研究法的目的是深度挖掘用户行为背后的原因。定性研究法对研究人员的专业能力有一定的要求，考验着研究人员对信息的归纳总结能力和对观点的抓取能力。定性研究法的具体实践方式包括观察、情境访谈、卡片分类、焦点小组访谈、日记与笔记研究、现场调查、可用性测试、眼动实验等。

定量研究法旨在将问题与现象用数量进行表示，以便研究人员进行分析与解释，并获得有参考意义的结果。研究人员使用定量研究法考察并研究对象的数量，需要使用相应的数学工具进行分析。定量研究法本质上是一种量化研究过程，是社会科学领域中的一种基本研究范式，也是科学研究的重要步骤之一。定量研究法的目的是通过数据的形式了解普遍的现象。对研究人员而言，必须具备数据采集和数据分析的能力，从客观的角度让数据具有说服力，并且有效地帮助企业提升产品的性能。定量研究法的具体实践方式包括问卷调查、网站数据分析和实验。

定量研究法与定性研究法是对立的，两者在研究目标、研究对象及研究方法上都存在明显的区别。第一，在研究目标上，定量研究法重视预测控制，而定性研究法重视对意义的理解；第二，在研究对象上，定量研究法强调对象的客观性，而定性研究法强调对象的主观性；第三，在研究方法上，定量研究法注重经验证实，而定性研究法注重解释建构。由于在方法论上的不同取向，导致了在实际应用中定量研究法与定性研究法存在明显的差异。为了更好地认识定量研究法与定性研究法，我们来了解一下定性研究法与定量研究法在研究方向上的区别，如图 4-12 所示。

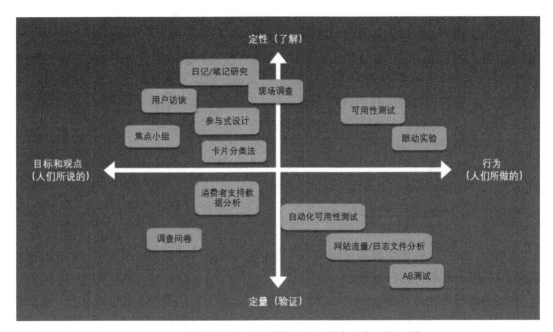

图 4-12　定性研究法与定量研究法在研究方向上的区别

4.4.2　观察、聆听和讨论法

观察、聆听和讨论法是研究人员在用户发生行为的过程中收集用户信息的主要方法，具体是指在用户所处的自然情境中，观察用户行为，分析其行为的因果关系。使用观察、聆听和讨论法需要注意以下几个方面：

第一，选定能代表大部分用户的用户代表作为研究对象。

第二，要在用户所处的自然情境中进行观察、聆听和讨论。

第三，讨论的内容要具体化，将重点放在用户正在做的事情及他们刚完成的事情上。

第四，研究人员应将产生的想法及时反馈给用户，并与他们进行讨论，以验证研究人员想法的准确性。

观察、聆听和讨论法的研究范围比较广泛，在实施过程中要注意以下细节：

（1）在对用户行为进行取样时，可以在有准备的情况下获取比较有代表性的样本，这样做非常省时、简便、实用。研究人员只需带上笔和纸等工具，一旦用户的行为发生，即可观察并记录。

（2）在对用户行为进行取样时，需要记录完整，即记录用户行为发生的前因后果。因此，观察和记录要尊重客观事实。

观察的方式可分为直接观察和间接观察。

直接观察：研究人员直接观察并记录用户行为。在这个过程中，研究人员不应对用户行为加以控制和干预。直接观察又可细分为公开观察和隐蔽观察。公开观察指研究人员在现场公开进行观察，即被观察者意识到有人在观察自己；而隐蔽观察指被观察者没有意识到自己的行为被他人观察。

间接观察：研究人员通过观察能反映过往事实的对象来推断用户行为。

让用户在他们发生行为的过程中清晰地描述其所想的内容是非常关键的。如果让用户对研究人员进行实时口述，则会非常影响用户，并且使用户很容易受到外界的影响。因此，应当让用户在行为结束后，尽快与研究人员进行沟通，以便及时地回顾已发生的行为。在沟通过程中，研究人员可以向用户适当提问，以帮助用户准确地回顾。此外，研究人员应注意沟通的技巧，保持一定的灵活性，并提前准备一些问题，比如：

你正在想什么？

你为什么这样做？

你下一步准备怎么做？

你现在的心情如何？

……

有时候，研究人员需要提前了解用户行为发生的背景，并勾勒故事情节，结合角色扮演和情节模拟，与用户进行互动。

在观察和聆听的过程中，如果难以记录所有细节，那么研究人员可以在合理、合法的前提下，对用户行为进行录音或录像，这样便于事后进行详细分析。

4.4.3 个人采访法

研究人员可以采用个人采访法对用户进行采访。在进行采访之前，研究人员和用户均可以提前做好准备，例如，研究人员可以设置一些问题，并预估用户接受采访时的反应；用户在接受采访之前会被告知采访内容，以便积极配合。

研究人员设置的问题范围可宽泛一些，比如：

任务什么时候开始？

任务什么时候结束？

下一个任务是什么？

实施任务的主要步骤是什么？

……

研究人员在完成对用户的采访后，应当整理相关的采访记录，以便后续开展分析。

案例：车辆保养的用户访谈

车辆保养的用户访谈大纲如表 4-5 所示。

表 4-5　车辆保养的用户访谈大纲

1. 基本信息

性别	□男　　　□女	年龄	
驾龄		车龄	
车辆价值		开车频率	

2. 浅谈车辆保养

在提问之前,想听听您是怎么保养车辆的?例如,是否有一些令人记忆深刻的事情或难忘的经历?

3. 车辆保养习惯

【车辆保养的门店选择】您选择哪种门店来做车辆保养?	□4S店	□非4S店
	•是否考虑非4S店做车辆保养? •不考虑非4S店的原因是什么?	•在选择门店的时候主要考虑哪些因素? •是固定门店吗?如果不是固定门店,那么为什么要更换门店呢?
车辆在质保前、后有什么差异?		
【车辆保养过程及习惯】车辆保养之前会预约吗?	□预约	□不预约
	•选择哪种预约方式? 例如,是否打电话?是否通过4S店销售人员来预约?	•一般需要等待吗? •是否愿意等待?
车辆进店保养的若干细节	您知道车辆保养都做哪些项目吗?您是怎么知道的?	
	维修人员会不会推荐车辆保养项目?	
	是否被问及车辆保养历史问题?具体包含什么问题?您能回答吗?	
	车辆保养一次通常耗时多久?您如何打发时间?	
车辆进店保养后的若干细节	车辆保养后,您一般选择什么支付方式结算车辆保养费用?	
	车辆保养后,门店会不会给您一张保养清单?您会怎么处理这张清单?	
	您知道下次车辆保养的时间吗?	
	车辆在保养过程中,您曾经遇到过什么问题?您是如何解决的?	
	您对车辆保养的评价是怎样的?	

4. 养车类App的使用情况

是否用过养车类App?	□没有用过	□用过
	•今后您是否愿意尝试使用养车类App? •吸引您使用养车类App的条件是什么?(优惠/功能) 例如,如果有免费的检测服务,您是否愿意下载养车类App?	•您用过哪款养车类App? •您是什么时候开始使用养车类App的?您以后还会用养车类App吗? •您使用养车类App的目的是什么? •您对养车类App中的功能有特别喜欢的吗? •您在养车类App上直接支付车辆保养费用时,是否有顾虑? •您对养车类App有其他建议吗?

案例：网上购车的用户访谈

访谈的目标是了解用户最关心的问题，以便经营者能够更好地调整运营策略，并给出产品优化方案。例如，关于网上购车的用户访谈。在访谈之前，我们也可以提前准备访谈问题，如图 4-13 所示，以便更加从容地与用户沟通。

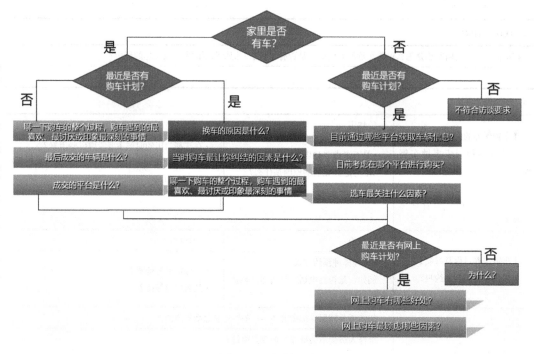

图 4-13　访谈问题

4.4.4　集体讨论法

集体讨论法是指由研究人员召集若干用户一起进行讨论。研究人员负责组织讨论活动，并提前准备问题，以免讨论的内容偏离主题。另外，研究人员也应协调好参与讨论的用户，以确保所有人均有机会进行发言。

集体讨论法适用于了解用户对某些问题的看法，由于用户在参与讨论时不一定正在体验产品，所以他们所介绍的情况与真实的用户体验往往有一定的偏差，因此集体讨论法得出的结果虽然可以帮助研究人员进行设计，但是不能用于产品使用情况的最终评判。

4.4.5　问卷调查法

研究人员通过问卷调查法能够了解用户的基本情况。

1. 问卷调查的执行过程

问卷调查的执行过程包括用户需求分析、问卷设计、问卷实施与结果分析。经过以上四个步骤，问卷调查才能充分发挥其作用。研究人员可能需要频繁改动问卷，以获得优化后的最终问卷。

2. 设计问卷的方法及注意事项

问卷调查法是一种比较常用的、省时省力的调查方法，采用这种方法能够比较全面地了解用户的基本情况。问卷作为收集信息的必要介质，在设计时也有严格的要求。问卷中问题的提问方式、题目的排列顺序都会影响用户的反馈。那么应该如何设计问卷呢？

（1）问卷的组成。

问卷由标题、前言、正文和结束语组成，问卷的组成与示例如表 4-6 所示。

表 4-6　问卷的组成与示例

组 成 部 分	示　　　例
标题	关于某某高校在校学生关注"古装剧热潮"的问卷调查
前言	您好，感谢您在百忙之中抽空填写我们的问卷。我们通过这份问卷想了解您对古装剧热潮的关注程度，以便我们分析古装剧热潮的影响。为保证调查的真实性和全面性，我们将在校内开展此次调查，并采用匿名方式进行。 ＊＊＊大学＊＊＊学院（系）＊＊＊班
正文	用户信息、调查项目、调查者信息
结束语	为保证调查结果的准确性，请您如实回答所有问题。您的回答对于我们得出正确的结论很重要，希望能得到您的配合和支持，谢谢！

① 问卷要有一个醒目的标题，从而让填写问卷的用户很快明白问卷调查的意图。

② 前言也被称为说明语。前言包含问候语、问卷调查的目的、对用户填写问卷的要求等。前言应注意措辞，尽量引起用户的兴趣，同时解除他们在填写问卷时可能产生的顾虑。如果问卷调查的形式是留滞调查，那么还应注明收回问卷的时间。

③ 正文是问卷的主体部分，主要包括用户信息、调查项目、调查者信息。

用户信息指有关用户的资料，主要包括用户的姓名、性别、年龄、职业、受教育程度等。这些信息能够在研究人员进行分析时起到重要的参考作用，帮助研究人员针对不同用户群体写出问卷调查报告。

调查项目是问卷的核心部分，是研究人员想了解的信息，通过问题和备选答案的方式呈现给用户。

调查者信息用来表明调查作业的开展情况并体现调查人员的责任，并便于日后进行复查和修正，需要提供调查者的姓名、电话，以及调查时间、地点等信息。

④ 结束语设置在问卷的末尾，用于向用户简短地强调本次问卷调查活动的重要性，以及再次表达谢意。

（2）设计问卷。

问卷的优劣程度是影响问卷调查活动能否成功实施的关键因素。在设计问卷时，先确定问卷调查的目的，再确定问卷的项目。

① 确定问卷调查的目的。

根据问卷调查的目的，研究调查内容、调查范围等，酝酿问卷的整体框架，将所需的资料逐一列出，分析哪些资料是主要资料，哪些资料是次要资料，淘汰那些不需要的资料，再分析哪些资料需要通过问卷获得，确定调查地点、时间及调查对象。例如，调查学生写作业的习惯，可从以下几个方面考虑：学生写作业时的注意力、写作业时的规范性、自主完成情况、合作交流情况、自我反思情况等。其中，写作业时的规范性不一定要通过问卷了解，可通过观察学生写作业时的状态进行记录。此外，还要分析样本特征，即分析各类被调查对象的基本情况，以便针对其特征准备问卷。

② 确定问卷的项目。

问卷项目一般包括封闭式问题和开放式问题。其中，封闭式问题包括两项选择题、单项选择题、多项选择题、李克特量表等。开放式问题包括完全自由式问题、语句完成式问题等。不同的题型有各自的优缺点。当设计问卷项目时，怎样做到合理设计呢？答案是确定问题类型，下面简要分析。

- 两项选择题。在两项选择题中，用户需要在两个已给出的答案中选择其中一个答案，如选择"是"或"否"。两项选择题容易发问，也容易回答，便于研究人员统计调查结果。通常情况下，两项选择题无须用户解释原因，因此这种选择题被用于简单的问题，其答案属于非 A 即 B 型。

- 单项选择题和多项选择题。在单项选择题和多项选择题中，通常会列出若干答案，用户需要从答案中选择一个答案或多个答案。例如：

> 决定您对应聘者取舍的重要因素是：
> 　　A、仪表　　　B、谈吐　　　C、学历或职称　　D、专业素质或工作经验

这种类型的问题比较明确，便于研究人员分类整理。然而，由于用户的意见并不一定包含在给出的答案中，所以答案可能没有反映用户的真实想法。因此，研究人员可以在答案中增加"其他"选项，从而为用户提供额外的选择余地。

- 程度性问题。当需要了解用户的态度、意见时，通常使用程度性问题。例如：

> 　　您认为博物馆通过举办各种文物展览对公众的科技技术教育、爱国主义教育和革命传统教育的作用如何？
> 　　A、好　　　　B、较好　　　C、差　　　　　D、不了解

然而，不同的用户对程度性问题的理解程度也有所差异。因此，有时可以采用打分的方式供用户回答。

- 开放式问题是一种可以自由回答的问题。开放式问题没有可供选择的选项，用户不会受到任何限制，并且能够充分发表自己的意见。此外，研究人员可以通过开放式问题收集到一些事先未曾考虑到的信息。但在分析问卷时，由于用户的观点比较分散，研究人员可能很难总结出规律，导致问卷调查的结果出现偏差。

（3）设计问卷时应遵循的原则。

① 必要性原则。为避免用户在答题时出现疲劳，问卷的篇幅应当控制好，即问卷中的问题数量不宜太多（问题的数量为 20～30 个，这样便于用户在 20 分钟内答完），所有问题必须紧扣问卷调查的宗旨，并且问题都应当是必要的，而不是无关紧要的，此外，要避免问题设置重复或相互矛盾。

② 准确性原则。问卷要设计得简单易懂，避免出现那些用户不熟悉的俗语、缩写或专

业术语。当出现用户不太了解的专业术语时，应当在问卷中对其进行阐释。问卷中的问题要表达清晰、具体，不能模棱两可，不能拐弯抹角，避免使用"一般"、"大约"或"经常"等模糊性词语。一个问题只能有一个问题点，如果一个问题有若干问题点，那么不仅会使用户难以作答，而且不便于研究人员统计和分析问卷。例如，向用户提问"你为何不在学校食堂吃饭而选择在校外吃饭？"这个问题包含了"你为何不在学校食堂吃饭？"、"你为何选择在校外吃饭？"和"什么原因使你改在校外吃饭？"三层含义。杜绝这类现象的最好方法就是分离语句，使一条语句只出现一个问题点。

③ 客观性原则。避免使用带有引导性、暗示性的语句。问卷中的语句要保持客观性，措词要恰当。如果使用带有引导性、暗示性的语句，那么可能产生以下负面效果：一是用户会不假思索地同意问卷中暗示的结论。二是使用户产生反感情绪，如"既然大多数人都这样认为，那么调研还有什么意义？"此外，诸如"普遍认为""权威机构和权威人士认为"等词语应避免出现。

④ 可行性原则。问卷中的问题可能涉及一些令人尴尬的、与隐私有关的内容，对于这类问题，用户在回答时可能不愿给出真实的答案。因此，在设计提问时，研究人员要考虑用户的自尊心，可以采用间接提问的方式设计问题，从而减轻用户的心理压力。

（4）设计问卷时的注意事项。

第一，应选择合理的问卷调查方式，以便统计与分析数据。例如，很多问卷都通过在线方式填写，通过网络后台可以方便、快捷地统计出结果。

第二，设计问卷中的问题时，应注意问题之间的关系，做好问题的排序工作。

① 问题的排序要做到先易后难。首先，设计一两个容易引起用户兴趣的问题，其次，设计若干普通问题，再次，设计若干需要用户深入思考的问题，最后，设计少量比较敏感的或涉及用户隐私的问题。

② 封闭式问题应放在问卷的前面，开放式问题应放在问卷的后面。

③ 问题与问题之间要有逻辑性、连贯性、条理性和程序性，问题应实现"模块化"分布。例如，可以将问题按时间顺序进行排序，使用户的思维逐步深入，从而更流畅地填写问卷。再比如，将相同类别的问题放在一起，以便用户集中精力思考，避免思路被打断，思维被发散。

④ 在开展大型问卷调查活动之前，应预先在小范围内进行问卷调查试验。

在小范围内进行问卷调查试验的目的是发现问卷中的漏洞（如语句有歧义、内容解释不明确），以及了解用户对问卷的反馈，从而修改并完善调查问卷。

第三，要注意一些细节问题，常见的细节问题如下。

① 参加问卷调查的用户能否代表所有用户？

② 用户参加问卷调查是否有其他动机？

③ 问卷是否便于研究人员进行分析？

4.4.6 决策中心法

决策中心法能够在短时间内收集大量的数据。

决策中心法的应用场景一般如下：研究人员需要将问题提前输入计算机中，问题的类型可以是客观题也可以是主观题，之后邀请 10～20 名用户代表，每名用户使用一台计算机回答问题。研究人员可根据实际情况随时增加或删减问题，同时允许每位用户看到其他人的答案，但其他人的答案是完全匿名的。这样做就会让参与答题的用户仿佛置身于一场讨论会中，并受到其他人的启发。最终，所有用户的讨论内容就会层层递进，积累更多有价值的信息。

决策中心法的优点如下。

（1）大大降低了某位用户成为主要发言人的可能性，使性格内向的用户能更自由地发表意见。通过使用决策中心法可以收集更多有效的信息，避免了垄断式发言的现象，使参与答题的用户都有相对均等的机会回答问题。

（2）容易实现内容的层层递进，即将某一个问题的答案作为下一个问题的提问部分。

综上所述，使用决策中心法具有一定的优势，但该方法的投入成本较高。

4.5　习题

1．为什么说"满足用户需求"是相对的而不是绝对的？请举例说明。

2．什么是定性研究法？什么是定量研究法？两者有什么区别？请简要说明。

3．常见的定性研究法有哪些？请分别说明。

4．围绕你经常使用的一些在线支付产品，设计一个在线支付产品的调查问卷，在大学校园内发放调查问卷并统计相关数据，形成调查问卷的数据报告，选出大学生最喜爱的在线支付产品。

人物角色

5.1 人物角色概述

5.1.1 有关人物角色的概念

1. 角色

"角色"一词来源于戏剧表演，是戏剧表演中的专业术语。1934 年，美国社会学家米德创造性地将"角色"这一概念运用于社会学的研究中；1935 年，美国人类学家林顿将"角色"这一概念运用于人类学的研究中，自此，"角色理论"逐渐形成。1959 年，欧文·戈夫曼提出新的观点，将人们的日常生活比作剧院里的演出，他把角色理论作为研究行为的一种方法并进行了深入研究，他所研究的理论被称为"拟剧理论"。

要想设计出让用户满意的产品，就需要知道用户是谁？用户的行为是怎样的？他们的需求是什么……对于这些疑问，"角色理论"提供了一种可以精确思考和交流的方法。

角色是近年来人机交互领域中经常被提及的概念。在产品设计中，正确运用角色非常重要。角色是虚构出来的人物，用来代替最终的用户群体。

2. 人物角色与人物角色法

人物角色法源于戏剧和戏曲中的角色描写。很久以来，人们对于人物角色没有一个统一的定义，而人物角色的概念是由艾伦·库珀（Alan Cooper）于 1999 年首次提出的。1983 年，当时的艾伦·库珀正在参与一个计算机程序的设计，艾伦·库珀在设计过程中发现了用户的重要性，并且思考用户同理心对产品设计的影响。通过多次实践与总结，艾伦·库珀建立了一套关于人物描写的设计方法：从人物的行为出发，设计出满足他们主要目标的产品，这样的设计最容易成功。1999 年，艾伦·库珀在 The Inmates Are Running the Asylum 一书中，正式提出"人物角色法"的概念。之后，人物角色法被广泛应用于产品的设计、开发、测试、可用性评估等各个环节中。

若想让一个人物角色演绎得更加生动、灵活，就必须从内而外对其进行完整、详尽的描述，从而提炼出人物角色的灵魂。将人物角色应用于设计中，并对真实用户的目标、行为、观点等进行研究，从而建构出用户目标角色，以此更好地满足用户的需求。应用人物角色法时，要建立系统的、情境式的思维。

3. 参与式设计

人物角色法重视用户体验，谈到用户体验，就不得不提及参与式设计。20 世纪 60 年代末至 20 世纪 70 年代初，一些来自斯堪的纳维亚半岛的设计师一方面延续传统的设计理念，另一方面让用户参与设计，产生了优雅、友好、亲和的现代设计风格。这种所谓的"人人都是设计师，每时每刻我们所做的一切都属于设计"的理念被广泛传播。

以用户为中心的参与式设计是交互设计的基本要求。交互设计本身就强调系统性和多学科视角，其系统性的组成元素包括人（People）、人的行为（Activity）、使用产品时的场景（Context）和支持交互行为的技术（Technology），也就是通常说的 PACT。对应在设计环节中，要以人为中心，实施相应的行为，在一定的场景中，应用某项技术。

5.1.2 使用人物角色的目的

1. 人物角色的创建和运用

角色的生成离不开用户细分，用户细分一般指按照个性相似、行为相近的原则对用户群进行分类。用户细分一般从属性开始，在复杂的环境下，常用作用户细分的条件有：年龄、性别、经济能力、种族、受教育程度、职业、兴趣嗜好和个人性格等。不同的用户细分方式会出现不同的特性，每个人有各自的评价标准和价值取向。此外，随着目标、行为、观念的变化，大家的评价标准和价值取向也会发生变化。因此，用户细分能够帮助设计师准确地了解用户深层次的需求。

2. 创建人物角色的目的

一般来说，人物角色也被称为"社会角色"，社会角色定义了一个人的社会关系，描述了一个人活动的范围，约定了与其地位相对应的权利和义务。

而对用户而言，用户的人物角色反映了用户的行为，体现了用户的地位和身份，表达了用户对产品的期望。

通过创建人物角色，设计师能够站在用户的角度上分析问题，把注意力集中在用户需求上，以此让设计师摆脱凭空想象，设计出更符合用户需求的产品，同时减少时间成本和经济成本。

如今，用户的需求在向着多元化的方向发展，因此产品也在向着多元化的方向发展。面对各式各样的用户需求，设计师可以根据用户角色有针对性地提供服务，并确定设计对象。有些读者会产生疑问，难道通过其他方法不能确定设计对象吗？其实，其他方法也能确定设计对象。但是，通过创建人物角色，能够让设计师更关注用户。我们可以这样理解：人物角色是设计师所设定的目标用户，在生活中有对应的原型，蕴含着现有用户所具备的特征。将人物角色嵌入设计中，有助于设计师把握设计方向，避免设计师受到其他因素的影响，影响设计初衷。创建人物角色的重要意义是发挥引导作用，为设计提供"航标"，促进设计师做到"以用户为中心"。

人物角色能细致、准确地表达用户需求和用户对产品的期望，并且为后续的目标导向设计奠定基础。

（1）人物角色是某个系统的典型用户。人物角色并不是真实的人，而是基于现实生活中人的行为所构建出来的虚拟形象，因此，描述人物角色的实质就是在系统中勾勒综合原型。要想准确描述人物角色，就必须认真分析用户行为，进而勾勒出综合原型。

（2）人物角色所描述的对象是产品的目标群体。为了让产品设计师能站在用户的立场上进行思考，进而满足用户需求，通常应从以下几个方面进行考虑。

① 用户基于什么原因使用该产品？
② 用户为什么使用该产品而没有使用其他产品？
③ 用户在体验过程中是否经常被干扰？
④ 用户的使用过程是否顺畅？

（3）人物角色描述的内容是目标群体的真实特征。因为人物角色用于描述一定范围内的可被模仿的用户行为方式和用户行为能力，所以设计师必须定义出与任何给定产品相关的人物角色集合。多个人物角色将连续的行为范围变为离散的行为集合。对于一款产品而言，通常会设计 3～5 个人物角色来代表所有用户，如果产品的目标群体的特征足够明显，那么设计 1 个人物角色也是够用的。在设计方案的策划阶段，在对人物角色进行描述时，要赋予人物角色明显的特征，从而让人物角色的个性更加鲜明。待设计方案确定后，设计师开始搭建产品的架构，并围绕所建立的人物角色进行构思和分析。

2．创建人物角色的意义

创建人物角色有以下积极的意义。
① 使设计师能够专注于为特定用户群体设计产品。
② 帮助设计师在人物角色的基础上对设计方案不断评估，以降低可用性测试的频率。
③ 定义用户需求。
④ 帮助设计师站在用户的角度上理解用户的行为动机。

5.1.3　人物角色的作用

人物角色在产品设计与开发过程中有着重要的作用。总体来说，人物角色可以把抽象的数据形象化。合理使用人物角色能够减少设计缺陷的发生。

人物角色可以帮助设计师以用户的身份来考虑问题。设计师需要明白是为谁而设计产品的，这样做才能使设计的产品更有针对性。人物角色的构建意味着用户群体已经被定义了，因此用户需求应当能够被人物角色所检验。

此外，人物角色还有以下积极的作用。

1．人物角色能带来更专注的设计

在设计领域中，流传着这样一句话："我们不可能创造一款让任何人都满意的产品"。在实际生活中，大多数成功的产品通常只服务于某类用户群体。因此，人物角色可以帮助设计师集中精力考虑某类用户的需求，从而为其提供优质的服务和产品。

2．人物角色能促成设计团队意见统一

对于同一个设计方案，不同的人可能有不同的观点。因此，在设计方案的策划阶段，设计团队需要通过创建人物角色，达成统一的意见，避免产生严重的分歧。

3．人物角色有助于提高工作效率

作为设计师，要明白诸如"我们为谁设计？"和"产品应该有什么功能？"这类问题。因此，通过创建人物角色能够帮助设计师更早地作出决策，从而避免在临近产品交付的时候才讨论产品的功能定位和目标用户。这样做可以提高工作效率，节省额外的资金和时间成本。

4．人物角色能够带来更好的决策

人物角色能帮助每位设计师作出更好的决策。因为人物角色源于对用户的研究，所以设计师可以据此设计出令用户满意的产品。

人物角色可以让设计师免于陷入"自我参考设计"的误区，"自我参考设计"指设计师在设计过程中不由自主地将自己的设计观念应用在产品上。人物角色能够帮助设计师将精力集中在目标用户经常遇到的问题上，而非一些几乎不会发生的边缘问题上。

▶ 5.2　人物角色的创建

5.2.1　创建人物角色的方法

创建人物角色的方法主要有以下几种：艾伦·库珀提出的七步创建人物角色法、尼尔森提出的十步创建人物角色法、穆德提出的三类人物角色法，以及普鲁伊特和格鲁丁提出的人物角色法。

1．艾伦·库珀提出的七步创建人物角色法

在七步创建人物角色法中，通过构建一系列人物角色，来表现设计师所观察到的各种各样的用户行为、态度、倾向等。艾伦·库珀介绍，假如设计一辆可以取悦所有用户的汽车，那么这辆汽车需要满足所有用户的需求，故该车将具备很多功能，结果是汽车面目全非，故不能令任何用户满意，如图 5-1 所示。

因此，设计师要对人物角色进行细分，针对不同的用户，设计出不同类型的汽车，以满足多样化的用户需求，如图 5-2 所示。

图 5-1　设计一辆可以取悦所有用户的汽车　　图 5-2　对人物角色进行细分，设计出不同类型的汽车

具体而言，设计师要重点关注七个方面，如图 5-3 所示，具体内容如下。

（1）界定用户行为变量。典型的用户行为变量包括：①用户的活动频率和活动量；②用户对待产品的态度；③用户受教育的程度、自我学习的能力；④用户所具备的技能。

（2）与用户进行访谈。将访谈对象和行为变量逐一对应，进行精确定位。例如，20%的用户看重价格，20% 的用户看重功能，60% 的用户看重品牌效应，那么这 60% 的用户是主要目标用户，将用户进行分类，可以看到不同类型的用户的侧重点有所差异。

（3）识别行为模式。在多个行为变量上看到相同类型的用户，这些相同类型的用户构成了一类用户群体，表现出一种显著的行为模式。如果行为模式有效，那么行为变量和用户角色就有逻辑关系或因果关系。这个行为模式是形成人物角色的基础。

（4）确认用户特征和目标。用户特征可以使人物角色数据化。目标分为初级目标、体验目标、人生目标、生活目标、隐形目标等。

（5）检查完整性。检查人物角色和行为模式的对应关系，是否存在重大缺漏？是否缺少典型的人物角色？是否缺少重要的行为模式？

（6）描述典型场景下的用户行为。在典型场景中描述用户行为，可简略描述用户的关注点、兴趣爱好，以及用户在工作生活中与产品的直接关系，从而传递情感信息，并用同理心与用户产生共鸣，最终以一种总结的方式来表达人物角色对产品的需求。

（7）指定人物角色类型。对所有人物角色进行排序，以确定首要的设计对象。优先级别分别为典型用户、次要用户、补充用户、非目标用户。

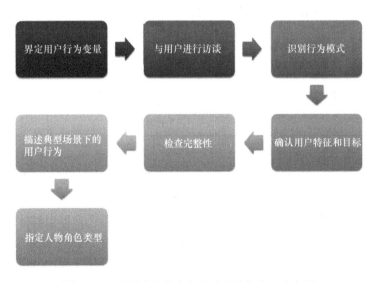

图 5-3　七步创建人物角色法重点关注的七个方面

2. 尼尔森提出的十步创建人物角色法

尼尔森提出的十步创建人物角色法如表 5-1 所示。在该方法中，尼尔森将人物角色的创建分为十个步骤，即发现用户、建立假设、验证假设、发现共同模式、构造虚拟角色、定义场景、确认人物角色、知识传播、创建场景、持续发展。

表 5-1 十步创建人物角色法

序号	步骤	目标	使用方法	输出物
1	发现用户	哪些人是用户？用户数量有多少	数据资料分析	报告
2	建立假设	用户之间的差异是怎样的	查看材料，标记用户	大致描绘出目标用户
3	验证假设	关于用户的调研（喜欢/不喜欢产品，用户的内在需求，产品对于用户的价值）；关于场景的调研（用户的工作环境、工作策略和目标、信息策略和目标）	资料收集	报告
4	发现共同模式	是否有重要的标签？是否有更多用户群体？不同类型的用户群体是否同等重要	分门别类	分类描述
5	构造虚拟角色	用户的基本信息（姓名、性别、照片）；心理（外向/内向）；背景（职业）等	分门别类	分类描述
6	定义场景	创建的人物角色适应于哪种场景	寻找合适的场景	需求和场景的分类
7	确认人物角色	用户是否了解和认同创建的人物角色	让用户对已创建的人物角色进行评价并进行确认	无
8	知识传播	如何与其他组织共享人物角色	举办会议、发送电子邮件等	无
9	创建场景	在设定的场景中和既定的目标下，当人物角色使用产品时会发生什么事情	通过人物角色的参与，完成场景的创建	剧情、用户案例
10	持续发展	新技术和新产品会改变人物角色吗	提供新数据，开展可用性测试	无

3. 穆德提出的三类人物角色法

通过比较分析可知，艾伦·库珀提出的七步创建人物角色法和尼尔森提出的十步创建人物角色法采用了两种完全不同的路径：前者主要通过定性研究来构建人物角色，缺乏定量研究的验证；而后者则通过典型的定量研究来构建人物角色，即以群体内部差异假设为起点，开展收集数据、统计分析，最后对假设进行判断。

围绕人物角色的定性研究和定量研究的主要区别为是否存在假设，也就是说，在对用户群体进行研究之前，是否对群体之间的差异进行了假设。例如，围绕某社交产品对用户进行研究，假设男用户和女用户对该产品的使用需求存在显著的差异（男用户使用该产品主要用于寻找异性，女用户使用该产品主要用于获得关注），之后通过收集数据和大量的数学统计分析结果来支持该假设。

穆德提出的三类人物角色法则更具有综合性，将定性研究和定量研究进行了结合，使用"定量—定性"，以及"行为—目标和观点"两个维度来描述用户研究方法和技术，如图 5-4 所示。我们可以看到常用的用户研究方法和技术均可在图 5-4 中找到对应的位置。例如，眼动实验和可用性测试位于图中的第一象限，而用户访谈和参与式设计则位于图中的第二象限。

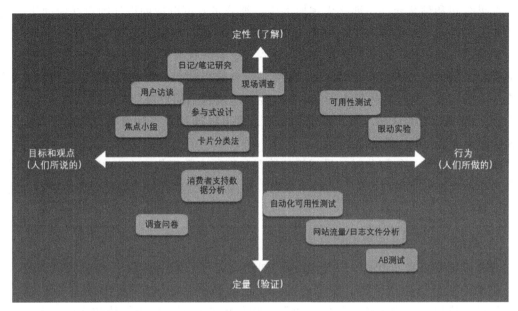

图 5-4 常用的用户研究方法和技术定位图

我们对比三种创建用户角色的方法（三种方法对应的人物角色类型分别为定性人物角色、经定量验证的定性人物角色、定量人物角色），分析它们的研究步骤、优点、缺点和适用情况，如表 5-2 所示。

表 5-2 三种创建用户角色的方法

类型	研究步骤	优点	缺点	适用情况
定性人物角色	（1）定性研究； （2）细分用户群体； （3）创建人物角色	（1）省时省力，需要的投入较少； （2）简单的人物角色故事提高了用户的理解和接受程度； （3）需要的专业人员较少	（1）缺少数据支持和验证； （2）已有的假设不会受到质疑	无法投入巨大的时间和资金；管理层认同，且无须量化和证明；使用人物角色风险小；在小项目上进行试用
经定量验证的定性人物角色	（1）定性研究； （2）细分用户群体； （3）通过定量研究验证用户群体细分情况； （4）创建人物角色	（1）量化的证据可以保护人物角色； （2）简单的人物角色故事提高了用户的理解和接受程度； （3）需要的专业人员较少	（1）需要做额外的工作； （2）已有的假设不会受到质疑； （3）定量数据不支持假设，需要重新提供数据	能投入较多的时间和资金；管理层需要量化数据的支持
定量人物角色	（1）定性研究； （2）细分用户群体； （3）通过定量研究收集数据； （4）通过聚类分析对用户群体进一步细分； （5）创建人物角色	（1）人为因素影响较小，量化数据可以保护人物角色； （2）采用迭代的方式能够发现最好的方案； （3）可以检验更多变量	（1）需要做大量的工作； （2）数据结果可能与模型不匹配； （3）需要更多专业人员	能投入较多的时间和资金；希望寻找更多模型，以找到最合适的模型；管理层需要量化数据的支持；人物角色由多个变量决定

人物角色能够被创建出来，并被设计师和用户所接受，一个非常重要的前提是坚持以用户为中心的设计理念。

如果时间和预算允许，那么大规模的用户细分研究可以帮助设计师更好地创建角色。用户细分的数据可以包括用户基本信息、用户行为、用户需求和用户态度等。用户基本信息包括用户的年龄、地址、教育背景、年收入、家庭状况等。用户行为包括用户使用产品时的相关信息，如产品的购买情况、退货情况、使用频率、功能选择等。用户需求指用户在产品的功能、性能和质量方面的期望。用户态度包括用户对公司及产品的满意度，以及对产品各项功能的认知。用户需求和用户态度可以通过调查问卷等方式来获得，使用SPSS[①]进行定量分析，最后得出结论。

在对用户群体进行细分时，最理想的情况是把所有数据集中在一起，进行聚类分析。聚类分析不仅能够将用户群体分为若干大类，而且能够指出哪些数据是分类的依据，能够起到主要作用。

4. 普鲁伊特和格鲁丁提出的人物角色法

普鲁伊特和格鲁丁提出，人物角色的创建可以分为两个阶段：构思阶段与酝酿阶段。构思阶段包括用户分类、数据处理，以及形成角色特征框架。酝酿阶段包括对特征框架进行排序、人物角色的修饰，以及人物角色的验证。普鲁伊特和格鲁丁提出的人物角色法是一种将定量分析与定性分析相结合的研究方法。在创建人物角色之前，需要组建研究团队，并寻找与用户有关的资料。在实施过程中，要先对用户的相关信息进行假设，之后描述与用户相关的事实，再将事实和假设放在一起，使用亲和图法[②]进行归类。根据主要类别创建人物角色的框架，定出最终的人物角色，并对人物角色进行详细描述。

在对用户的相关信息进行假设时，研究团队应当先根据用户目标、用户行为，以及用户可能遇到的问题对用户进行初步分类，以便后续采用亲和图法进行精确归类。之后，将假设内容写在同一种颜色的卡片上并编号。

在描述与用户相关的事实时，可将事实内容写在另一种颜色的卡片上并编号，以便与假设内容有所区分。

制作亲和图时，先按照初步分类的结果，将有关用户的假设内容的卡片和事实内容的卡片进行分类，并将有关联的卡片放在一起，构成一个小组，之后梳理各小组的关系，并调整其中的卡片，进而构成大组。最终确保各小组中卡片的关系是合理的，小组中既有假设内容，又有事实内容。

研究团队可根据假设内容和事实内容进行讨论，进而实施精确归类，构建人物角色的框架。人物角色框架本质上就是表格，用来描述人物角色的特征，内容可包含照片及语句。如表5-3～表5-5所示，分别展示了不同人物角色框架。

---

① SPSS: Statistical Product and Service Solutions，指"统计产品与服务解决方案"软件。
② 亲和图法：亲和图法是一种用于解决问题的方法。在亲和图法中，将收集来的大量的数据资料，按其亲和性（相近程度）进行归纳整理，再对其进行分析讨论，使问题更加明晰，最终确定解决方案。

表 5-3 人物角色框架（一）

个人信息	Jessica，女，24岁。 家庭成员：爸爸、妈妈、男朋友（但没有结婚的打算）。 性格：热情、时尚、快言快语。 座右铭：快乐地工作、幸福地享受生活
就业信息	所属行业：对外贸易。 职位：文秘。 平均月收入：人民币5000元
手机及移动网络 的使用情况	手机使用经验：7年。 移动网络使用经验：4年。 每周上网次数及时间：每天都上网，每天上网的2.5小时
简介	Jessica是公司中的新人，比较关心流行资讯，对时尚信息比较关注。社交是Jessica生活中比较重要的部分，Jessica会花费很多时间用于朋友圈的扩展与维护。Jessica很喜欢使用手机上网，闲暇之余都会使用手机，随时随地享受移动网络带给她的快乐
用户目标	用户使用手机浏览器的目的： • 了解新闻资讯、天气、影视、星座、打折信息、餐饮信息； • 与朋友圈里的人互动，随时写微博，更新QQ心情； • 看在线小说、下载歌曲铃声、搜索信息等
商业目标	我们希望Jessica： • 成为产品的忠实用户； • 订阅产品的付费功能； • 经常活跃于产品论坛； • 向其他人推荐本产品

表 5-4 人物角色框架（二）

姓名：Linda		座右铭：快乐工作、幸福生活
简介：Linda在一家外贸公司担任平面设计师一职，她很注重生活品质，经常下厨，很少点外卖，工作午餐都是自己携带的。Linda热衷于瘦身，她在闲暇之余喜欢研究并尝试各种低热量美食的做法及合理的营养搭配，并喜欢和朋友交流有关美食烹饪的心得		年龄：26岁 家庭成员：父母、男朋友。 性格：活泼、开朗、热情。 爱好：唱歌、旅游、品尝美食
用户目标：Linda希望App可以提供的内容包括推荐日常饮食的营养均衡知识、低热量菜谱、有关美食烹饪的交流和分享	商业目标：我们希望Linda能够成为产品的忠实用户，接受产品的智能推送信息，并向好友推荐产品	所属行业：对外贸易。 职位：平面设计师。 工作地点：厦门。 工作年限：3年。 平均月收入：人民币8000元
手机使用经验：7年，上大学时开始使用手机		

表 5-5　人物角色框架（三）

小王，28岁，毕业于湖南大学，之后一直在湖北的一家公司任职。经过三年的奋斗，小王在事业上小有成就。因为小王的工作非常繁忙，需要经常加班，所以每逢休息日时他很少外出，他更愿意在家休息。因为没有时间逛街购物，他通常会选择网上购物	

小王使用网站的目的：

● 节省时间，可以在线购买商品；

● 商品直接邮寄到家；

● 除了为自己购买商品，也会为家人和朋友购买商品

关注点：

● 网络平台中的商品是否可信。

● 发货是否及时

个人资料：

● 平均月收入：人民币15000元。

● 爱好：喜欢玩电子游戏，偶尔打羽毛球。

● 个性：开朗，活泼，善于与人打交道

网购经验：

● 第一次网购：2018年通过淘宝App买了一件外套。

● 购物频率：每周会购买一两件商品。

● 操作程度：对网购的操作十分熟悉。

● 消费水平：平均月消费额为人民币2000元

　　需要说明的是，人物角色不是一成不变的，随着时间的推移，产品的重点功能可能发生变化，此时的人物角色也要随之更新。如果是一款全新的产品，且产品构成比较简单，那么人物角色往往比较容易创建。我们知道，一款产品会经历启动期、成长期、成熟期和衰退期。由于产品在每个阶段面临的问题有所差别，所以各阶段对应的用户群体也会发生变化，用户的行为目的和行为方式也不尽相同。因此在产品迭代的过程中，需要动态分析人物角色。例如，某些共享单车服务，最初只是面向某几所高校的校园单车共享服务，之后逐步向大多数高校覆盖，最终面向社会开放，在这个过程中，人物角色变得越来越复杂。因此，在产品迭代的过程中，分析人物角色的变化是非常重要的。

　　而在比较复杂的系统中，我们通常可以创建局部的人物角色，用于将系统中的某个人物角色进一步细分。

5.2.2　人物角色的组成元素

　　每个产品在开发之初都会考虑人物角色，进而设计有针对性的功能。一个完整的人物角色主要由以下元素组成：优先级、基本属性（如姓名、照片等）、差异提炼、语录、行业信息、行为描述、用户目标、使用习惯、影响者和影响环境等。如表 5-6 所示为关于人物角的色组成元素的范例。

表 5-6　关于人物角色的组成元素的范例

NO.01（优先级）	王小美，女，38岁，家庭成员还有老公和8岁的儿子	差异提炼：不怕折腾，喜欢冒险
	语录：找一个地方，让我安静地待着，就是给我最大的享受	行业信息：大学教师
行为描述：计划一次去巴厘岛和日惹的旅行，我看到网上的一篇关于巴厘岛和日惹火山的旅行日志，便产生了兴趣，再加上之前有一阵子比较忙，也想趁此机会外出旅行放松一下	用户目标：去巴厘岛、日惹游玩	动机：看了日惹火山的照片，感觉很美，想游览一番
影响者：老公是我旅行的最大的影响者。儿子会好奇地打听当地的特色。一般我们决定去某地之后，儿子就会满心期待。我喜欢选择性价比较高的旅行方案，同时喜欢冒险，没有人去过的地方则更有吸引力，而老公则喜欢轻松、舒服的环境		影响环境：看了网上的一篇关于巴厘岛和日惹火山的旅行日志，对日志中描述的冒险、风景、美食产生了很浓厚的兴趣
使用习惯：关于出行方式，以往选择自由行的次数较多，选择自驾游的次数较少，因为我比较喜欢安静，除非万不得已，否则不会考虑自驾游。我喜欢安排妥帖，因此机票、车票、酒店、租车和游玩项目全部预定完成，我才能放心出游。预订酒店时，我喜欢用Booking、携程、马蜂窝等App；租车时我喜欢使用惠租车App；游玩项目会参考马蜂窝App的推荐，品尝当地的美食通过大众点评App进行搜索。我们在旅行途中拍摄的照片，一般会存储到U盘中，有时会将特别好看的照片打印出来。此外，遇到有趣的事情，我也会写旅行日志记录一下		

下面主要介绍 9 项比较重要的组成元素。

（1）优先级：人物角色描述的对象通常会超过一个，当遇到多个人物角色时，哪个人物角色对产品更重要呢？我们在创建人物角色的时候，就需要对人物角色划分优先级，找出对产品最重要的人物角色并进行定义，本质上就是围绕人物角色与产品的关系，按照重要程度进行排序。

（2）基本属性：基本信息，包括姓名、照片、年龄、受教育程度、专业背景、民族、家庭情况等。基本属性是用户的显性属性。

（3）差异提炼：与产品或服务相关的目标、行为和观点，体现当前人物角色不同于其他人物角色的提炼性短语。

（4）语录：人物角色的经典话语。语录可以是人物角色在行为过程中经历的最难忘、最痛苦、最深刻的情感描述，也可以是他对非常渴望、非常需要的一项服务或功能的描述。语录应表现人物角色的真实情绪，并且能描述其内心的喜好和在意的方面。

（5）行业信息：从事的行业及相关信息。

（6）行为描述：针对人物角色过去或现在进行的某些行为的描述。研究团队应重点收集人物角色在行为过程中的背景、动机、目标、情绪、态度等。行为描述是最重要的组成元素之一，通过行为描述可以准确分析人物角色，对产品设计与开发有很大的帮助。

（7）用户目标：人物角色希望实现的目标。

（8）使用习惯：人物角色在行为过程中所呈现的一些基本习惯。

（9）影响者和影响环境：影响人物角色作出决定和实施行为的关键人物及环境。因为每个人或多或少地会被身边的人、环境或事件所影响，所以分析影响者和影响环境，有助于分析人物角色。

5.2.3　确定人物角色的等级评定

所有设计都需要一个设计目标，目标越具体，越能帮助设计师进行决策，其实，设计一个同时满足 3～4 个人物角色的方案是非常困难的。因此有必要对人物角色进行分类并评定优先级，以确定最重要的人物角色。我们通常将人物角色分为以下 6 类。

（1）首要人物角色。首要人物角色是主要的设计服务对象，它能体现出典型用户的特征。在产品的开发、设计和评估过程中，要考虑首要人物角色的需求与行为模式。对于拥有可视化界面的产品，应确保每个界面只对应一个首要人物角色。某些产品存在多个界面，那么应确保每个界面对应不同的首要人物角色。例如，学校的教务系统至少有三个不同的界面，第一个界面供管理员使用，第二个界面供教职工使用，第三个界面供学生使用，首要人物角色的选择是一个排除过程，如果产品有多个首要人物角色，那么意味着产品的服务范围比较宽泛。

（2）次要人物角色。次要人物角色是对主要人物角色的补充，通常情况下，首要人物角色的需求能够满足次要人物角色的大部分需求。在产品的开发、设计和评估过程中，在次要人物角色和首要人物角色不冲突的情况下，应考虑次要人物角色的需求，并且应确保在满足这些需求的同时还不能削弱产品服务首要人物角色的能力。次要人物角色并非在任何情况下都需要，如果发现次要人物角色超过 3 个，那么应及时调整设计方案，即重点围绕首要人物角色进行设计，再围绕次要人物角色进行设计。

（3）补充人物角色。补充人物角色无须体现典型用户的全部特征。补充人物角色可以有多个，合理设置补充人物角色，能够避免设计过程中的精力与资金的浪费。

（4）顾客人物角色。顾客人物角色主要用于解决顾客的需求。顾客和最终用户是不同的，前者的范畴更广，顾客可以是产品的最终用户（使用者），还可以是产品的购买者而非使用者。通常情况下，顾客人物角色被当作次要人物角色进行处理。

（5）接受服务的人物角色。接受服务的人物角色是一类比较特殊的人物角色，它不同于前面讲过的人物角色。这类人物角色不是产品的最终用户，然而他们会受到产品的影响。例如，一名患者通过医疗设备进行检查，他不是医疗设备的使用者，但是他接受了医疗设备提供的服务，医疗设备真正的使用者是操作设备的医生。如果被服务的人物角色能够提供一种跟踪产品服务的方式，那么这类人物角色也会被当作次要人物角色进行处理。

（6）负面人物角色。负面人物角色体现出与典型用户特征相反的特征。负面人物角色可以帮助设计师发现产品的不足，从而改进产品。负面人物角色不是产品的最终用户，不是设计服务的对象。负面人物角色通常包括行业内的专家等。

下面我们针对 QQ 手机游戏的用户，创建 QQ 安全中心密保产品的人物角色，并进行案例分析，如表 5-7 所示。

表 5-7 QQ 安全中心密保产品的人物角色

 刘芸 女，18岁，中专学历，公司文员	**基础型用户** 用户比例：34.0%（低能力—低意愿） 设计目标：该用户安全意识较弱，网络知识欠缺，无付费行为，安全需求较低，关于 QQ 安全中心的使用方法不太熟悉，需要提供帮助以解决问题 <table><tr><td>关于 Q 币付费的行为</td><td>很少有付费行为，暂未损失过 Q 币</td></tr><tr><td>关于网络游戏的经验</td><td>基本不玩或很少玩，且不付费</td></tr><tr><td>使用情况</td><td>基本没有购买增值服务，安全需求仅停留于账号本身</td></tr><tr><td>网络安全行为</td><td>基本不会尝试不熟悉的操作</td></tr><tr><td>使用行为</td><td>计算机安全知识匮乏，安全意识较弱，需要寻求他人帮助</td></tr></table>
 赵磊： 男，22岁，本科学历，在校学生	**热衷型用户** 用户比例：34.0%（低能力—高意愿） 设计目标：该用户的安全意识一般，热衷于上网但不精通技术，具备一定的网络知识和学习能力，存在付费行为，安全需求较高，当遇到问题时，会访问 QQ 安全中心，其需求比较直接，希望通过 QQ 安全中心解决问题 <table><tr><td>关于 Q 币付费的行为</td><td>存在付费行为，损失过 Q 币</td></tr><tr><td>关于网络游戏的经验</td><td>经常玩手机游戏，在游戏过程中有过经济损失</td></tr><tr><td>使用情况</td><td>购买过增值服务，需要提示才能完成操作，有购买需求，但较为被动</td></tr><tr><td>网络安全行为</td><td>具有一定的安全意识，偶尔会尝试不熟悉的操作</td></tr><tr><td>使用行为</td><td>当遇到问题时，会主动寻找解决办法，并且能够按照提示进行操作</td></tr></table>
 李伟： 男，26岁，本科学历，公司职员	**专家型用户** 用户比例：32%（高能力—高意愿） 设计目标：该用户的安全意识较强，拥有丰富的网络知识，存在付费行为，安全需求较高，当遇到问题时，会访问 QQ 安全中心，遇到问题时能积极想办法解决 <table><tr><td>关于 Q 币付费的行为</td><td>存在付费行为，损失过 Q 币</td></tr><tr><td>关于网络游戏的经验</td><td>经常玩手机游戏，在游戏过程中有过经济损失</td></tr><tr><td>使用情况</td><td>购买过增值服务，能够灵活操作，但要求增值服务的功能比较完善，操作比较便捷</td></tr><tr><td>网络安全行为</td><td>具有较强的安全意识，能够分辨是非，对自己的操作比较有信心</td></tr><tr><td>使用行为</td><td>当遇到问题时，会主动学习，积极寻找解决办法</td></tr></table>

▶ 5.3　场景设计

设计源于生活，设计创造生活，了解生活是设计的第一步。生活是由众多角色和故事组成的。设计的目标既包含产品本身，又包含人与系统的关系，具体来说，就是人与物的关系、人与环境的关系、人与人的关系、人与社会的关系。在特定的时空下，人、物、环境、社会之间的关系影响了我们的生活方式，使我们的生活呈现出丰富的形态。有专家曾指出："我们不应该狭隘地把设计仅仅理解为造物活动，而应该更深层次地理解设计，那么我们就会发现设计其实在叙事、抒情、讲理，并创造了新的生活方式。"因此，设计的使命就是从"描述"一个故事，到"叙述"一个故事，再到"思考"一个故事，在生活的形态中不断迭代优化。

当创建好人物角色后，并不代表它能够立即发挥作用。如果把人物角色比作一个"木偶"，那么这个木偶还不能进行"表演"，因为还没有供它表演的"场景"。人物角色相当于演员，而场景相当于一段故事情节。场景是人物角色与产品进行交互时的理想化的情景。那么，让人物角色感到满意的服务是什么样的？人物角色想实现什么目标？他们会怎么做？这些问题都可以通过场景设计来分析和思考。

5.3.1　场景及场景设计

1. 有关场景的基本概念

场景（Scenarios）的原意为在戏剧和电影中出现的场面。而在交互设计领域中，场景是指对人物角色使用基于软件的产品以实现目标的简明描述。

不同时期的专家对有关场景的概念分别进行了阐述。20 世纪 50 年代，戈夫曼提出拟剧理论，将"行为区域"解释为"所有在某种程度上感觉受到限制的地方"。20 世纪 80 年代，梅罗维茨从戈夫曼的"拟剧理论"延伸出"媒介场景理论"。进入 21 世纪，罗伯特·斯考伯和谢尔·伊斯雷尔提出"场景五力"的概念，"场景五力"是指移动设备、社交媒体、大数据、传感器和定位系统。

按照重要性，场景分为必要场景、边缘场景和日常场景。

（1）必要场景：虽不常用，但必须具备的场景，如错误提示信息、新用户引导信息。

（2）边缘场景：比较极端的场景，如"假设你的 QQ 好友数量超过上限该怎么办？"

（3）日常场景：决定产品成败的关键场景。日常场景是设计团队应重点讨论、设计和实现的核心内容，花费再多的时间、精力、资金都不为过。

必要场景和边缘场景决定了产品是否能用、程序能否正常运行，因此在时间、精力、资金有限的情况下，优先保证产品可用即可。然而，大多数产品只注重了必要场景和边缘场景，而忽略了日常场景。因此，我们可以有针对性地做出一些人性化的、巧妙的设计，从而迎合用户的心理，获得良好的口碑。例如，谷歌浏览器在崩溃的时候出现"哭脸"图案，如图 5-5 所示，这就属于针对日常场景的设计。

图 5-5　谷歌浏览器在崩溃的时候出现"哭脸"图案

2. 场景设计的作用

人物角色拥有具体的目标、态度，他们想做什么？他们喜欢使用什么样的方式？这都需要通过场景设计来配置。场景设计关注人物角色的行为和动机，将故事情节应用到结构性、叙述性的设计方案中，描述了一种解决设计问题的办法。

场景设计的脚本被称为场景剧本，场景剧本使设计团队可以清晰地阐述各种设计思路，而不会削弱创新动力。场景剧本促使设计师更加关注产品的使用效果，从细节上把控产品质量，协调设计方案。如图 5-6 所示，我们可以看到场景设计在整个设计过程中所处的位置，场景设计能够将用户研究和细节设计之间的散落点连接起来，让设计师能够更加明确产品的功能设计。

图 5-6　场景设计在整个设计过程中所处的位置

3. 典型案例

（1）瑞幸咖啡的场景设计。

瑞幸咖啡是一家比较受欢迎的新兴咖啡品牌。近年来，在各种咖啡品牌激烈竞争的环境下，瑞幸咖啡是如何崛起的呢？除了提供品质优良的咖啡饮品，瑞幸咖啡的场景设计也非常有特色，如图 5-7 所示：瑞幸咖啡主打外卖咖啡，顾客即使在店内购买咖啡也需要带走享用。店内安装了制作咖啡的设备，并设置了点餐、取餐的柜台，但很少提供座位。瑞幸咖啡将咖啡当作饮品来售卖，而不像其他咖啡品牌那样，提供了喝咖啡和社交的环境。瑞幸咖啡的目标用户是在写字楼上班的白领，但是诸如星巴克等品牌的目标用户也是在写字楼上班的白领。那么两者之间有什么不同呢？区别在于：它们的目标用户虽然是同一个群体，但它们考虑的场景是完全不同的。具体来说，瑞幸咖啡主要为白领提供了咖啡这种饮品，白领可以在办公室品尝咖啡；而诸如星巴克等品牌为白领提供了社交环境，白领可以边谈论事情边喝咖啡。

（2）摩拜单车。

摩拜单车曾是一家比较受欢迎的共享单车品牌。在进入市场之前，摩拜单车的人物角色就已经设计好了，通过对比人物角色，我们就能理解为什么摩拜单车曾占据了较大的市场份额。相比于某些共享单车品牌将场景确定为校园环境，摩拜单车则把场景确定为城市环境，城市中的众多用户对于品牌、品质、安全性等更加看重。如图 5-8 所示，我们可以发现人物角色对于场景设计非常重要，摩拜单车设计了丰富的场景。

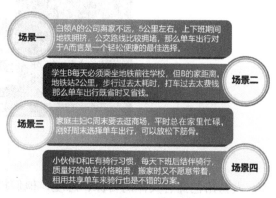

图 5-7 瑞幸咖啡场景设计

图 5-8 人物角色对场景设计非常重要

5.3.2 场景设计的经典元素

1. 场景的类型

场景是交互设计中非常重要的元素。单纯抽象地评价一款产品是否有用是没有价值的，产品必须放在场景中进行考察才有意义。在不同的场景中，人的心理状态会因为物理环境、社会环境的差异而发生变化，进而表现出各种行为。设计移动应用产品时，设计师需要思考在特定时间、特定地点，人物角色在某种场景中遇到了什么问题，而通过产品给出最优解的过程就是解决问题的过程。如图 5-9 所示为基于用户体验设计理念的场景分类。

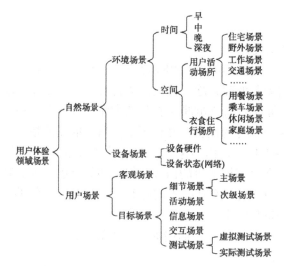

图 5-9 基于用户体验设计理念的场景分类

2. 案例分析

（1）QQ Music 场景分析。腾讯公司出品的 QQ Music，设计师通过场景分析，确定了用户的需求和对应的功能，如表 5-8 所示。

表 5-8　QQ Music 场景分析

场景大类	需求类型	场景	功能
听歌前	主动听歌	从其他渠道听过的歌，想在 QQ Music 中找到	（模糊）搜索：歌曲名、歌手、歌词片段、听歌识曲
		有特定的歌曲偏好（风格、节奏），想在 QQ Music 中收集该类歌曲	核心用户（某音乐细分领域的专业人士）
	被动听歌	注重歌曲的功能性，听歌不是为了单纯地听歌曲，而是为了更专注地做其他事情（如运动、健身、思考、睡眠）	分类场景电台、场景歌单
		想听歌，但是没有明确的目标，也不想去发现，只是为了消磨时间（如走路、看书）	一键听歌、个性化推荐
听歌中	积极型	喜欢正在听的歌曲： A．想获得相关的信息 B．有所感触，参与互动	歌手和歌曲信息展示、评论、分享、演唱、弹幕
	消极型	用户的主要注意力不在听歌上，希望预先设置听歌内容，之后自动播放；不喜欢正在听的歌	自动播放、预先设置

（2）分众传媒公司的电梯广告。我们在乘坐电梯的时候，都有过等电梯的经历，一般等待的时间为 1～2 分钟。过去，很少有人会想到利用这几分钟能做什么事情，但在 21 世纪初，分众传媒公司在全球范围内首创电梯媒体。他们的做法是，在电梯入口处和电梯里悬挂广告屏，让大家在排队时或乘电梯时看广告，如图 5-10 所示。这种做法并没有被大众抗拒，反而收获了良好的宣传效果。为什么大家愿意看电梯入口处和电梯里的广告呢？其原因是分众传媒公司分析了大众在等电梯时的场景，并充分考虑大众在等电梯时可能出现的无聊、焦躁、尴尬等状态，在短暂的等电梯时间里，把以往被动接受的广告变成了主动推广的广告。分众传媒公司成功后，其他公司也想模仿这种做法，在出租车、洗手间、医院候诊室等地方安装广告屏，但大多宣告失败，这是因为上述场景和等电梯的场景有明显差异。可见，场景对于产品的使用效果起到了至关重要的作用。

图 5-10　在电梯入口处和电梯里悬挂广告屏

5.4　人物角色的创建流程

前面介绍了人物角色的相关理论，本节重点介绍人物角色的创建流程。

1. 确定目标用户

确定目标用户非常重要，目标用户具有引导性，可以指引后续的设计方向。在开展设计之前，首先要思考产品是为谁而设计的。将目标用户的需求摆在首要位置，可以帮助设计师缩小研究范围，节约设计成本。因此，我们确定产品的目标用户是为了让产品找到合适的服务对象，使产品体现自身的价值。

2. 研究方向

经过前期的调查研究，我们需要确定基本的研究方向，以便后期的详细调查。为了解用户的需求，我们可以制作调查问卷，通过合理地设置问卷中的题目来发现用户的需求，具体包括明确用户的基本需求，发现用户的隐性需求，排除用户的假性需求。因此，我们也可以将这个阶段称为用户需求定义阶段。

3. 调查研究

调查研究的目的是获取设计所需的相关数据。用数据作为基础，更具有说服力。因此，调查研究在设计过程中是必不可少的一步。通过调查研究发现问题、发现需求。我们所讨论的人物角色也是通过数据分析来创建的，这样的人物角色更具有真实性，更接近现实生活中的人。调查研究的方法有很多种，主要分为定量研究法和定性研究法，它们分别适用于不同的情况。

4. 分析归纳

分析归纳指对调查研究获得的数据进行整理和分析。通过调查研究获得的数据经过整理和分析，可反映出大部分用户所具有的倾向。研究人员可进一步归纳整理，找到规律。分析归纳也有助于用户群体的分类，从而为人物角色的创建奠定基础。

5. 创建角色

创建人物角色要参考用户群体的分类，通常创建 2～4 个人物角色比较合适。为方便设计人员讨论，以及增加人物角色的真实性，一般会为人物角色赋予基本信息，包括姓名、性别、工作、年龄、收入等。通常还会为人物角色选择合适的照片，以便更容易地识别。人物角色是真实用户的虚拟代表，是建立在一系列真实数据之上的目标用户的模型。

6. 场景设计

有了人物角色之后，需要通过创建场景反映人物角色的行为和动机。在同一个场景中，不同人物角色的行为和动机是不同的。场景设计能够让设计师充分挖掘人物角色的需求，特别是潜在需求。

如图 5-11 所示为人物角色的创建流程。在创建人物角色的过程中，我们会遇到各种问题，例如，角色 A 和角色 B 之间的特征接近；漏掉了角色 C 等。因此，在创建人物角色之后，对人物角色进行完善是非常必要的。

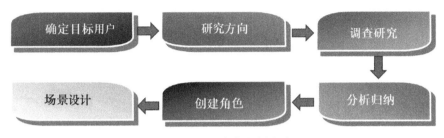

图 5-11　人物角色的创建流程

5.5　习题

1．什么是人物角色，创建人物角色的目的和优势是什么？

2．简要叙述创建人物角色的流程。

3．什么是场景？简要叙述场景在用户研究过程中的作用。

4．创建人物角色有哪些常见的方法？请对比本章介绍的创建人物角色的方法，并分析其特点。你愿意使用哪种方法，为什么？

5．人物角色在产品的设计与开发过程中是一成不变的，这个说法对吗？请简要叙述。

6．参考书中给出的案例，设计一款手机主题应用产品，分析产品的使用场景，并进行场景设计。

第 6 章

信息架构

6.1 信息架构概述

1. 信息的概念

什么是信息？信息（Information）指音信、消息、通信系统传输和处理的对象，泛指人类社会传播的一切内容。"信息之父"香农（Shannon）是这样定义信息的：信息是用来消除随机不确定性的东西。与"知识"不同，信息更加强调人与人之间的沟通，因为有了"沟通"和"传播"，之后才会有"信息"。因此，广义上讲，信息可以包含人与人说话的内容、书本里的文字内容、我们眼睛所能看到的一切内容，以及计算机中的一切内容等。

2. 什么是信息架构

信息架构（Information Architecture）指对某一特定内容里的信息进行统筹、规划、设计、安排等一系列有机处理的想法。它就像某个具体建筑的骨架。而另一个概念——信息结构，就好比建筑的风格，是信息架构的模型。

在路易斯·罗森菲尔德、彼得·莫尔维莱和豪尔赫·阿朗戈共同创作的《信息架构：超越 Web 设计（第 4 版）》一书中，作者从以下几个角度对信息架构进行定义：

（1）共享信息环境的结构化设计。

（2）数字、物理和跨渠道生态系统中的组织、标签、搜索和导航系统的合成。

（3）创建信息产品和体验的艺术及科学，以提供可用性、可寻性和可理解性。

（4）一种新兴的实践性学科群体，目的是把设计和建筑学的原理导入数字领域中。

我们能看到，对信息架构的定义并不能用几个简单的词语来概括，因为这无法保证其通用性，《信息架构：超越 Web 设计（第 4 版）》中的描述让我们从不同的角度认识了信息架构。

沃尔曼在《信息焦虑》一书中也对信息架构有过阐述：通过创建信息架构，从而使人们找到自身所需要的信息，信息架构的应用在未来将越来越广泛。因此，我们可以看出，信息架构能够帮助用户将复杂的事物变得更加明晰、有条理。例如，某计算机制造公司在设计产品时，会考虑其产品是基于客户需求的。那么，设计师就会创建一个信息架构，把现有产品的信息和将来产品的信息统筹规划起来，以满足客户的需求。设计师的构思会在此信息架构中切实地反映出来。

在信息架构中，信息架构文件是统筹安排信息的基础，这些统筹安排主要集中在搭建一套产品或单个产品的信息架构内。除了创建信息架构，实现信息设计也是非常重要的，信息设计指为支持创建信息架构而进行的实际操作活动，包括风格设计、绘图设计、页面设计和工业设计中的信息设计等。

信息设计的目的是将若干信息有机地组织在一起，使用户能够容易地查询所需要的信息。人们在现实生活中经常要将信息按照一定的逻辑关系组织起来。例如，设计网站时，信息设计显得格外重要，网站信息的结构只有与大多数用户的习惯与期望相符，才能方便用户使用，吸引用户经常访问网站。

在很多情况下，人们根据自己的经验和需要对信息进行分类。当然，如果对信息分类的人是这些信息的唯一用户，那么任何便于使用的分类就是最优分类，如对个人计算机上的文件夹所进行的分类。但是在其他情况下，如果设计师在信息分类之后设计出的产品被很多人所应用，如网站界面的设计或软件菜单的设计，那么设计师就应当在信息设计的过程中与用户沟通，以获取用户的期望并进行分析。通常情况下，设计师所掌握的用户习惯会影响产品设计的可用性。

那么，信息架构是如何应用的呢？我们将分别从用户、内容和情景三个方面来介绍，如图 6-1 所示。情景指所有的数字化设计项目都存在于特定的商业或组织环境中，信息架构必须完全与它们的情景吻合；内容则包括文档、应用程序、服务、模式，以及用户需要在系统中使用或查找的元数据。内容是构成应用程序的主要材料；用户指信息架构中该系统的使用者，对设计师而言，了解用户的需求和使用习惯非常重要。

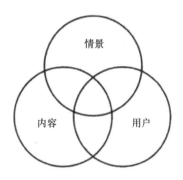

图 6-1　信息架构中的用户、内容和情景三个方面

关于信息架构，我们要注意以下问题：

- 信息架构一般存在于网站或软件系统等信息系统中。
- 信息架构中的大量甚至海量信息，不能像堆垃圾一样散乱堆放，而应该有组织地、有条理地以结构化的方式存储和展现。
- 信息架构是面向用户的，会根据用户的需求设计不同的信息查找入口，为信息进行分类、建立关系、设定标签（对一些特定信息起一些用户熟悉的别名），从而将用户需要的信息展示出来。一般会用到导航、超链接、搜索等方法。

下面介绍信息架构中的一些基本概念。

（1）节点。

节点是信息架构中最基本的单位，节点可以对应任意的信息片段或组合，它就像信息存储的容器，在这个容器里存储的内容可大可小。

（2）结构的分类。

① 层级结构。层级结构也被称为树状结构，是最常用的结构。层级结构中的节点只存

在父子关系，一个父级分出若干子级，子级再分出它的子级，直到将所有信息都包含进来。层级结构有强烈的层次性与归属性。如图 6-2 和图 6-3 所示为两种常见的层级结构。

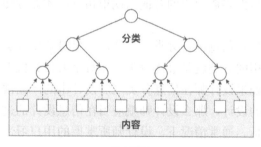

从上到下
从"战略层"（产品目标）出发

图 6-2　从上到下的层级结构

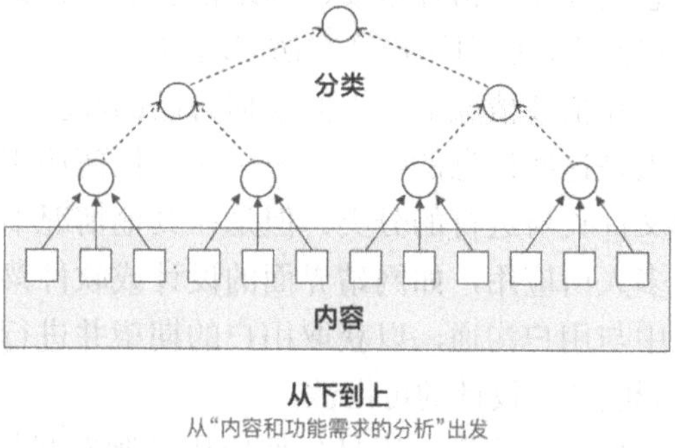

从下到上
从"内容和功能需求的分析"出发

图 6-3　从下到上的层级结构

②　矩阵结构。将信息从多个维度进行分类，便得到了矩阵结构，如图 6-4 所示。例如，用户在淘宝网的搜索页面中看到的筛选后的商品展示结果就属于矩阵结构。

矩阵结构允许用户在节点与节点之间沿两个维度或更多维度进行移动。由于每个用户的需求都可以和矩阵中的一条"轴线"联系在一起，所以矩阵结构通常能帮助那些带着不同需求而来的用户在相同的内容中寻找各自所需的部分。

③　网状结构。网状结构指没有明确从属关系和分类关系，且节点与节点之间为不规则的连接方式的信息结构，如图 6-5 所示。我们所熟知的社交类网站和社交类 App 中用户的关系就属于网状结构。网状结构的特点是非线性、非集权化、互相连接性、互相依赖性和多样性。

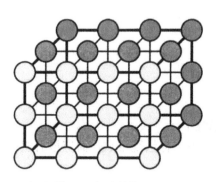

图 6-4　矩阵结构

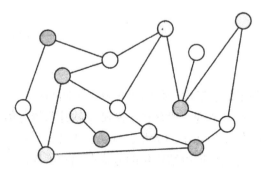

图 6-5　网状结构

在现实生活中，很多信息的分布是杂乱无章且毫无规律的，各部分信息找不到严格意义上的逻辑关系。整个互联网在本质上也属于网状结构，例如，用户访问互联网，在浏览器中打开一个页面，单击超链接后，跳转到其他站点，这种不同站点之间的关系就属于网状结构。

④　线性结构。节点与节点首尾相连，便构成了线性结构，如图 6-6 所示。例如，我们在电商网站进行购物时，通常按照以下流程来操作，即搜索商品→浏览商品→选择商品→下单付款→等待收货→确定收货→评价订单，这种逻辑关系就属于线性结构。线性结构是信息架构中最简单的结构。此外，游戏闯关的逻辑关系也属于线性结构。下面我们举例说

明，如图 6-7 所示为重庆邮电大学 2015 级学生罗宽序设计的游戏《拯救星灵》，这款游戏是一款文字解密游戏，用户必须在每一关完成任务才能持续闯关。

图 6-6　线性结构

图 6-7　重庆邮电大学 2015 级学生罗宽序设计的作品《拯救星灵》

节点的设定非常重要，因为它可能影响自身所属的信息结构。对于互联网产品，层级结构比较常见，而矩阵结构和线性结构多用于产品局部功能和内容的组织。读者在理解了上述内容后，就能从总体上把握产品的信息架构，这样设计出来的产品就不会给以人散乱无序的感觉。

6.2　信息架构的组成系统

杰西·詹姆斯·加勒特在《用户体验要素：以用户为中心的产品设计》一书中将用户体验流程分为五个层次：战略层、范围层、结构层、框架层和表现层，如图 6-8 所示。

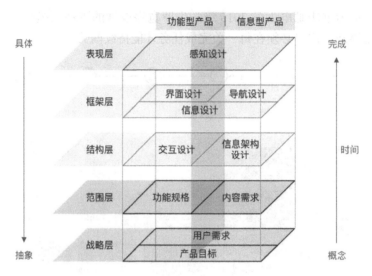

图 6-8　用户体验流程的五个层次

其中，战略层确定了产品目标和用户需求；范围层对内容需求和功能规格进行筛选、分析、分类，以及优先级排序；结构层需要完成交互设计及信息架构设计；框架层需要解决导航设计、界面设计和信息设计；表现层需要完成产品的视觉、触觉、听觉、嗅觉、味觉等感知设计。交互设计师涉及的工作主要集中在结构层、框架层、范围层。而战略层是由公司管理层决定的，表现层是由视觉设计师决定的。

那么，为什么要构建信息架构呢？打个比方，有个投资方，要投资建设一个科技园区，在园区的东边建 10 幢楼，在西边建 20 幢楼……房子挨着房子，这样做是不行的。因为必须得事先规划好，设计好园区的道路，将园区用地进行划分等。规划园区的过程就相当于构建信息架构的过程。信息架构的组成系统包括组织系统、标签系统、导航系统和搜索系统。

1. 组织系统

组织方式：以用户为中心来组织元数据。

对于信息，我们通常都会将其进行分类，因为只有将信息进行分类，才能简化问题，从而更好地理解事物。分类是认知的基本法则，分类的依据和方法在一定程度上影响了我们的价值判断原则。为了让用户更容易地理解产品，浏览需要的信息、完成相应的任务，就必须对产品涉及的所有信息进行组织、分类。组织系统包含两部分，一部分是组织方案，另一部分是组织结构。组织方案定义了内容条目之间的共同特性，而且会影响这些条目的逻辑分组。组织结构定义了内容条目和群组之间的关系类型。组织方案和组织结构都对查找和理解信息的方式有着重要的影响。

（1）组织方案。我们经常会接触到各种类别的组织方案。精确、客观的组织方案将信息分成不同的部分。例如，在字典中检索汉字时，可以按照拼音顺序查找，也可以按照笔画顺序查找。因此，我们可以按照某个标准对信息进行分类，定义各部分的特性。不同的分类方式所依据的逻辑原理是不同的。

① 精确性组织方案。精确性组织方案指用户已经明确需要查找的资源名称后再进行条

目搜索。精确性组织方案可以将信息划分为定义明确的和定义互斥的部分。使用这类方案的用户知道寻找的内容和寻找的方式，整个过程清晰准确，并不模糊。

② 模糊性组织方案。模糊性组织方案依赖的是方案构建的质量，以及条目摆放的位置。模糊性组织方案无法将信息划分为定义明确的部分。由于这种方案具有模糊性，所以不利于设计师开展设计与维护工作。然而，在某些时候，模糊性组织方案会比精确性组织方案更好用。例如，我们在搜索论文关键字时，想了解"人机交互"相关的所有论文信息，那么会用到关键词检索，这就属于模糊性组织方案。这种方案适用于用户不确定要找什么内容的情形。在搜索过程中，用户也在不断学习与思考，提高自我。模糊性组织方案通过有意义的方式将条目组合在一起，来支持这种偶然发现的信息线索。这让我们想到一款比较流行的游戏—密室逃脱。玩家在密室中不断发现线索，这些线索拼凑起来可能是一个有趣或惊悚的故事，而这个故事又能提供新的线索帮助玩家脱离困境。

常见的模糊性组织方案有以下几种：按主题分类、按任务分类、按用户分类、按隐喻分类和混合分类。其中，按主题分类需要在设计之初就定义好主题涵盖的范围，并注意涵盖面的广度。报纸和新闻就是典型的按照主题分类的应用；按任务分类需要将内容和应用程序组织成流程、功能或工作的集合，最典型的应用就是电商网站；按用户分类需要划分不同用户群体的界限，以便提供优质的个性化服务，但这种分类方式的模糊性依然存在，对系统"猜测"的要求很高；按隐喻分类需要让用户通过熟悉的东西来了解新事物。例如，计算机桌面上的应用程序图标、移动端界面中的应用程序图标都属于隐喻设计，用户看到图标的形状，就能猜出该应用程序的基本作用；混合分类指同时应用多种模糊性组织方案的分类方式。例如，在某些网站的搜索界面中同时出现按主题分类和按任务分类，这样有利于用户快速查找内容，如图 6-9 所示为中国知网的搜索界面。

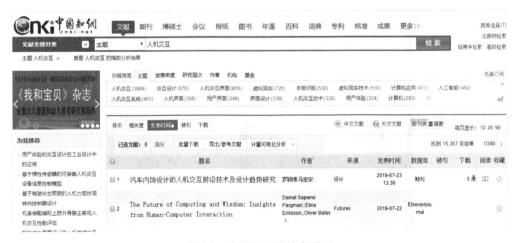

图 6-9　中国知网的搜索界面

（2）组织结构。组织结构反映了内容的组织方式。组织结构主要有自下而上和自上而下两种组织方式。自上而下方式可以理解为在做分解，而自下而上方式可以理解为在做归类。其中，自上而下方式是从战略层出发来考虑内容分类的，将能够实现产品目标和用户需求的所有功能和内容在逻辑层面进行分类。下面举例介绍，如图 6-10 所示，重庆邮电大学 2015 级学生张璐婷设计的这款学习地理知识的 App《地理里》，其导航界面分为"首页""探索""游戏"和"我的",接着向下细分出二级导航和三级导航,这款 App 采用了自上而下的方式实现了内容的分类。

图 6-10　重庆邮电大学 2015 级学生张璐婷设计的学习地理知识的 App《地理里》

自下而上方式是从底层开始设计的,将底层的内容归属到倒数第二层,再将倒数第二层的内容归属到倒数第三层,以此类推。一般情况下,电商类 App 和社交类 App 大多采用自下而上的方式,如图 6-11 所示。在前面章节介绍的卡片分类法就属于自下而上的方式,即将底层的所有标签给目标用户,让目标用户自己归类,从而得出产品的信息架构。在实践过程中,设计师和产品经理需要具备一定的信息筛选、梳理和分类的能力,通过用户测试进一步检验分类后的信息在传递时的有效性。

图 6-11　电商类 App 和社交类 App 大多采用自下而上的方式

好比我们在日常生活中收纳衣服,会根据不同的标准去整理衣服。例如,我们可以根据衣服适用的季节进行分类,也可以根据衣服的颜色进行分类,或者根据衣服的款式进行分类。因此,对应地,我们才会让目标用户参与信息分类,毕竟产品是用于服务用户的,每位用户的分类方式也是因人而异的。此外,还原用户的使用习惯和使用心理也是需要注意的，这样可以为设计师提供有效的信息分类提示，从而更好地构建信息架构。

2. 标签系统

我们利用自上而下方式或自下而上方式确定了产品的组织结构，那么组织结构里的这些节点该如何命名呢？如何按照用户容易接受的方式来命名呢？这就是标签系统要解决的问题。互联网经过几十年的发展，很多特定名称已经被用户普遍接受，因此，认可并遵循这些客观因素是一个非常重要的设计原则。例如，我们在设计 App 的功能按钮或导航标签时，大多会用到"首页""搜索""登录""注册""关于我们"等名称。此外，对于新标签的命名，设计师应积极与目标用户沟通，了解标签的命名方式是否符合他们的心理预期。

常见的标签包括文字标签和图标标签，其中文字标签应用范围更广，常见的文字标签的形式有情境式链接、标题、导航选项和索引。

此外，为确保标签的含义能够表达得更准确，在设计标签的时候，需要注意以下原则：

（1）聚焦网站核心问题：明确网站的目标用户、网站提供的内容、用户的使用方式等问题。简化标签设计，提高沟通效率，使用通俗的语言来描述专业性强的内容。例如，基金类产品中有很多专业术语，这些专业术语对非专业人士而言是很难理解的，所以在设计标签的时候，尽量使用用户容易理解的表述方式。当遇到无法替代的专业术语时，如"认购"和"申购"，则需要为标签做好注释，让用户能加深理解。

（2）设计统一的标签系统：标签系统应统一设计，而不应将标签分散化。这里的统一指风格一致、版式一致、语法一致，粒度①一致，理解性一致等。标签的一致性有助于用户认知产品，并且让用户的学习成本大大降低，从而提高产品的可用性。

3. 导航系统

说到导航，我们会立即想到导航软件。导航软件能够帮我们准确地找到目的地。同样，互联网产品的导航系统也具有指引作用。我们通常将导航系统分为全局导航、区域导航和情景式导航。

（1）全局导航指网站或 App 的每个页面均显示的全局性的导航。无论用户当前访问的是哪个页面，都可以直接通过全局导航进行跳转。全局导航一般常驻在所有界面中，诸如网站的全局导航栏、App 的底部标签栏均属于全局导航。网站或 App 通常只有一个全局导航，但会有其他导航来补充。如图 6-12 所示为苹果官网首页的全局导航。

（2）区域导航作为全局导航的辅助工具，通常用在子栏目中，以满足各区域的连接。如图 6-13 所示为锤子手机官网首页的局部导航。此外，也有很多网站将区域导航整合到全局导航中，如亚马逊。

讲到这里，读者可能产生疑问，某些产品的部分功能也是很重要的，但并没有采用全局导航，比如微信中的朋友圈功能，非常受欢迎，使用频率很高，但为什么该功能采用区域导航呢？

关于这个问题，微信的创始人张小龙有过解释，其基本思想是这样的：微信是一款社交软件，其核心功能是聊天，因此在产品功能层面，聊天界面必然采用全局导航，如图 6-14 所示。而诸如朋友圈、公众号、扫一扫、摇一摇、附近的人、漂流瓶、购物这些功

---

① 粒度指信息块的相对大小或粗糙程度。

能虽然拓展了微信的社交功能，但从用户角度来看，这些功能如果频繁提示用户查看新消息，反而会对用户造成不必要的打扰，特别是随着好友的增多，好友分享的朋友圈动态消息也会增加，而朋友圈中的事情未必都是用户所关心的。同理，公众号中的动态消息未必都是用户想了解的。

图 6-12　苹果官网首页的全局导航

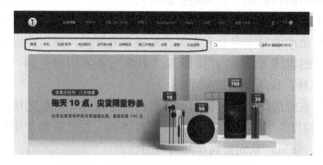

图 6-13　锤子手机官网首页的局部导航

图 6-14　微信的全局导航

　　虽然这样做会造成功能分布不平衡，但是可以突出微信的核心服务，这也是从产品的长远发展规划考虑的。其实，对设计师和开发者而言，并非要对用户有求必应，而应该围绕产品的核心服务而进行合理设计。

　　通过以上案例，我们明白了在构建信息架构的时候要保持架构的主干清晰，枝干适度，即产品的主要功能是架构的主干，需要简单明了，不可轻易变更，应采用全局导航；产品的次要功能起到丰富产品功能的作用，但不可以喧宾夺主，应采用区域导航。

　　（3）情景式导航指由内嵌在产品中的超链接等元素构成的导航。情景式导航能让用户实现内容的跳转。情景式导航分为内联式情景导航和外部情景导航。

　　以上三种导航特点鲜明，只有相互补充，才能更好地发挥作用。

　　此外，网站地图、网站索引、指南、向导和配置器等也具有导航的作用，这些功能设置属于辅助性导航系统。在此基础上，通过个性化定制和功能迁移能够实现高级导航服务，如实现可视化搜索、用户行为数据的挖掘分析、标签云等。

　　4．搜索系统

　　1994 年，杨致远和大卫·费罗创立了雅虎网站。起初，开发者把所有的网站名称和超链接放在一起，供用户查阅使用，但随着网站数量的增加，开发者设立了分类，用户可以利用导航目录来查询网站。

　　随着互联网的飞速发展，新建立的网站越来越多，目录分类已经不能满足用户查询的需求，搜索系统便应运而生。用户只需在搜索框中输入关键词，就可以在搜索结果中寻找想要的内容。

设计搜索系统时需要思考以下几个方面：

（1）关于搜索界面，需要考虑的问题：产品是否需要搜索功能？搜索框应设置在什么位置？搜索界面该如何布局？

（2）关于查询构造器，需要考虑的问题：提升查询效果的方式有哪些？例如，进行词干分析、概念搜索，以及从词典中获得同义词等。

（3）搜索算法用于决定哪些内容可以满足用户的查询需求。搜索算法有很多种，但核心目标都是一样的，即提高平衡查全率和查准率。常用的工具包括拼写检查工具、防止输入错误工具、语音工具、词干搜索工具、自然语言处理工具、受控词表和叙词表等。

（4）搜索区域本质上是网站内容的子集，其索引和内容是分开的。

（5）关于搜索结果，需要考虑的问题：如何进行分类和分级？搜索结果页应如何设计？搜索结果应如何排序？是否需要提供结果页的筛选条件？例如，关于搜索结果的排序，可以按字母排序、按年份排序、按相关性排序、按受欢迎程度排序，按用户和专家的好评程度排序等。此外，对搜索结果也可以提供高级筛选条件，以便进一步筛选结果。

（6）智能推荐功能基于用户浏览记录和大数据技术，提升了产品服务水平。现在大部分电商网站，会根据用户浏览的历史记录，推荐相关的商品，用户在寻找自己所需商品的同时，还可以对感兴趣的推荐商品进行浏览。电商网站的这种措施，一方面起到了推广作用，另一方面为用户提供了人性化的服务。例如，亚马逊会根据用户搜索的图书类别，为用户推荐相关的图书，如图 6-15 所示；新浪微博会根据用户关注的话题与内容，为用户推荐"可能感兴趣的人"，如图 6-16 所示，便于用户扩大交际范围。

图 6-15　亚马逊为用户推荐图书

图 6-16　新浪微博为用户推荐"可能感兴趣的人"

6.3　构建信息架构的方法及流程

构建信息架构的主要流程为研究→策略→设计→实现→管理，如图 6-17 所示。

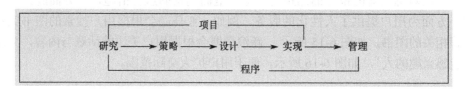

图 6-17　构建信息架构的流程

1. 研究

研究指基于情景、内容、用户而开展的分析活动。前面章节介绍的用户访谈、启发式评估、竞品分析、卡片分类法等均属于研究的范畴。如表 6-1 所示为常用的研究工具和分析方法。

表 6-1　常用的研究工具和分析方法

要　素	研究工具和分析方法			
情景	背景研究	研究会议	与利益相关者进行访谈	技术评估
内容	启发式评估	内容分析	内容映射	标杆法
用户	搜索日志和点击流数据分析	测试用例和人物角色	情景式调查	用户访谈和用户测试

（1）背景研究。从查阅背景材料开始，充分挖掘与产品、用户有关的信息。通过背景研究有利于深入了解用户心智模型。在研究背景的过程中，可以制作演示报告，以便让管理决策者、软件开发人员、交互设计师、视觉设计师、营销人员和管理者都了解产品。演示报告应阐述相关的基本问题，如什么是信息架构？信息架构和其他组件有什么关系？产品设计与研发的各阶段是怎样划分的？最终交付物是什么？此外，通过演示报告能够找出

在产品设计与研发过程中潜在的风险，并促使研究团队在思想上达成一致。

（2）研究会议。研究会议可分为策略小组会议、内容管理会议和信息技术会议。

策略小组会议：设定高层次目标，定义开发任务、设计愿景、目标用户、实施内容和产品功能。

内容管理会议：了解内容的本质和内容管理流程，并明确相关问题，如未来要规划哪些内容和服务？采用什么技术？内容如何更新？涉及哪些法律问题？如何做好版权保护？

信息技术会议：讨论信息架构和技术基础架构之间的关系，建立信任机制。了解现有的和未来的产品技术架构。明确相关问题，如如何利用内容管理系统？是否支持元数据注册机制实现分布式标签？CMS 能否支持文件的自动分类？搜索引擎的灵活性、个性化如何体现？搜索引擎和叙词表如何整合？

（3）与利益相关者进行访谈。和有主见的领导及投资人面谈是商业情景研究中最有价值的部分。请对方回答相关问题，如企业面临哪些关键挑战？如何利用网络发挥企业的优势？企业发展成功的因素有哪些？对现有的信息系统有何评价？如何考虑投资回报率？

（4）技术评估。与开发人员保持沟通，通过分析差距确认商业目标，找出用户需求和现有的产品技术架构之间的缺口，并分析能否通过现存的商业工具来消除差距，充分论证能否将外部工具整合到现有的产品技术架构中来。

（5）启发式评估。采用专家评估的方法来对现有的系统进行检查，提出关键问题和解决方案。应从现有的系统中获得可用的部分，而非全部抛弃、重新开始。例如，专家对现有的网站进行了评估，建议采用索引和网站地图弥补分类的不足。

（6）内容分析。自下而上地收集和分析信息架构中的对象。收集具有代表性的内容样本，找出可用的对象，对象包括文件类型、文件格式、来源、主题、用户、语言等。仔细分析结构化元数据、描述性元数据、管理性元数据，并确认这些对象之间的关系。

（7）内容映射。创建内容映射图，如图 6-18 所示，用于对信息环境进行可视化表达。

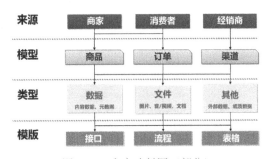

图 6-18　内容映射图（部分）

（8）标杆法。标杆法包括竞争式标杆法和前后式标杆法。竞争式标杆法用于向竞品借鉴有用的信息架构。前后式标杆法用于分析产品在改进前、后的状况以得出投资回报率。

（9）搜索日志和点击流数据分析。分析产品的访问量，通过追踪和分析搜索引擎所获取的搜索内容，研究用户的搜索目标，并构建受控词表，以提升用户体验。此外，还需要从售后及服务部门获得客户的反馈和建议，并定期倾听服务人员的建议。

（10）测试用例和人物角色。合理设置测试用例，精准创建人物角色。

（11）情景式调查。确定网站用户的定义和优先级，这是用户研究的重中之重。具体方法包括问卷调查法等。

（12）用户访谈和用户测试。可以与用户进行面谈，通过提出问题，直接获得用户的回答；也可以采用卡片分类法，在若干卡片上事先写好关键词，让用户看着卡片说出与卡片中关键词相关的内容。

进行用户测试，让用户坐在计算机前，按照规定的时间完成测试任务，并查看用户的完成情况。在测试过程中，记录用户产生疑问或表现犹豫的内容。

2. 策略

信息架构的策略是一种更高层次的框架。信息架构的策略包括：信息架构管理、技术整合、文件类型的识别、元数据字段的定义、导航系统的设计等。优秀的设计师会在设计之初制订信息架构的策略。在研究过程中，通过用户面谈、内容分析、标杆分析、数据分析来调整策略。

开发策略常用的方法是 TACT 四步法，即思考（Think）、表述（Articulate）、沟通（Communicate）、测试（Test），如图 6-19 所示。

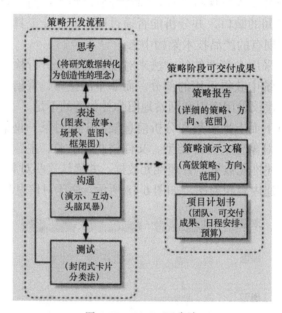

图 6-19　TACT 四步法

（1）在思考阶段，要将研究数据转化为创造性的理念。

（2）在表述阶段，通过图表等方式进行表述。

（3）在沟通阶段，根据策略报告和项目计划书，做好其他沟通活动。

（4）在测试阶段，使用封闭式卡片分类法进行测试。

最终可交付的成果包括策略报告、策略演示文稿和项目计划书。

3. 设计

这里的设计指围绕组织系统、标签系统、导航系统和搜索系统的设计。

关于设计环节，此处主要强调信息架构蓝图的搭建。搭建蓝图的目的是解构组成系统，进一步明确各组件之间的关系，如图 6-20～图 6-22 为信息架构蓝图示例。

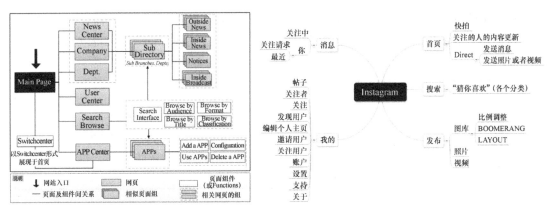

图 6-20　一般网站的信息架构蓝图

图 6-21　Instagram 的信息架构蓝图

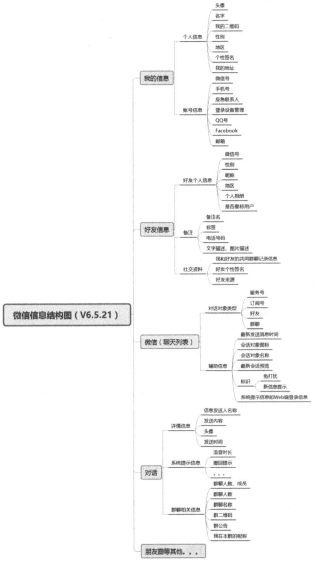

图 6-22　微信的信息架构蓝图

在细化蓝图时，复杂的信息架构蓝图很难在一张图中表现出来，因此需要绘制多张蓝图。如果存在多张蓝图，那么应对蓝图进行编号，并通过表格对照分析，如表 6-2 所示。

表 6-2　信息架构蓝图的对照分析

编　号	页面或区域名称	说　明
P1	首页	首页（main page）
P1.1	标题新闻	首页第一个内容区块
P1.1.1	标题新闻图片展示	第一个内容区块中的第一个区域
……	……	……

4．实现

信息架构的构建需要相关的实现工具，下面简要介绍。

自动分类软件：自动为文件配置元数据，根据分类规则，自动将文件划分到某些类别下。例如，Autonomy IDOL Server、FAST ESP、Vivisimo's Clustering Engine（IBM）。

搜索引擎：提供全文索引和搜索功能。例如，Sorl、Lucene、Google、Endeca、Autonomy。

词表管理工具：用于受控词表和叙词表的开发和管理。例如，Visual Paradigm、MultiTes、Thesaurus Master、Term Tree。

门户或企业知识平台：用于企业门户的整合。例如，微软公司推出的 Sharepoint、IBM 公司推出的 WebShpere Portal、Oracle 公司推出的 Portal。

内容管理软件：用于管理内容的协作、编辑及发布。例如，国外的 CMS、Drupal、WordPress，以及国产的 DedeCMS。

网站分析和跟踪软件：分析并统计网站的访问量，为用户行为分析提供数据支持。例如，国外的 Google Analytics、Adobe Analtyics（原 Omniture）、Clicky Analytics、WebTrends、Church Analytics、KISSmetrics，以及国产的 Web Dissector。

绘图软件：绘制图标、框图及蓝图。例如，Adobe Photoshop、Visio、Mockups、Adobe illustrator、CorelDRAW Graphics Suite、AutoCAD。

原型工具：用于开发原型，建立交互式框架。例如，Axure Pro、Modao、JustInMind、Gui Design Studio。

用户研究软件：支持用户的研究。例如，国外的 MindCanvas、Mcromedia Captivate、Mixpanel、Interact，国内的百度统计、数极客、Growing IO、神策数据。

5．管理

在构建信息架构时，管理决策者要充分听取设计师与开发者的意见，并确定最终决策，各方对信息的理解偏差要及时发现并解决。管理决策者要确定一套清晰明确的、执行度高的规则，以便构建稳定的架构。

接下来我们对构建信息架构的流程进行简单总结。

在构建信息架构的过程中需要注意以下事项，示意图如图 6-23 所示：

• 在建立信息架构之前确定产品目标（战略层）；

• 通过用户研究预测用户对产品可能产生的反应（范围层）；

- 合理运用认知心理学原理验证用户对产品可能产生的反应（结构层）；
- 根据产品信息结构规划导航（框架层）；
- 注意视觉层次在内容的视觉表现中所发挥的重要作用（表现层）。

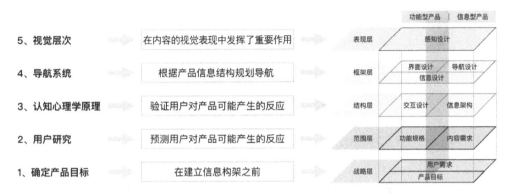

图 6-23　在构建信息架构的过程中需要注意的事项

综上所述，在构建信息架构的过程中，这 5 个关键步骤对应了用户体验的 5 个要素。从上到下来看，表现层是由框架层决定的，框架层建立在结构层基础之上，结构层基于范围层，范围层根据战略层而确定，这等效于从另一个维度将用户体验要素在每一层需要做的事情解释了一遍。需要注意，这些层级不是完全割裂的，如果我们要求每个层级的工作在下一个层级的工作之前完成，那么必然引发不良的效果。相反地，我们应确保任何一个层级中的工作都不能在其下一个层级的工作完成之前而提前结束，这种逻辑关系如图 6-24 所示。总之，我们不能割裂这 5 个层级，它们是相辅相成的。

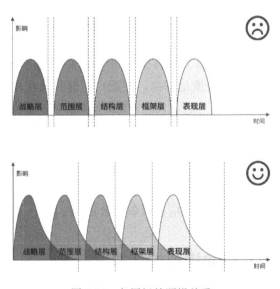

图 6-24　各层级的逻辑关系

信息架构非常复杂、庞大，在构建信息架构时，设计师应当明白信息架构不仅包含在界面中能看到的内容，还包含很多隐藏的内容，这些隐藏的内容发挥了重要的作用，对用户体验有直接的影响，如图 6-25 所示。

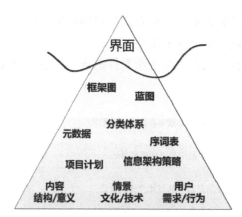

图 6-25　信息架构不仅包含在界面中能看到的内容，还包含很多隐藏的内容

▶ 6.4　构建信息架构的原则

在构建信息架构的过程中，需要注意以下原则。

（1）尽量窄化范围，开发一致的标签系统而非零散的标签。

为什么一致性很重要呢？因为一致性代表了可预测性，当系统可预测时，就便于学习与维护。影响一致性的因素包括风格、版式（字体、字号、颜色等）、语法、粒度、理解难度、用户（如果有必要，那么为每一类用户开发独立的标签系统）。

（2）语义清晰，使用用户能够理解的语言。

（3）主干路径清晰。产品的主要功能相当于产品的"骨骼"，应尽量简单、明了，不可轻易变更，从而避免让用户无所适从。产品的次要功能起到丰富产品功能的作用，不可喧宾夺主。

（4）依据用户场景、功能（内容）、用户的心智模型对产品目标进行分解。

（5）不同功能模块之间的区分度足够高，使用户能够明确在什么场景中使用哪些功能模块；在每个功能模块中，对用户而言，哪些功能模块是单一维度的？哪些功能模块是多维度的？通过维度属性进行功能分类，持续满足用户的期望，当多个功能模块的维度属性一样时，用户会感觉产品的功能体验起来很流畅，不会感觉到有跳跃性。

（6）内容应保持前后一致、紧密性强，并确保前后功能在一条流程线上。例如，同级功能归属于同一个父节点。

（7）对同一个页面中的条目而言，应设置条目数量的上限。

▶ 6.5　概念模型及对概念模型的认知

1. 概念模型

概念模型是对客观实体系统的特征要素、相关信息和变化规律的一种抽象表述，它反映了系统的某些本质属性。概念模型描述了实体系统各要素之间的相互关系，以及系统与环境之间的相互作用。概念模型更深刻、更集中、更普遍地反映了所研究的系统的特征。

（1）概念模型的 3 个特征。

① 概念模型是对实体系统的抽象或模仿。

② 概念模型是由与分析问题相关的因素组成的。

③ 概念模型用来表明这些因素之间的关系。

（2）创建概念模型的意义。

① 对实体系统很难做实验，或者根本不能做实验。

② 在现实中虽然可以做实验，但是利用概念模型更便于理解。

③ 概念模型易于操作，利用概念模型的参数变化来了解现实问题的本质和规律更为经济方便。

从概念模型的特征和意义可以看出，概念模型是对实体系统的抽象，它既反映客观世界又高于客观世界。客观世界所涵盖的范围非常广泛且内容复杂，使用概念模型的目的就在于通过概念模型认识客观世界，并为改造客观世界提供有关的信息。因此在系统分析中，概念模型被广泛地采用。

（3）概念模型的分类。

从不同的角度分析概念模型，可以产生多种分类方法。按照概念模型的形式进行划分，可分为抽象模型和形象模型。按照概念模型中变量的性质进行划分，可分为动态模型和静态模型、连续模型和离散模型、确定性模型和随机性模型等；按照概念模型的规模进行划分，可分为宏观模型、中观模型、微观模型；按照概念模型的用途进行划分，可分为工程模型、科研模型、管理模型等。下面我们重点介绍按照概念模型的形式进行划分。

① 抽象模型：抽象模型没有具体的物理结构，只用数字、字符或运算符号来表示，主要内容包含公式、图形和表格等。具体细分，抽象模型又可分为数字模型、图形模型等。

② 形象模型：形象模型分为模拟模型和实物模型。形象模型是有物理结构的模型，故又被称为物理模型。具体细分，形象模型又可分为模拟模型和实物模型。

2．对概念模型的认知

（1）概念模型所对应的阶段。

普里斯（Preece）认为，交互设计的过程包括以下四个阶段。

① 识别用户需求。

② 开发可供选择的多种设计方案。

③ 构建设计方案的可交互版本。

④ 评估设计。

其中，阶段②又包含概念设计和物理设计。本节所介绍的概念模型就是在这个阶段需要实现的内容。建立概念模型的本质就是根据用户需求对产品进行规划并提出解决方案，所涉及的内容包含用户需要什么，要完成什么任务，采用何种交互方式来满足用户需求。我们应采用用户能够理解的方式描述产品的功能等。

（2）创建概念模型时需要注意的事项。

① 了解用户在执行日常任务时会做什么。

② 选择交互方式，是主动式的提问方式，还是被动式的填表检索方式。

针对交互方式的决策和针对交互形式的决策是不同的。前者是更高层次的抽象，它关心的是要支持的用户活动的本质，而后者关心的是特殊的界面类型。

3. 概念模型建模的一般方法

传统的概念模型的建模方法分为三个步骤，即分析→描述→验证，其中描述又分为结构化描述和对象化描述，各步骤的解析如下。

（1）概念模型分析。建模的第一步就是获得相关的信息，进行概念模型分析。在这一步中，先要确定建模的范围、目标和要求，即确定需要描述什么内容，并达到何种程度；再收集相关领域的知识，寻找知识来源（如专家和权威数据）。

（2）概念模型描述。

① 结构化描述。结构化描述指用结构框架对一类知识进行描述，描述对象包括问题领域中的实体、行为和事务等概念及相关信息，描述结果则是面向领域的结构化概念模型。面向领域的概念模型是专业人员和技术人员相互交流的基础，它支持系统的需求分析，是系统开发初期的重要的阶段性成果。

② 对象化描述。概念模型对象化描述指在结构化描述的基础上对内容进行分析与处理，按照建模的要求将需求表示成符合开发人员理解和使用的形式。对象化描述的核心任务是将事务结构化描述中所定义的实体、过程和实物等概念信息，用对象化的建模规范进行表示。对象化描述的产品是基于系统开发规范的对象化概念模型，它支持系统的逻辑设计。对象化概念模型是系统开发工作中的不同技术人员对需求问题进行一致交流的基础。面向领域的概念模型和面向设计的概念模型都支持重用性。

（3）概念模型验证。概念模型验证是保证和提高概念模型可信度的重要手段，是建模过程中的重点和难点。

【案例】图书馆借阅系统的概念模型设计。

① 人物角色的创建。我们可以围绕图书馆借阅系统的用户来进行人物角色分类。一个完整的图书馆借阅系统的用户包括读者、图书管理员、系统管理员等人物角色。图书馆借阅系统各人物角色的功能需求如图 6-26～图 6-28 所示。

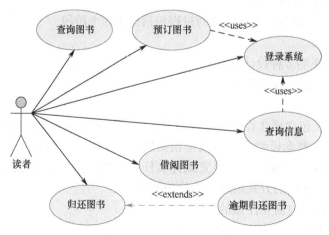

图 6-26　读者的功能需求

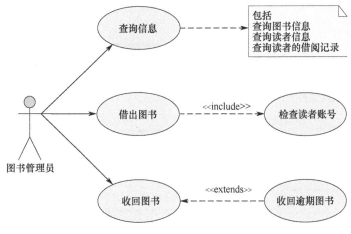

图 6-27　图书管理员的功能需求

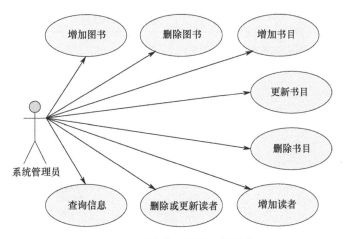

图 6-28　系统管理员的功能需求

②　时序图。时序图又被称为序列图、循序图，是一种 UML（统一建模语言）交互图。它通过描述对象之间发送消息的时间顺序显示多个对象之间的动态协作关系。时序图可以表示用例的行为顺序，当执行一个用例行为时，其中的每条消息对应一个类操作或状态机中引起转换的触发事件。时序图中的元素包括角色、对象、生命线、控制焦点和消息。在图书馆借阅系统的概念模型中，读者借书操作的时序图如图 6-29 所示。

③　协作图。协作图也被称为合作图，也是一种交互图，用于强调发送消息的对象和接收消息的对象之间的组织结构。一张协作图显示了一系列的对象和这些对象之间的关系，以及对象之间发送和接收的消息。对象通常是已命名的或匿名的类的实例，也可以是代表其他事物的实例，如协作、组件和节点。使用协作图可以说明系统的动态情况。在图书馆借阅系统的概念模型中，读者借书操作协作图如图 6-30 所示。

图 6-30 着重显示了读者借书操作中各对象之间的关系，而没有重点强调各步骤的时间顺序。

④　工序约束分析。用户完成任务的步骤又被称为工序，工序的顺序是有逻辑关系的。工序约束分析是最常用的工序分析方法。本案例存在的工序约束如下：

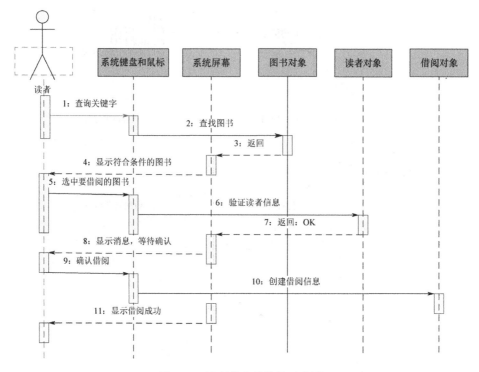

图 6-29 读者借书操作的时序图

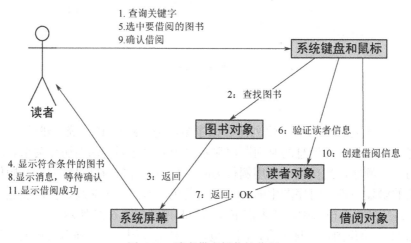

图 6-30 读者借书操作协作图

- 系统管理员必须先增加读者信息，读者才能登录系统。
- 系统管理员必须先增加图书信息，读者才能查询。
- 读者借阅信息生成后，图书管理员才能去书库取书。
- 读者必须先在系统中办理借阅，才能取书。
- 读者必须先借阅图书才能归还图书。

对所有工序进行分析后，就可以用一览表的形式描述系统中的所有用户及其需要完成的任务，如表 6-3 所示。

表 6-3　用户任务一览表

任　　务	读　　者	图书馆管理员	系统管理员
图书信息查询、读者信息查询	√	√	
借阅图书	√	√	
归还图书	√	√	
图书预订	√	√	
增加、删除或更新书目			√
增加、删除图书			√
增加、删除或更新读者信息			√

⑤ 任务金字塔。任务金字塔描述了不同层次任务之间的关系，如图 6-31 所示。任何一个任务都可能包括若干子任务，所有任务共同构成金字塔状的结构。

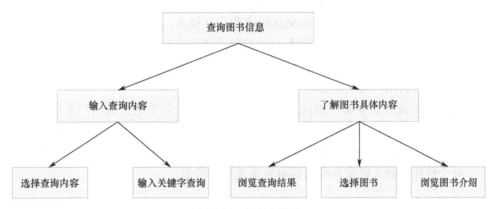

图 6-31　任务金字塔

6.6　习题

1. 什么是信息？请解释说明。
2. 常见的信息架构有几种层级结构？它们有哪些特点？
3. 简要叙述构建信息架构的的流程。
4. 什么是概念模型？概念模型有哪些类型？
5. 概念模型的建模方法有几种？
6. 访问某一网站或 App，结合所学的知识，完成该网站的用户体验报告。

第 7 章

界面设计

7.1 界面设计原则

人机交互界面的发展历程展现了用户操作的变化。第一代人机交互界面—命令行界面，操作员通过键盘输入数据和命令，通过视觉通道获取信息，界面只能输出静态文本字符。第二代人机交互界面——图形用户界面，引入了图标、按钮、滚动条，大大减少了键盘输入操作，提高了交互效率，推动了计算机技术的普及。第三代人机交互界面—多通道用户界面，采用视觉、语音、手势等新的交互通道和交互技术，使得用户能够利用多个通道以自然、并行、协作的方式进行人机对话；通过整合来自多个通道的、精确的或不精确的输入内容来捕捉用户的交互意图，从而提高人机交互的自然性和高效性。可以看到界面发展的趋势会越来越符合用户对"自然"交互的追求。

人机交互界面设计所要解决的问题是如何让交互系统有效地帮助用户实现目标。因此人机交互界面设计的原则就是以用户为中心—用户是首要考虑的因素。开发团队应多关注用户的行为偏好。用户偏好是由用户的主观经验、能力和使用环境决定的。掌握用户的行为偏好，对个性化定制人机交互界面具有非常重要的价值。

7.1.1 从用户角度进行思考

1. 思考方向

界面的英文是 interface，interface 的另一层含义是"接口"，可引申为直接面向用户的门户，即用户与产品对话的窗口。设计师要围绕用户最直观、最表层的感受进行设计，进而迎合用户的认知。

（1）要清楚不同类别的用户在什么样的环境下喜欢哪些视觉元素。例如，宝宝树 App主要服务孕期准妈妈、新手妈妈，在视觉元素上多选用弧形元素和粉色系的柔和色彩搭配，从而对女性在孕期和哺乳期可能存在的焦虑起到缓解的作用，同时提升她们对宝宝的期待和信心。再比如，在 Tom Cat 手机游戏中，也使用了亲切的弧形元素，同时明度和纯度较高的色彩搭配所带来的良好视觉效果，提升了玩家的体验。

（2）要清楚哪些视觉符号有通用含义，以及适用于哪些类别的功能。例如，右箭头有很强烈的"下一步"指向性，如果用"→"表示返回主页就显得不太合理。例如，在支付宝 App 中，通过调整背景色彩能够为用户带来不同的体验，即蓝色能够帮助用户理性思考，绿色能够给用户带来安全感，红色能给用户起到警示作用。从用户的直觉出发来思考功能的设定、界面的设计和布局细节之间的关系，既简单又高效。

2. 思考范围

用户的种类、层次、能力等因素各不相同，审美差异和需求的特殊性必然存在，满足所有用户的需求是不可能的。因此，界面设计要算"最小公倍数"，即在该产品所在的领域中获得大多数用户的认可。以坚果手机为例，该品牌的手机搭载的系统为 Smartisan OS，他们的研发团队在设计桌面图标时提供了多种版面样式供用户选择，但万变不离其宗——这些版面样式仍以网格系统排版为基础，这样做可以迎合更多用户的需求。很多用户发现 iOS 桌面的图标比 Android 桌面的图标排列得更加拥挤，而 Android 桌面的图标不如 iOS 桌面的图标排列得整齐，且 Android 桌面的图标没有统一的边框要求，形状各异。为了既满足用户对桌面规整性的需求，又满足用户对桌面留白空间的需求，坚果手机的研发团队利用分割的独立背景框承载不带边缘的图标，减少单页桌面中图标的数量，并且九宫格的布局也提升了整个桌面的规整性，如图 7-1 所示。

图 7-1　iOS、Android 和 Smartisan OS 桌面布局比较

3. 思考立场

作为产品的使用者，用户希望花最少的时间学习产品的架构和原理，并以最快、最便捷的方式置身于产品内容中，这就要求产品在引导方面注重合理性和科学性，没有其他复杂的干扰因素，使用户能在最短的时间内掌握产品的使用方法。例如，对于商品交易类手机应用，买家和卖家的需求不同，界面设计就有所不同；买家希望货比三家，尽量以低价完成交易；而卖家则想在更短的时间内卖出更多产品，培养更多潜在买主，尽量降低退货率，赚取更多利润等。因此，手机应用针对买家设计一些关于价格比较、商品优选的功能，而针对卖家则设计一些关于主动向买家推送折扣信息的功能。总之，手机应用应以促成交易为目的而不断优化功能，避免使买家用户和卖家用户因为烦琐的操作而放弃使用该手机应用。

产品的设计师与开发人员要注意，不应让用户花费大量时间去深度学习产品交互界面中的操作，因此注册、消费、管理、跟踪等步骤应尽量简洁明晰，从而保证用户在初次使用产品时就能够掌握基本的操作。再比如，企业人员通过内网在企业 OA 系统中进行无纸化办公，原本目标就是高效处理内部事务，如果 OA 系统中的一些页面由于技术问题无法打开，需要用户进行一系列烦琐的操作步骤，使得用户被迫暂停工作，那么这种现象就是背离用户立场的表现。

7.1.2　功能与界面的匹配

设计师要处理好功能与界面的匹配，需要理解两者之间的三个关系，如图 7-2 所示。第一，功能与界面在逻辑上存在层级关系。功能设计应先于界面设计，根据功能的种类和级别布置界面，以"功能存在的必要程度、操作的可实施程度、实现产品与用户交互的有效性"为界面美观的前提。不可本末倒置。第二，功能与界面在外观上呈现显性与隐性的关系。界面直接面向用户，而功能则隐匿于界面背后，界面应让用户快速地理解产品的功能，所有视觉元素都应与其功能对应，否则就会变成没有实用意义的内容。第三，功能与界面在设计要求上存在着交集。尽管两者的概念不同，但是它们构成了有机的系统，并在"一致性"和"信息获取有效性"两个方面高度重合。

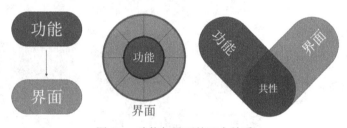

图 7-2　功能与界面的三个关系

（1）"一致性"体现在以下四个方面：

① 界面视觉元素的标准统一、色彩呼应、构成相似。无论是在同一个界面中，还是在不同的界面之间，均应设计一些关联元素，从而时刻提醒用户，所有界面属于一个有机的、完整的系统。

② 功能实现的流程应保持一致、功能所在的位置应保持一致。使用菜单分类和使用板块分类的交互方式应有所区分，切勿产生混淆；用户使用完某项功能后，会以此为依据去推测同类的其他功能的操作流程，因此功能设计需要迎合用户的思考逻辑。

③ 对象的功能应与用户的期待保持一致。用户会根据对现实世界的认识和理解来看待虚拟世界。例如，看到凸起的对象就想去单击，并期待听到短促而有弹性的声音；看到浮动、有阴影且被遮挡的对象就想去移动。如果对象的功能与用户的期待背道而驰，那么将让用户不知所措。

④ 交互设计应与用户的行为惯性保持一致。将用户在日常生活中的自然行为进行选择与提炼，并融入设计中，能够大大提升人机交互操作的亲密感。例如，将手机开、关机的滑动按钮设计为从左到右滑动，符合大多数人的行为习惯；再比如，很多视频播放类 App 推出青少年模式，提醒青少年切勿长时间使用手机，并关闭部分功能，对提供的内容进行了筛选，符合监护人对青少年的监护需求，如图 7-3 所示。

图 7-3 视频播放类 App 的青少年模式

（2）"信息获取的有效性"体现在以下四个方面：

① 便于用户获取信息。信息的装饰程度与信息的传递效果并非是正相关的。装饰程度太高，细节太多，反而会在视觉上增加冗余信息，因此简化视觉元素更有利于接收信息。文字的字号过小则难以辨认，字号过大则产生图形化的特征并弱化信息的传递，因此根据屏幕的尺寸选择适宜的字号非常重要。目前，很多产品使用相对长度单位（em）设计界面，这种单位能够根据产品屏幕的尺寸选择合适的文字字号，使用起来非常方便。

② 信息应在明显的位置进行展示。根据信息的重要性来划分展示位置，一般来说，对角线中心点、黄金分割线等都是视觉敏感位置，可用来展示最希望用户接收到的信息。

③ 信息量不宜过大。界面中的图案太多或颜色种类太多会显得杂乱，文字太多会显得呆板，总之，界面中的信息量太大会让用户感到疲劳。我们应将界面设计为图文并茂的形式，并适当留白，减轻用户的视觉负担。

④ 提供结果优于提供数据。与其把数据交给用户进行分析不如把后台的分析结果呈现给用户。例如，购物类 App 根据用户的消费记录，推测用户的消费习惯，推送"猜你喜欢"等内容，向用户推荐符合需求的产品。

7.2 界面设计前的任务分析

任务分析也被称为"迭代法"，是一种不断使用变量的旧值递推新值的过程。任务分析贯穿产品的开发过程，在界面设计阶段也是非常重要的。正如前文所述，界面是直接面向用户的接口，而任务分析就是对用户与界面进行交互的描绘。

7.2.1 任务分析概述

Courage、Redish 和 Wixon 曾于 2007 年提出任务分析的原则，即理解用户目标、理解用户场景、贯穿整个设计过程、适应阶段性变化。由此可见，对用户的理解占有极其重要的地位，它能帮助开发者深入理解用户在什么场景下产生目标需求、用户有怎样的目标需求、用户希望如何达成目标需求。任务分析分为 5 个阶段，用户始终是每个阶段的核心。

（1）用户调研阶段。过去的设计工作重视市场调研而非关注用户，并且市场调研与设计相分离，市场调研通常由市场人员完成，并非由设计师完成，这样做会造成市场调研与设计的脱节。如今的设计工作，应以用户调研为主，设计师应与用户保持紧密的联系，并以用户为中心进行产品设计。

（2）任务建模阶段。采用多种方法对用户进行区分和排序，挖掘各类用户需求，并且将其映射到所有可能的行为场景中，以确保没有空白的行为场景或重复的人物角色需求。

（3）需求定义阶段。针对商业机会和技术需求进行定义。研究竞品的特点，找出满足用户需求的竞争点。分析竞争对手的技术与方法，有针对性地进行开发、设计和维护，以更低的成本更新与维护产品。

（4）框架定义阶段。通过前三个阶段的结论给出通用的解决方案，以便后续的设计更新迭代。在框架的基础上，具体的任务可转化为界面设计元素，并可被组织为设计草图和行为描述。

（5）优化阶段。对任务流程进行性能优化，查找多余或遗漏的任务流程并进行整理。优化后的最终成果是更详细的设计文档。

任务分析的目标：①理解用户目标。一般的用户目标可以从用户的语言反馈中得到，而一些深层次的用户目标则隐藏在用户的潜意识中，设计师只有汇总并分析用户的所有行为后才能更加明确用户目标。②用户目标并非设计师唯一关注的内容，用户实现目标的过程也是需要关注的内容。设计师要分析用户在实现目标前所采取的步骤。③记录用户在完成任务的过程中所给出的个人体验、社会体验和文化体验，这些体验内容反映了任务所在的环境。④记录用户在实现目标的过程中，外部环境对其产生的影响。

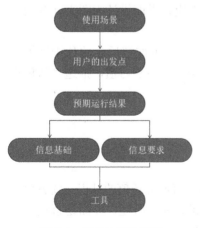

图 7-4 任务分析的流程

7.2.2 任务分析的流程

进行任务分析时，要根据任务的特征确定任务的实施逻辑，任务分析的流程如图 7-4 所示。设计师可以围绕某个任务，对若干用户进行提问，并收集答案进行归类，形成用户的画像、需求场景、故事板。例如，向用户提问，在什么场景下你会接受这项任务？是什么原因促使你开始这项任务？你如何判断已经实现了目标？开始这项任务时，哪些技能、信息、资源是你已经掌握的？实施这项任务时，你必须掌握哪些技能、信息、资源？在实施任务的过程中，你会使用什么工具？用户的答案往往是多样化的且非常具体的，而这正是设计师所需要的。

例如，对于网约车 App，同样是预约用车需求，带儿童的用户、女性用户和普通用户对车主、车型、安全保障、行车时间等需求就有可能不一样。可以看出，用户的出发点有了差异，直接导致预期结果会产生差异。

展开任务分析时，会用到以下工具：决策表、流程图、语句描述、时间列、任务清单。综合使用这些工具，才能帮助设计师做好设计环节。此处以寄、取快递为例，展开任务分析。假设情境：用户需要寄出包裹。用户的包裹经过检查才可寄出；一次寄出 50 个及 50 个以上的快递包裹可以享受批量折扣优惠，除此之外的情况不享受折扣优惠；默认每个包裹的质量不超过 1kg，如果超过 1kg，则超出部分按每千克 10 元收费。

（1）决策表。决策表用于对工作任务中的条件与行动加以区分，将二者进行罗列，根据不同的条件采取不同的行动决策，决策可以设有优先级顺序，最终以表格的形式表现出来，如表 7-1 所示。决策表可以为设计师厘清后续流程图的绘制流程提供详细的根据。

表 7-1　决策表

条件	需要寄快递（默认一个）	Y	Y	Y	Y	N
	需要寄少于 50 个快递包裹	Y	N	Y	N	N
	需要寄 50 个及 50 个以上的快递包裹	Y	Y	N	N	N
	需要取快递	N	N	N	N	N
对策	填写收件人信息	X	X	X	X	
	检查包裹是否符合规定	X	X	X	X	
	称重包裹，计算费用	X	X	X	X	
	提供批发费用	X	X			
	付费	X	X	X	X	
	提供单号	X	X	X	X	
	无					X
Y 表示条件具备；N 表示条件不具备；X 表示采取行动						

（2）流程图。流程图又被称为逻辑树，以流程图来解释整个工作任务的要素与流程，让任务流程一目了然。其中，菱形用于判断，矩形表示具体任务。一项工作任务包含若干子任务，子任务分为非连续性任务和连续性任务，如图 7-5 所示。非连续性任务属于程序性任务，即按照某个程序上的规定去完成一系列彼此独立的子任务，操作顺序不重要。连续性任务要求按照任务本身的运行方式连续操作各子任务，子任务有严格的操作顺序。寄送包裹的流程图如图 7-6 所示。

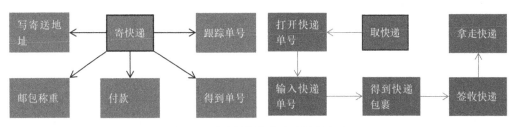

图 7-5　非连续性任务和连续性任务

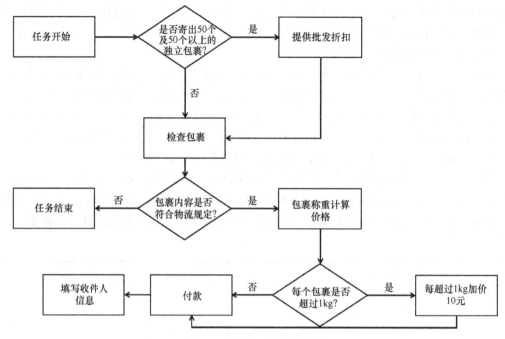

图 7-6　寄送包裹的流程图

（3）语句描述。语句描述用来解释工作任务中的要素、关系及其运作要求。要注意以下几点：第一，尽量使用主动语句，避免使用被动语句，坚持"用户指向行动，行动指向行为目标"的原则。第二，叙述一项任务时，只体现一个目标。第三，使用量化语句可以避免目标被描述得模棱两可。例如，"寄出一件质量低于 1kg 的包裹"就是一句标准的任务描述。语句包含两类：描述性信息——用于说明在完成任务的过程中，实际出现的人与设备、人与人之间的联系和作用，描述性信息是凭借经验就可以观察、计算、测量的信息；分析性信息——分析性信息是从描述信息、履行任务能力的信息与完成的情况分析得出的，如用户完成任务所需的体力、知识、技能等。

（4）时间列。通过时间列，根据完成子任务的时间与子任务的顺序来解释在完成整个任务过程中的各项子任务的重要性与关系。一般花费时间较长的子任务更重要，而重复次数较多的子任务则可以考虑使用提炼批量处理的方法。最终通过汇总计算，确定该任务总共需要花费的时间。时间列如表 7-2 所示。

表 7-2　时间列

事 件 类 别	所用时间（秒）	发 生 次 数
确认是否批发50个及50个以上的包裹（默认为不批发）	5	50
提供批发折扣信息	8	1
检查包裹	20	1
称重计费	15	1
提供邮寄单	10	1
包裹按编号入库待发	60	1

（5）任务清单。最终将活动中的所有任务逐一列出，并将其所要花费的时间，以及相关标准进行标注，这便构成了任务清单。

7.2.3　任务模型的实施

除了收集客观数据，设计师还要置身于用户的角度，从宏观上不断更换场景，推演任务流程，分析用户为了完成任务需要具备的技能和信息，进而判断用户能否顺利完成任务；从微观上将每个目标任务拆分为 4～8 个子任务，画出实施步骤结构图。

实施任务模型是用户为了完成任务所采取的有目的的行为过程。一般来说任务模型包括用户行为动机、行为计划、操作、结果评估。在任务模型中所提出的问题，会从"用户完成任务的兴趣点和期待"逐渐过渡到"用户在何时、何地如何使用这个产品"，再进一步过渡到"在使用产品的过程中，用户如何分解复杂的目标"，进而继续过渡到"用户遇到什么问题并如何解决"，最终过渡到"对整个任务的评价和检查"，这个不断提出问题和解决问题的过程充分体现了以用户为中心的设计思想。任务分析的结果最终将投射到设计中，影响着功能的层级与布局。

7.3　界面设计流程

很多初学者认为，界面设计师仅仅是关注视觉元素创作的美工。其实，界面设计不仅与呈现相关，而且受到行为习惯的制约；界面设计既与感觉相关，又深入人的情感层次。界面设计是构建信息系统的过程，美学、设计学、心理学、语言学、管理学等都发挥着重要的作用，因此界面设计师也被称为信息建筑师。

界面设计流程包括三个阶段：结构设计阶段、交互设计阶段和视觉设计阶段。初学者往往会将后两个阶段的前后顺序混淆，更有甚者把视觉设计阶段放在了最前面，如果有这样的认知，那么设计出来的界面与功能的关联性较差，是站不住脚的。因此，切勿打乱界面设计流程的顺序。

7.3.1　结构设计阶段

明确界面结构的前提是产品各项基础功能的确定。在结构设计阶段中，通过明确各项基础功能来分析用户目标，进而锁定用户群体并对其进行分类。

就某款产品的界面结构而言，通过划分基础功能确定目录；再利用菜单划分页面板块，并对详细内容进行单独展示，即通过层层递进的逻辑关系引导用户操作。

下面以 3 款在线购物应用——"淘宝"App、"必要"App、"毒物"App 为例进行说明。这 3 款在线购物应用的主要功能都是在线交易；用户目标都是达成交易；用户群体从角色上进行划分均包含消费者和商家，因此，针对消费者和商家的界面会有所不同。用户群体从范围上进行划分，可以发现以下现象："淘宝"App 上的商品种类繁多、价格有高有低，能够满足比较广泛的用户需求；"必要"App 则对商品品牌进行了限制，只让品牌商品进入，以工厂价格进行售卖，可选种类虽然相对较少，但服务的对象是需要品牌商品且希望商品性价比较高的用户。而"毒物"App 则走小众路线，其口号是"商品无门户之见"，对商品的渠道来源不进行限制，服务对象主要为男性，售卖个性化商品。

针对不同的用户群体，产品功能和界面结构的设定是有区别的。

例如，"淘宝"App 的界面体现了以下优势：展示海量的商品种类、增值应用的接口，以及对用户消费数据分析后产生的产品推荐、广告、相关新闻等。可见，"淘宝"App 提供了丰富的功能，充分体现了"卖场"的特征。

"必要"App 的界面与"淘宝"App 的界面有类似的地方，但也有独特之处。"必要"App 注重体现商品的品质、性价比，突出精选推荐，通常要求商家使用高质量的广告图片，并为商品提供更多展示空间。"必要"App 的界面结构密度相对较小，配色简洁不花哨，界面以紫色为主色调，显得高贵、优雅。值得一提的是，"必要"App 提供了"定制频道"，为部分用户提供个性化的定制服务。

"毒物"App 试图开拓男性奢侈品的线上市场。与前两者不同，"毒物"App 以其宽松的界面结构、高清的广告图片、黑色的主色调、三角形的符号元素，体现了独特的风格。

3 款在线购物应用的欢迎界面如图 7-7 所示，3 款在线购物应用的主页如图 7-8 所示，3 款在线购物应用的用户设置页面如图 7-9 所示。

图 7-7　3 款在线购物应用的欢迎界面

在结构设计阶段，产品通常呈现为低保真原型或中保真原型，并用文字对该原型的相应功能、视觉效果、配色方案，以及对用户反应的预期等进行说明。通常情况下，将上述信息先提供给开发者，开发者判断该原型能否实现，确认原型可实现后，开展一系列测试工作，并将反馈意见反馈给设计师，设计师进行反复修改，直到产品的功能和界面结构完全对应，设计工作则进入下一阶段。

图 7-8　3 款在线购物应用的主页

图 7-9　3 款在线购物应用的用户设置页面

7.3.2　交互设计阶段

在交互设计阶段，产品与用户之间的关系从静态关系变为动态关系，产品对用户的行为会有相应的反馈。产品的基本功能必须通过人机交互来实现，因此交互设计体现着设计师与开发者对用户的理解。交互设计的本质是构建人机对话的桥梁。

1. 让用户感觉到能够"控制局面"

此"控制"并非指开发者在程序设计方面的"控制",这里的"控制"主要指产品按照个人喜好和行为习惯进行布局,便于用户进行控制。这一特征主要在专业设计类软件上有所体现。例如,Autodesk 3DS MAX 是一款专业的三维建模、动画制作软件,可以实现几何体建模、贴图与材质的创建、灯光布局、角色骨骼绑定、控制器约束、效果渲染等功能,并提供了其他大型软件和小插件的接口,软件功能非常强大。因此,为方便用户使用,软件安装成功后,用户第一次启动软件即可在欢迎界面中选择需要的功能并进行设置,包含界面颜色的选择、面板的显示或隐藏、面板位置的设置等。再比如,网页开发软件 Adobe Dreamweaver CC 针对设计师和开发者分别提供了"标准"和"开发人员"两种操作界面类型,如图 7-10 所示。"标准"界面满足了设计师的需求,既能让对象可视化,又能将可视化对象的代码展现出来。在"标准"界面中,以设计面板为主的所有面板都靠右摆放,方便设计师以较短的鼠标移动距离对可视化对象进行操作;"开发人员"界面仅提供对象的代码窗口,以文件面板为主的所有面板靠左摆放,方便开发人员对文件的逻辑进行梳理。

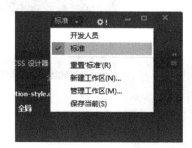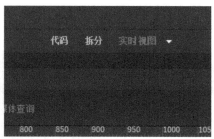

图 7-10　Adobe Dreamweaver CC 提供的不同操作界面类型

以"毒物"App 为例,用户首次使用该 App 时需要选择感兴趣的内容,如酒水、美食、玩物、衣鞋等。App 基于用户的选择来进一步推测用户的消费喜好,从而有针对性地设定交互界面,推送产品和服务信息。这种设计方式能够满足不同类型用户的需求,体现了对用户的尊重,能够陪伴用户共同成长,获得更多用户的认可。具体而言,这种设计方式有以下优势:其一,用户在熟悉的界面中进行操作,能够提高操作效率;其二,将"把控感"还给了用户,让他们享受个性化的定制服务;其三,有利于开发者对用户数据进行管理和分析。

2. 使用图标和分类提示替代文字

图标是对现实世界的模拟,使用图标能够减少用户的识别压力和记忆压力。图标与现实生活中的实物应保持外观一致,但图标需要去除实物的某些细节,形成通用、精炼、简洁、直观的符号,才能具备有效的识别度,以减少用户对符号的反应时间,如图 7-11 所示。

分类提示需要利用某种属性体现"分类"的意义,如颜色分类(见图 7-12)、形状分类、位置分类(见图 7-13)、卡片分类等,从而帮助用户建立界面的逻辑关系。此外,可与鼠标动作或触屏动作关联,通过子菜单或提示信息,帮助用户分散记忆压力。

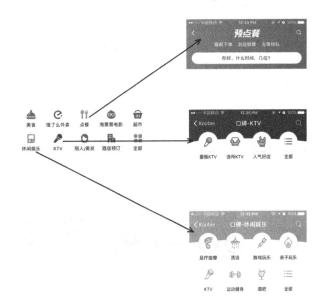

图 7-11　图标与现实生活中的实物　　　图 7-12　颜色分类（"点餐"图标为橙色，"KTV"图标
　　　　　　　　　　　　　　　　　　　　　　　　为蓝色，"休闲娱乐"图标为黄色）[①]

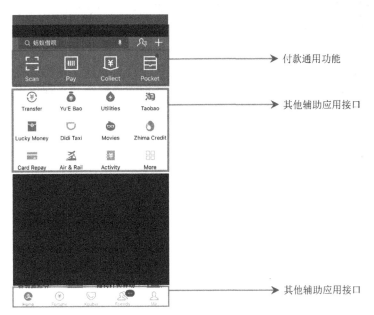

图 7-13　位置分类

3．避免出现"门口效应"

　　在日常生活中，人们在处理一个事件的时候难免会被另一事件打断，当回到被打断的事件时，人们常常会自问"刚刚我在说（做）什么？"这便是门口效应（Doorway Effect），当我们的大脑面临内外环境的突然改变，可能反应不过来。在交互设计中，要避免出现"门口效应"。通过一些提示信息，使用户能够衔接之前的事件。这样的设计如今已经比较

---

① 本书为单色印刷，请读者在 App 中查看图标的颜色。

常见。例如，在 Microsoft Word 中，当文档被意外关闭时，Microsoft Word 会启动自动存储功能；当用户编辑、保存，并主动关闭文档后，若再次打开文档，则会出现上一次离开位置的提示信息，如图 7-14 左侧子图所示，这样便于用户继续编辑文档；视频播放软件会记录用户观看视频的进度，使得用户再次播放该视频时自动从上次视频结束的位置开始播放，如图 7-14 右侧子图所示。

交互设计应顺应用户的操作习惯，及时给出提示信息和操作记录，能帮助用户减少时间消耗，避免出现"门口效应"。合理的跳转、退出、返回等逻辑设计，能让用户在操作过程中进退自如。

图 7-14　通过一些提示信息，使用户能够衔接之前的事件

4. 使用用户语言而非技术语言进行交互

使用用户语言而非技术语言进行交互，这是许多开发者容易忽略的方面，他们往往认为最重要的事情是将信息准确地传递给用户，却未能意识到如果用语太专业也将影响用户的使用体验。如图 7-15 所示，以网络中断的提示为例，一部分用户无法理解"服务器""页面请求""404"等专业词汇，不知道下一步将如何操作；而右侧的两幅子图使用了用户能够理解的语言，告知用户网络中断的状况，并提供了操作建议、情感安慰，甚至还不忘打趣一下用户，通过适度幽默，使得用户更容易接受现实，舒缓其心理压力。虽然说图 7-15 中的三幅子图描述了完全相同的事实，但留给用户的映像是截然不同的。

图 7-15　网络中断的提示

5. 重视微妙的用户心理活动和情感变化

当出现长时间的等待、输入涉密信息、错误操作、任务被迫中断等情况时，用户的情绪会有显著的变化，不耐烦、焦虑、不安、震惊等情绪可能导致用户瞬间降低对产品的兴趣，甚至失去对该产品的信任。设计师要重视微妙的用户心理活动和情感变化，从而通过文字或图片及时转移用户的注意力，消除用户的不良情绪。

7.3.3　视觉设计阶段

结构设计阶段和交互设计阶段为用户心理模型的构建打下了基础，之后便进入视觉设计阶段，开始设计视觉元素。根据前两个阶段确定的功能架构和影响交互设计的各种因素，如图片的配置、文字的类型、图文的排版、留白的比例和位置、页面元素的逻辑、色彩的搭配、线条的选择、功能的密度、动画效果、视口设置（网页）等。这些因素直接面向用户，进而影响用户是否愿意与产品进行交互操作。

1. 图片的配置

（1）图片要兼具质量与刷新速度。例如，App 连接网络时，使用高清图片固然是比较理想的，但图片的刷新速度会受到网络的影响，如果图片的加载时间较长，那么用户将被迫等待，势必降低用户体验。因此，我们可以针对不同尺寸的屏幕，采用质量良好、分辨率适宜、所占空间较小的图片，使得在不同尺寸的屏幕上分别获得最佳的显示效果。

（2）图片的选择和图标的设计需要针对平台而定。无论是用于装饰 App 的背景图片，还是 App 中的内容图片，都要具备独立的形式美和内容美，要考虑的因素包括比例、光影、色调、对比度，以及内容在世界观、道德观、价值观上的正面意义；此外，图片在形式和内容上要与 App 的整体风格比较搭配。下面举例说明，如图 7-16 所示为"毒物"App、"淘宝"App、"必要"App 的"箱包"图片。在产品图片的选择上，"毒物"App 通常使用以白色为背景的且只呈现一件商品的图片，这一点与一些世界顶级奢侈品官网的产品图片呈现方式非常相似，意味着"越好的东西越不需要渲染"，以凸显其产品的品质；"淘宝"App 因聚集众多商家，对图片的质量和内容没有严格要求；"必要"App 的图片呈现方式则介于两者之间。三款 App 对图片的选择符合各自的定位。

图 7-16 "毒物"App、"淘宝"App、"必要"App 的"箱包"图片

再将"毒物"App、"淘宝"App、"必要"App 的登录页面的底图进行比较，如图 7-17 所示。"毒物"App 采用硬朗的风格，将低视觉密度的图片作为登录页面的底图，在登录页面下方的显著位置设置登录按钮，体现了强烈的个性化色彩。"淘宝"App 采用简洁的风格，

登录页面没有底图，登录功能直观易懂。"必要" App 采用优雅的风格，将带有圆形底纹的图片作为登录页面的底图，页面下方是各类功能按钮，排列井然有序。"毒物" App 和 "必要" App 的设计方式有意引导了用户的操作节奏，让他们多多留意登录界面的底图和排版。"淘宝" App 则直接省掉登录界面的底图，仅仅提供登录功能，符合快节奏的消费理念。

图 7-17 "毒物" App、"淘宝" App、"必要" App 的登录页面底图的比较

2. 文字的类型

（1）根据字体排印学中的描述，文字的字体被分为两大类，即无衬线字体和有衬线字体，如图 7-18 所示。衬线指字母结构笔画之外的装饰性笔画。古代雕刻工匠使用方头笔书写时，在笔画的起笔处和收尾处会出现毛糙感，为了避免出现这种现象，工匠们便在笔画的起笔处、收尾处、转角处增加收尾笔画，于是形成了衬线。从历史的角度来看，有衬线字体比无衬线字体的装饰性更强烈、字体细节更显著，并且有古典韵味；相反，无衬线字体显得更简洁、直接。

不同的字体所适用的场合也不尽相同，有的字体适用于公文和通知，如宋体、仿宋等；有的字体用于表现个性化特征，如隶书、楷体等，如图 7-19 所示。

隶书

无衬线字体　San-serif　华文行楷

有衬线字体　Serif　CommercialScript BT

图 7-18　无衬线字体和有衬线字体 　　　图 7-19　用于强调个性化特征

（2）文字的字号大小与文字的识别度也有一定的关系。当文字的字号太小时，文字不容易被用户识别；当文字的字号为 14px、16px、18px 时，比较适合用户快速阅读，此时的文字具有较高的识别度；当文字的字号太大时，文字的图形属性较强，识别度也会降低。在 App 中设计文字的字号时，不能想当然地选择字号，而要通过该文字的用途来确定字号。例如，系统文字和用于装饰背景的文字，它们的字号就有显著的区别，如图 7-20 所示。

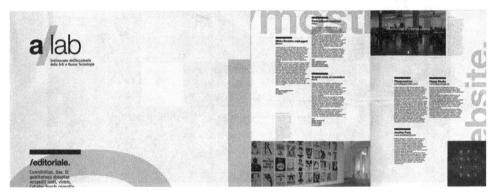

图 7-20　字号的区别

3．留白的比例和位置

（1）留白不仅能够辅助内容进行分类显示，而且能够参与构图。留白的比例和位置均影响用户的视觉舒适程度。例如，如图 7-21 所示，二十四节气网页使用了环绕式的大面积留白，这样做能够突出主题，降低信息密度和功能密度，减轻视觉负担，实现简洁美观的效果。

图 7-21　二十四节气网页

如图 7-22 所示，Windows 10 开始菜单使用了纵向和横向的间隔留白。通常情况下，当功能区域较多时，留白间隙需要根据功能分类进行处理，以便实现更清晰的分区效果。我们可以看到在图 7-22 中，Windows 10 开始菜单将功能区分为了两个区域，即 Life at a glance 和 Play and explore，两个区域之间的间隙宽度与各区域中每个功能按钮之间的间隙宽度有着显著的区别,这样就能清晰地区分两个区域及各区域中的功能。

图 7-22　Windows 10 开始菜单的纵向和横向间隔留白

如图 7-23 所示,卡片式留白的信息密度和功能密度较高,但会增加用户的视觉负担。

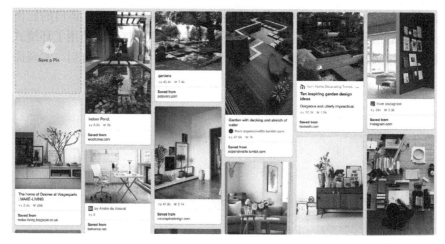

图 7-23　卡片式留白

4. 页面元素的逻辑

设计页面元素时,需要考虑人的视觉习惯和手部行为习惯。按照从左到右、从上到下的观看顺序,通常将最想让用户看到的内容或功能安排在页面的左侧或上方,有时也将其安排在页面的中心位置。如图 7-24 所示为 360 杀毒软件的设计原型,因为"电脑体检"是使用频率最高的功能,所以被安排在页面的左侧。

不同的逻辑层级应该有不同的表现形式,同理,相同的逻辑层级应使用同一种表现形式,以便更好地提示用户按流程进行操作。例如,对于新闻类 App,刷新当前页面通常使用下拉操作,而切换栏目则使用侧滑操作。

图 7-24　360 杀毒软件的设计原型

5．色彩的搭配

（1）主色彩决定整体风格。App 中占据比例较大的色彩会决定该 App 的整体风格，App 通常会根据主要用户的特征来确定主色彩。例如，宝宝树 App 主要服务母亲用户，因此采用粉色；毒物 App 主要服务男性用户，因此采用黑色；淘宝 App 主要服务购物用户，因此采用橙色。

（2）色彩的种类应和功能的种类相对应，即通过色彩区分功能模块，如图 7-25 所示。控制色彩的种类，让每种色彩都对应一种功能，或者以不同的色彩区分不同层级的页面，从而使各项功能、各层级的页面更有逻辑性和条理性。

图 7-25　通过色彩区分功能模块

（3）色彩纯度决定页面的视觉噪声。色彩的纯度越高，页面中不同色彩的对比程度越强烈，用户越容易产生视觉疲劳，因此要合理设置色彩纯度，从而避免用户产生视觉疲劳。根据 App 想要表达的主题，可以采用"临近色对比"的方式进行保守设计，或者采用"相反色对比"的方式进行大胆设计。

6．线条的选择

线条的对比如图 7-26 所示。标准的弧线能够体现感性、优雅、充满活力等特征。如果弧线被压缩或产生缺口，那么弧线可能显得"软弱无力"。水平线和垂直线常用于页面分区和构图，当它们被用作装饰线条时，能够体现理性等特征。45°斜直线不仅能够体现充满活力的特征，而且能够体现理性的特征，看上去既有规范性又不显得呆板。其他角度的斜直线则显得比较随意，可能产生一些跳跃感或节奏感。例如，设计 Logo 时，要对斜直线的倾斜角度进行修正，如图 7-27 所示。而随机线条则没有规范性，能够体现自由奔放等特征；如果在页面中大量使用随机线条，那么页面可能显得比较凌乱，因此随机线条多用于局部装饰。

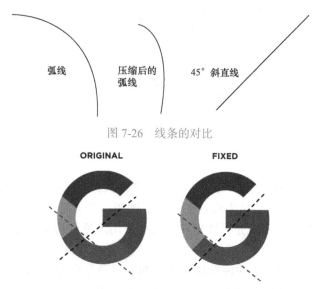

图 7-26　线条的对比

图 7-27　设计 Logo 时斜直线倾斜角度修正前后的对比效果

7. 功能的密度

界面所展现的功能并非数量越多越受欢迎。精炼、简洁的界面更容易突出重点功能。如图 7-28 所示，最让用户有交互欲望的是最简约的界面布局，若界面所展示的功能太多，则会加重用户的记忆负担。不分重点地将功能进行堆砌还会造成布局的浪费，用户甚至可能因操作不便，对产品失去信任。尤其在智能手机上，如果屏幕尺寸小，功能密度大，那么会导致产品的可用性大大降低。此外，要掌握好界面中功能的边框装饰与功能密度的关系，最终目的是让用户体会到均衡美观、松紧适度的舒适感。

8. 动画效果

（1）动画效果应符合用户的预期。如果用户通过某种行为触发了一段与自己的预期毫无关联的动画，那么用户的行为和动画就未能产生最优的因果关系，进而影响用户体验。例如，使用手机的语音识别功能时，界面中应出现模拟声波的动画，用于表现手机正在"聆听"指令，倘若将界面中的动画换成小球弹跳的动画，那么动画的意义将表达不明确，进而让用户感到困惑。

（2）动画效果应结合视觉、听觉和触觉。在经典的动画基本准则中，挤压和拉伸、慢进慢出等都是模拟真实物理环境中的关键因素，它们被广泛地使用在交互动画中，用户会自然而然地为它们脑补音效和触感。既然如此，不妨为交互动画设置符合用户预期的音效和触感，使得交互操作更有趣味性。例如，腾讯 QQ 的"戳一戳"功能，通过画面的抖动、弹性的音效，以及手机的震动，生动地体现了"提醒"这一功能。

图 7-28　不同的功能密度

（3）动画比图片和文字具有更好的引导性。人眼对动态物体的高敏感度是由生物特性决定的，因此我们可以利用动画效果来发散用户的思维，使用户的思维不仅仅停留于图片和文字上。例如，当 App 的界面被更新或新增了某项功能后，通过动画效果能够更清晰地展现出来。

9．视口设置

（1）视口的概念和用途。在网站开发中，视口是 html 元素的父级。在 CSS 文档中，视口被称为初始包含块。它是块级元素百分比计算的根源，为 CSS 布局限制了最大宽度。在 PC 端的浏览器中，视口的宽度和浏览器窗口的宽度一致，html 元素与 body 元素的宽度和浏览器窗口的宽度一致。然而，在移动端的浏览器中，让视口的宽度与浏览器的宽度保持一致，就会缩小网站的显示界面，因为移动端的浏览器宽度的范围是 240～640 像素，而为 PC 端设计的网站，其宽度通常为 1080 像素甚至更高，所以在小尺寸的视口中浏览大尺寸的网站，图文都会缩小，可读性和可操作性都会降低，故开发者必须设置视口。

（2）视口类型。视口可以分为以下类型：布局视口（Layout Viewport）、视觉视口（Visual Viewport）和理想视口（Ideal Viewport）。布局视口是移动端中与浏览器宽度无关的视口，CSS 的布局受制于布局视口，并根据布局视口计算显示效果；视觉视口是用户通过移动端的浏览器看到的网站的区域，用户可对视觉视口进行缩放，但缩放操作并不影响布局视口的宽度；理想视口指显示在视口中的网站无须缩放就能够以最理想的宽度进行显示的视口。由于移动端设备种类繁多，屏幕宽度差异大，因此当用户在移动端的浏览器中浏览网站时，最希望看到的就是理想视口。代码 <meta name="viewport" content="width=device-width"/> 可以告诉浏览器让布局视口的宽度（width）通过设备视口宽度（理想视口宽度）赋值，让两者保持一致，这样得到的视口即理想视口。如果不写这行代码，那么布局视口将保持默认宽度。

（3）分辨率的概念和种类。分辨率可分为物理分辨率和逻辑分辨率。物理分辨率即标准分辨率，是指 LED 显示屏显示的图像原始分辨率，也被称为真实分辨率。在 LED 显示屏上，通过网格来划分液晶体，一个液晶体为一个像素点。物理分辨率是显示屏的固有参数，不可调节。逻辑分辨率是通过算法得出的分辨率，用于表示眼睛感知的实际尺寸。逻辑分辨率基于计算机控制的坐标系统和虚拟像素，由系统算法得出。设计师在 CSS 层叠样式表中通常使用逻辑分辨率。如果不使用逻辑分辨率，当在不同物理分辨率的屏幕上显示界面元素时，就会导致界面元素在低密度屏幕上看起来很大，而在高密度屏幕上看起来很小，这为布局设计和界面的可用性带来了严重的问题。为此，引入设备像素比的概念来关联物理分辨率和逻辑分辨率。

（4）视口设置的目标是让多样化的移动端设备不影响内容的显示，以保证用户能够稳定地使用设备，并获得良好的用户体验。例如，让理想视口的尺寸随着屏幕的旋转而改变。这就会用到 <meta> 标签，该标签能够让布局视口的尺寸和理想视口的尺寸相互匹配，代码为 <meta name="viewport" content = "name= value,initial-scale=1 ">。当"initial-scale"的值为 1 时，便达到预期效果。

7.4 习题

1．请简要叙述界面设计的一般原则。

2．视觉元素的设计有哪些方面？请简要叙述，并举例说明。

3．界面设计的"一致性"体现在哪几个方面？请简要叙述。

4．请描述界面设计前任务分析的主要内容？

第 8 章

信息可视化与大数据应用

在介绍本章内容之前，我们先来快速回顾一下有关信息可视化的内容，诸如上课时教师放映的 PPT、网上的各类新闻及其数据配图，以及书中的各类图表等，这些内容都有一个共同点，就是用数据来讲"故事"，能够让人一眼就看明白。这些"故事"甚至还会激发你的思维，进而迸发更多想法。信息可视化内容的最终目的就是通过"故事"让用户明白数据背后的意义。本章将重点介绍信息可视化与大数据应用的相关内容。

8.1 信息可视化发展简史

17 世纪，笛卡尔提出了解析几何和坐标系的概念，在两个或三个维度上进行数据分析。与此同时，关于概率论和人口统计学的研究也开始出现。这些早期的探索，开启了信息可视化的大门，数据的收集、整理和绘制走上了系统性的发展道路。可视化在发展过程中，从图表萌芽阶段起，经历了物理测量阶段、图形符号阶段、现代启蒙阶段、多维信息的可视化编码阶段、多维统计图形阶段、交互可视化阶段、可视分析学阶段等，已日趋完善。下面介绍部分阶段中的典型案例。

物理测量阶段。如图 8-1 所示为创作于 1626 年的表现太阳黑子随时间变化的图片。我们可以看到，在一张图片上可以同时体现多个运动序列的记录信息，这种方法也是现代可视化技术中邮票图表法的雏形。

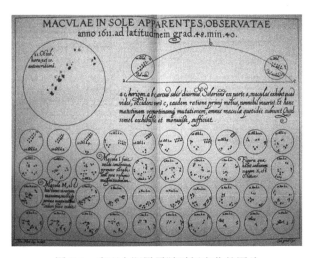

图 8-1　表现太阳黑子随时间变化的图片

图形符号阶段。19 世纪下半叶，系统构建可视化方法的条件日渐成熟，于是进入统计图形学的黄金时期。如图 8-2 所示为法国人 Charles Joseph Minard 于 1869 年描绘的

1812～1813 年拿破仑进军莫斯科大败而归的历史事件的流程图，这幅图细致地描述了城市、河流等内容，以及军队的位置、军队行进方向、关键时间节点、军队减员过程等信息。

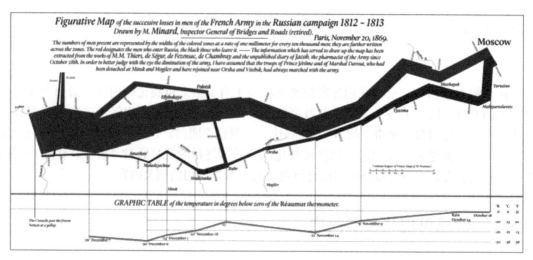

图 8-2　描绘 1812-1813 年拿破仑进军莫斯科大败而归的历史事件的流程图

在图 8-2 中，最宽的折线用于说明军队的行进路线，同时也表现了军队人员规模的变化情况。这种表现形式形象生动，便于读者理解。

现代启蒙阶段。如图 8-3 所示为 Henry Beck 于 1933 年设计的伦敦地铁线路图，他利用不同颜色和倾斜角度的线段展现了地铁线路的走向和地铁站的相对位置，这种形式成为现代地铁线路图的标准可视化方法。

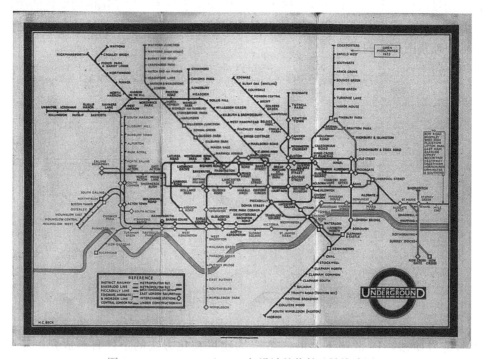

图 8-3　Henry Beck 于 1933 年设计的伦敦地铁线路图

多维统计图形阶段。这一阶段最具代表性的作品是奥地利平面设计师贝尔于 1953 年创作的《图解世界地理图鉴》。该书以一幅幅手绘图画、一张张层叠的胶片，细腻地将天文、地质、生态等各领域专家提供的资料以视觉化的手段表现出来，开创了生动形象的图解手法。

可视分析学阶段。为了分析海量的、多源的、动态的数据，需要综合可视化技术、图形学、数据挖掘理论与方法，新的理论模型、新的用户交互手段，辅助用户从大尺度的、复杂的甚至不完整的数据中快速挖掘有效信息，于是产生了可视分析学这门新兴学科。与数据可视化相比，可视分析学关注的不只是如何更好地实现可视化，它的产出物是可供分析师使用的分析系统。

例如，科学家基于卡西尼号宇宙飞船记录的部分雷达数据，使用数学方法，经过缜密计算，首次完成了土星最大卫星土卫六的地形图。

8.2　信息可视化的相关概念

早在旧石器时代，人类就在洞穴的石壁上绘画，用以描述并记录现实生活。与文字相比，图画是最直接、最原始的书面表达方式。而今天，我们的信息技术不断发展，人机交互技术应运而生。人机交互经历了从命令行界面到图形化界面，再到自然用户界面的发展过程。当人们需要表达比较复杂的信息时，图形化的表达方式可以让人们更加准确、快速地理解相关内容。20 世纪 40 年代到 20 世纪 50 年代，信息技术依托第三次科技革命的推动实现了迅速发展，使人们获取信息的途径越来越丰富。在这样的大环境下，迫切需要更加形象化、合理化的信息呈现方式。

1. 信息的概念

关于"信息"，《辞海》给出的解释为：（1）音信；消息。（2）通信系统传输和处理的对象。信息具有一定的目的性和动态性，我们的祖先在很早的时候就使用"结绳记事"的方式记录信息，如图 8-4 所示。随着时代的发展，我们步入信息化的社会，每天都会与信息打交道，信息的传播也融入了生活的各个方面。

图 8-4　用"结绳记事"的方式记录信息

　　说到信息，我们需要介绍一个名词"信息熵"，这个名词是"信息论之父"香农从热力学的概念中借来的，"信息熵"用来表示某种特定信息的出现概率。一般而言，当一种信息出现概率更高时，表明它被传播得更广泛，或者说，被引用的程度更高。我们可以认为，从信息传播的角度来看，信息熵可以表示信息的价值。于是，我们就有了一个衡量信息价值的标准，从而可以得出更多有价值的推论。一般而言，高信息度的信息，其信息熵较低；低信息度的信息，其信息熵较高。具体来说，凡是导致随机事件集合的肯定性、组织性、法则性、有序性的增加或减少的活动过程，都可以用信息熵的改变量来度量。

　　信息与数据的最大的差别在于，信息是组织好的结构化的数据，与某个特定的目标或上下文有关联，因此，信息有意义、有价值、有关联性。也可以说，信息是通用的、以符号和信号的形式而存在的数据。当数据没有上下文等背景时，本身是没有意义的，即在表达为有用的形式之前，数据本身没有用途。关于数据的内容，我们将在数据分类这部分详细介绍。

　　2. 可视化的概念

　　"可视化"对应的英文单词为"Visualize"（动词）和"Visualization"（名词），"可视化"作为学科术语最早出现在计算机科学领域。1987 年 2 月，美国的国家科学基金会召开了一次图形图像专题研讨会，在会上第一次提出了"科学计算可视化"（Visualization in Scientific Computing，VISC）的概念，这成为此后可视化研究和信息可视化发展的开端。在计算机科学领域中，可视化是一种利用人眼的感知能力对数据进行交互及表达以增强认知的技术。可视化能够将不可见或难以直接可视的数据转化为人们可以感知到的对象，如图形、符号、颜色、纹理等内容，通过可视化处理，能够提高人们对数据的识别度，同时也能更有效地传递数据和信息。自可视化的概念提出以来，针对可视化的研究经历了科学可视化、数据可视化、信息可视化、知识可视化 4 个阶段，各阶段的关键技术与特点如图 8-5 所示。

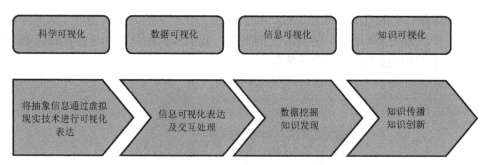

图 8-5　可视化的 4 个阶段

　　（1）科学可视化（Scientific Visualization）。1987 年，布鲁斯·麦考梅克、托马斯·德房蒂和玛克辛·布朗共同撰写了一份报告《科学计算之中的可视化》。这份报告强调了基于计算机的可视化技术方法的必要性。最初，科学可视化指的是服务于科学计算的可视化，即科学与工程实践中对于计算机建模和模拟的运用。随着计算机运算能力的迅速提升，研究者建立了规模越来越大，复杂程度越来越高的数值模型，从而形成了各种各样、体积庞大的数值型数据集。研究者一方面利用诸如扫描仪和显微镜等精密的数据采集设备产生大型的数据集，另一方面利用可以保存文本、数值和多媒体信息的大型数据库来收集数据。因此，我们迫切需要高级的计算机图形处理技术来处理这些规模庞大的数据集并将其可视化。

科学可视化的聚焦点立足于把拥有几何性质的科学数据接近现实地表达出来，这些数据通常在一段时间内是不变的（静态数据）。科学可视化的主要应用领域是自然科学，如物理、化学、地球科学、天文学、医学及生物学等，通过对数据和模型的解释、操作与处理以使研究者寻找其中的模式、特点、关系及异常情况。

（2）数据可视化（Data Visualization）。一直以来，数据可视化是一个不断演变的概念，其边界在不断地扩大。数据可视化泛指在技术上比较高级的应用方法，而这些应用方法包含利用图像处理、计算机视觉处理等手段，通过表达、显示、建模对数据加以可视化解释。与立体建模等应用方法相比，数据可视化所涵盖的应用方法要广泛得多。

数据可视化研究的对象包括空间数据、非空间数据等，其研究目的是将无意义的数据以含义丰富的形式表现出来，让用户易于理解，并为用户提供具有启发性的、规律的内容。

（3）信息可视化（Information Visualization）。1989 年，斯图尔特·卡德、约克·麦金利和乔治·罗伯逊三位科学家首次提出了信息可视化这一概念。信息可视化是指对抽象数据使用计算机支持的、交互的、可视化的表示方式进行表示。信息可视化利用一定的信息技术，帮助人们理解和分析信息。信息可视化的研究目的是利用较为直观和美观的图形语言，使人们更容易地理解复杂信息之间的逻辑关系，甚至挖掘信息的深层次联系和意义。信息可视化的成果被广泛应用于众多领域，如科学研究、数据挖掘、数字图书馆、制造业生产控制、市场研究等。

与传统计算机图形学不同，信息可视化的研究重点侧重于通过可视化图形呈现数据中隐含的信息和规律，所研究的创新性可视化表征旨在建立符合人的认知规律的心理映像。

在梳理信息可视化的分类时，有专家认为，信息交互设计是由"信息设计""交互设计"和"感知设计"这三个设计方向交叉组成的。以信息交互设计为理论基础，可进一步得出：交互式信息可视化设计主要由信息可视化、交互设计和用户感知设计构成。信息可视化是核心内容，交互设计和用户感知设计代表用户与信息可视化的互动操作、主观感受和反馈。

目前，很多专家认为信息可视化与数据可视化这两个概念所包含的范畴有一定的重叠。

（4）知识可视化（Knowledge Visualization）。2004 年，由 M.J.Eppler 和 R.A.Burkhard 共同编撰的文档《知识可视化通向一个新的学科及其应用领域》是知识可视化被认定为一个新的研究范畴的里程碑。知识可视化是在信息可视化的基础上发展起来的，使用视觉描述来推动群体知识的传播和创意的创造。因此，所有可以用来构建和传播复杂知识的图解方法都属于知识可视化的范畴。与信息可视化不同，知识可视化可以使用计算机技术，也可以使用非计算机技术（如草图）。此外，信息可视化的研究对象是数据信息和客观描述，而知识可视化不仅能够研究数据信息和客观描述，而且能研究主观内容，包括经验成果、思想意识、看法见地和预计展望等。

3．可视化分析

可视化分析（Visual Analytics）于 2004 年由美国的国家可视化和分析中心（National

Visualization and Analytics Center，NVAC）提出，并作为一个新领域的名词于 2005 年正式出现在 Jim Thomas 发表的文章《指南：用于可视化分析的研究和发展议程》中。可视化分析是信息可视化领域发展的产物，研究者可以从包含大量自然科学内容的异构信息源中找到有价值的信息，有助于洞察问题及进行决策。

与数据可视化和信息可视化相比，可视化分析关注的不只是如何更好地实现可视化，它的研究目标是形成可供研究者使用的分析系统。由于许多真实世界中的问题在开始阶段并没有被严格定义，所以就不能通过自动算法进行分析。尤其当这些自动算法被应用于定义模糊的问题时，算法的输入和输出之间的关系对于研究者来说往往是不清楚的。因此，研究者会产生疑惑：能否继续信任这个系统？此外，在某些情况下，需要对一些解决方案进行动态调整，这些情况通过自动算法是很难处理的。

因此，为了解决这一系列问题，可视化分析强调结合计算机的优势和人的智慧，即在采用有效的自动化分析方法的同时，允许经验丰富的研究者将自身的背景知识和想法与自动化分析方法融合，从而获得理想的结果。

8.3 信息可视化的设计流程

无论是网络还是现实生活，有效的信息都是生存与竞争的关键因素。当我们每天睁开眼睛后，就会面对大量扑面而来的信息，并且我们似乎早已习惯了那些枯燥无味的信息。信息可视化就是一种能够打破这种习惯，消除视觉疲劳，并用一种令人心情舒畅的方式来描述信息内容的手段。信息可视化的设计流程可分为以下 4 个步骤：问题刻画、数据整理、设计编码和交互方法、实现算法和交互。

8.3.1 问题刻画

要完成信息可视化的设计，需要确定主要表达内容，我们把这个过程叫作"问题刻画"。由于信息具有复杂性，我们可以利用思维导图有效地分解信息，简化问题，从而清晰地表达信息架构，准确地传播有价值的内容。

1. 思维导图

思维导图是英国人托尼·博赞（Tony Buzan）于 20 世纪 70 年代创造的一种记录笔记的方法，同时也是一种能够很好地辅助逻辑思维的工具。托尼·博赞认为思维导图是对发散性思维的显性表达，也是人类思维的自然功能。他把思维导图作为一种图形技术来开拓大脑的潜能，进而将思维导图应用于生活的各个方面。思维导图所表现出的清晰的思维方式也能改善人的行为表现。思维导图以发散性思维为主，发散性思维源自"发射"这个词，意思是从一个既定的中心向四周散射、移动或传播，这体现了从一个中心点到多个支点的联想过程。思维导图适用于专业学习、头脑风暴、强化记忆、视觉概念学习等。制作思维导图更是信息可视化设计中的关键步骤。下面展示三幅思维导图，如图 8-6～8-8 所示。

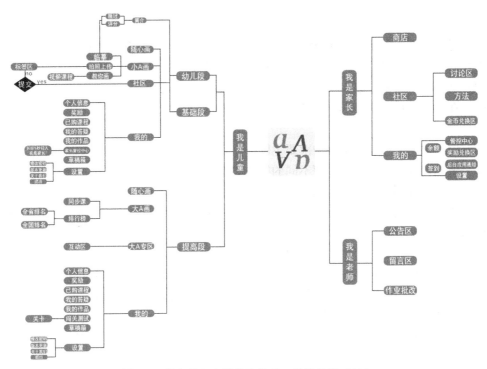

图 8-6　重庆邮电大学学生作品—思维导图《4A》

图 8-7　重庆邮电大学学生作品—思维导图《趣味生肖》

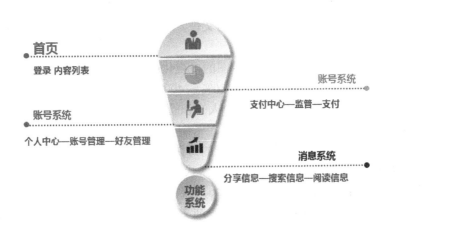

图 8-8　重庆邮电大学学生作品—思维导图《青春悦跑》

2. 思维导图的常规创建方法

（1）思维导图的绘制由中心出发，将主题信息用一个关键词描绘出来，关键词是表达核心内容的词汇，可以是名词，也可以是动词，但必须清晰、具体，且具有一定意义。

（2）列出若干次要主题，即由主题衍生出多个分支。

（3）在不考虑顺序和结构的情况下，用关键词罗列其他细节，并将它们与次要主题相关联。

（4）用不同的颜色表示不同的次要主题。

（5）填充剩余的关键词，并用不同的字体表示。

（6）每个关键词必须独立出现。

（7）通过线条的粗细程度区分连线的级别，一般要求主干线粗，分支线细，同级别的连线粗细相同。

（8）使用多种色彩对信息进行分类。

（9）突出重点，按顺序标出次要主题下的细节，展现思维导图中的逻辑关系。

（10）从整体结构入手，注意层次关系，使思维导图的架构清晰易懂。

（11）完成基本的思维导图草图。

（12）可以使用图形或图像代替部分关键字，并使用符号、代码，以及维度空间扩展整个思维导图。

（13）为思维导图草图确定设计风格，完成思维导图的绘制。

3. 常见的思维导图绘制软件

目前，市面上有多款思维导图绘制软件，下面举例介绍。

Campstools 是由概念图的创始人 Novak 教授所在的美国佛罗里达大学人机识别研究院开发的一款跨平台、完全免费的概念图软件。Campstools 可以选择语言版本，可支持中文。Campstools 最显著的特点是采用了客户机/服务器（C/S）的工作模式，在很大程度上方便了概念图的制作与共享交流。Campstools 有两个主要窗口，分别是制作概念图的窗口和视图窗口。在该软件中可以导入多种文件类型，如文本、图片、网页、音频、概念图等，而且添加方式非常容易，用户直接拖曳所需的资源到概念图窗口中即可，也可以给概念图添加注释。Campstools 可以输出不同类型的文件，如图片（jpeg、emp），HTML、大纲、命题等。

Mindmapper 是一款用于绘制思维导图的可视化的、付费的专业软件。它提供英文版本和中文版本。Mindmapper 的视图范围为 10%～400%，并且支持添加注释。Mindmapper 支持鱼骨图、流程图、组织图等，适用于个人知识管理。Mindmapper 可以超链接到其他文档及软件（Word、PowerPoint 等）。

XMind 是一款使用 Java 语言编写而成的开源思维导图绘制软件，该软件提供中文版。XMind 的图形样式有组织结构图（竖直）、树状图（水平＋竖直）、思维导图、鱼骨图、二维图（表格）。XMind 可以超链接到邮件、文件、网页。XMind 可以导出多种格式，如 HTML、Free Mind、图片（jpeg、gif、png）、纯文本、Office 文档（doc、ppt）。在 XMind 中，字号可以为任意大小，用户可以对内容插入注释。

除以上几款常用的软件外，还有很多功能类似的软件，如 Free Mind、Mind Manager、

Inspiration、亿图图示等。此外，还有一些软件也带有绘制思维导图的功能，如本书第 10 章介绍的 Axure RP。

8.3.2 数据整理

问题刻画后，需要对获取的信息进行整理，以便用户理解和使用。整理的内容包括数据格式及其标准化、数据变换、数据压缩和解压缩等。对于一些特殊的数据还要对其进行特殊处理，如降维①。数据整理包括调查研究和数据处理两个阶段，通过调查研究能够获得确切的数据，用于支撑框架设计；通过数据处理能够从众多数据中筛选出最能说明问题的数据。

在数据整理阶段，需要完成数据的审核、筛选和排序等工作。通过以上工作，可以有效地清理数据中的冗余信息，把数据规范化，提升数据的质量。

接下来，要进行信息精简，即通过思考和认知对有效信息进行分析和选取，简化信息，使其更便于用户理解。此时，我们需要提炼三种文字：核心文字、可选择性文字和可替换文字。其中，核心文字包括主题标签、信息介绍、解释说明和序列文字。可选择性文字指在信息可视化的设计稿中，按具体情况可选择出现的文字内容，具体分为意见建议和扩展提问。可替换文字指能够使用图形图像进行替换的部分文字。信息精简的另一个目的是优化表现形式，即信息不仅要正确，还要易懂。我们需要在信息精简的过程中寻找信息可视化的最优表现形式，让用户一目了然。

8.3.3 设计编码和交互方法

设计编码和交互方法是信息可视化设计的关键流程，核心内容是设计与数据类型相关的视觉编码及交互方法。数据整理阶段的信息精简结果将直接影响编码方式和呈现方式的选择。关于呈现方式，具体而言就是根据使用者遵循的规定把绘制出的图形合理输出。同时，将使用者反馈的内容合理地传输给产品，从而实现真正意义上的人机交互。

因此，设计师在开展设计时，不仅要考虑内容，还要考虑呈现方式，即设计风格的应用。第一，确定视觉风格，要注意主次关系，即先确定主要模块的视觉风格，再确定次要模块的视觉风格。第二，完善细节，即根据实际需要补充细节设计。此外，要注意风格的一致性，一致的风格有助于用户认知，也能更好地提升产品形象。

8.3.4 实现算法和交互

根据前面的流程，创建实现算法。因此，分析编码方式非常关键，具体因素包括感知和认知系统的特性、数据本身的属性和目标任务等。

关于交互，因为数据并不全是静态数据，大量数据的采集通常是以流的形式实时获取的，所以信息可视化设计也要考虑动态数据，这就要求可视化结果要有一定的时间连贯性，并且能够给出实时反馈。因此，在信息可视化设计的过程中，不仅要考虑软件的算法，还要考虑计算平台的能力、显示平台的能力，以及不同的交互模式（如体感交互，可穿戴式

---

① 降维：通过单幅图像数据的高维化，将单幅图像转化为高维空间中的数据集合。

交互等）。在具体的实现过程中，有很多针对前面流程要完善的细节，这也是依据最终的需求决定的。

8.4 数据分类

1. 什么是数据

什么是数据？大部分人会说数据就是很多表格，或者很多数字。也有人会说数据就是数据库，这些答案只说明了数据的格式、存储形式，并未说出数据的本质。数据不仅仅是数字，当我们对数据进行分类时，或者进行可视化处理时，需要知道数据的意义，即数据表达了什么？或者说，数据要给我们讲述怎样的故事？数据具有可变性、不确定性等复杂属性，同时数据还需要依托其存在的背景。

数据是观察和记录目标的结果，是关于现实世界中的时间、地点、事件、其他对象或概念的描述。我们可以为数据进行如下定义：

（1）数据是事实：数据是未经组织和处理的、离散的、客观的事实。在没有上下文提示，以及背景信息引导的时候，数据本身是没有价值和意义的。事实是真实的、准确的，而不正确、非感知的数据则不是事实。

（2）数据是信号：从获取信号的角度来理解，数据是基于感知通道的信号刺激，人的感知通道包括视觉、听觉、嗅觉、味觉和触觉，也就是我们常说的"五感"。这"五感"是我们获得信号的途径。

（3）数据是符号：从表现形式上来说，数据可以被定义为表达感知通道所接受的刺激或感知的符号集合，即体现某个对象、事件或情境的属性。这些符号集合包括文字、图标、图像、视频等。因此，数据也可以被理解为记录事件或情境的符号。

2. 什么是大数据

大数据指利用软件工具捕获、管理和处理数据所耗时间超过可容忍时间的数据集合。目前，大数据的数据源主要来自高通道的科学实验、高速科学计算、高分辨率的传感器，以及错综复杂的网络环境。大部分学者将大数据的一般特征归纳为多样化（variety）、海量（volume）、快速（velocity）、灵活（vitality）和复杂性（complexity）。

3. 大数据的分类

在探讨大数据的可视化之前，我们先来了解大数据的分类。按照数据类型，可将大数据分为时空数据和非时空数据；按照数据结构，可将大数据分为结构化数据和非结构化数据。这些类型是大数据可视化研究的落脚点。

（1）时空数据。

随着科学技术的快速发展，人类对身边事物的探索不单单局限于周围的环境，探索空间的外沿急剧扩展。因此，如何表述人类活动的客观世界和活动特征，已经成为科研人员研究的热点和重点。利用计算机进行模拟和表征客观世界和人类活动，成为科研人员重要的研究手段。

伴随着人们对空间探索的不断深入，信息的获取范围也逐步扩大，从原有的二维平面基准逐步演变到三维空间基准，进而演变到反映地理空间对象时空分布的四维空间基准。

时空数据指具有时间元素并随时间变化而变化的空间数据，是描述地球环境中地物要素信息的一种表达方式。这些时空数据涉及各式各样的数据，如描述地球环境中地物要素的数量、形状、纹理、空间分布特征、内在联系及规律的数字、文本、图形、图像等，这些数据不仅具有明显的空间分布特征，而且具有数据量庞大、非线性，以及时变等特征。

时空数据包括时间属性、空间属性、专题属性，具有多源、海量、更新快速等特点。

由于时空数据所在空间的空间实体和空间现象在时间属性、空间属性和专题属性三个方面具有固定特征，呈现出多维化、语义化等特点，并体现了与时空动态关联的复杂性，所以需要研究时空数据多维关联描述的形式化表达、关联关系动态建模与多尺度关联分析方法。时空数据协同计算与重构，提供快速、准确的面向任务的关联约束。

时空数据的特点如下。

1）时空数据包含对象、过程、事件等在空间、时间、语义等方面的关联关系。

2）时空数据具有时间变化、空间变化、动态化、多维化等特点，这些基于对象、过程、事件的变化是可度量的，其变化过程可作为事件来描述，通过对象、过程、事件的关联映射，建立时空数据的动态关联模型。

3）时空数据具有尺度特性，可建立时空数据的时空变化关系的尺度选择机制；针对不同尺度的时空数据的时空变化特点，可实现对象、过程、事件的关系的尺度转换与重建，进而实现时空数据的多尺度关联分析。

4）时空数据的时空变化具有多类型、多维化、动态关联等特点，对关联约束可进行面向任务的分类与分级，建立面向任务的关联约束选择、重构与更新机制，根据关联约束之间的相关性，可建立面向任务的关联约束启发式生成方法。

5）时空数据具有时间纬度和空间维度，实时地抽取阶段行为特征，以及参考时空关联约束建立态势模型，实时进行观察、理解，并预测导致某特定阶段行为发生的态势。可针对时空数据中的相关事件理解与预测问题，研究空间数据事件行为的本体建模和规则库的构建，为异常事件的模式挖掘和主动预警提供知识保障。针对相似的行为特征、时空约束、事件级别来挖掘事件模式并构建大尺度事件及其应对方案的规则库。

（2）非时空数据。

相对地，非时空数据虽然包含时空元数据（如文件访问时间、地点等），但它不强调其在时间或空间位置上的变化，我们可以近似地将其看作在同一时空下的数据集合。非时空数据的可视化所考察的重点在于数据之间的异质差别或数据之间的关联作用及相互作用。在实际生活中，非时空数据被应用于文字云、思维导图、网站拓扑图中。如图 8-9 所示为利用 wordle 在线文字云可视化工具生成的文字云，表达了一篇英文论文中关键字的出现频率。通过文字云可以清晰地看到在大篇幅文字中出现频率较高的词汇，从而能够快速地感知该段文字所表达的主题。

（3）结构化数据。

结构化数据也被称为行数据，结构化数据是通过二维表表达和实现的数据。结构化数据严格地遵循数据格式与长度规范，主要通过关系型数据库进行存储和管理。结构化数据，简单来说就是数据库，典型的应用有企业 ERP 系统、财务系统、医疗 HIS 数据库、行政审批系统等。

（4）非结构化数据。

与结构化数据相对立的是不适合通过二维表表达的非结构化数据。非结构化数据是数据结构不规则或不完整，没有预定义的数据，如图 8-10 所示为结构化数据与非结构化数据的对比。非结构化数据包括所有格式的办公文档、XML 文件、HTML 文件、各类报表、图片、音频、视频等。支持非结构化数据的数据库采用多值字段、变长字段等进行数据项的创建和管理。非结构化数据被广泛用于全文检索和各种多媒体信息的处理。在企业数据中，非结构化数据约占 80%，如图 8-11 所示。

图 8-9　利用 wordle 生成的文字云

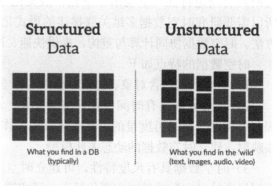

图 8-10　结构化数据与非结构化数据的对比

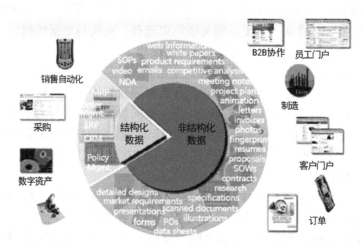

图 8-11　企业数据中的非结构化数据占主要部分

在计算机系统中，数据也被分为结构化数据和非结构化数据。非结构化数据的格式多种多样，标准也有很多种，如图 8-12 所示，而且在技术上，非结构化数据比结构化数据更难实行标准化。因此，存储、检索、发布等操作需要更加智能的 IT 技术，如海量存储、智能检索、知识挖掘、内容保护、信息的增值开发利用等。

4．信息可视化与大数据

信息可视化中的信息主要来自数据，不同的信息可视化类型必然对应不同的数据表现类型，并且依托于数据表现出来。

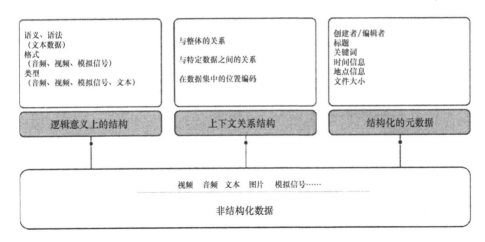

图 8-12　非结构化数据

如今，我们已经迈入大数据时代。随着互联网、物联网、云计算等信息技术的迅猛发展，信息技术与人类世界的政治、经济、军事、科研、生活等方方面面不断交叉融合，催生了超越以往任何年代的巨量数据。遍布世界各地的各种智能移动设备、传感器、电子商务网站、社交网络每时每刻都在生成各种类型的数据。

就人类所获得的信息而言，有约 80% 的信息需要借助视觉系统，很多人会说一幅图片所表达的意义可能胜过千言万语。我们常常在网络中说"无图无真相"，即希望通过图片获取更多关于事件的相关信息。而在大数据时代，将众多的数据以直观的可视化的形式展示在用户面前时，用户能够快速洞悉数据背后所隐藏的信息并将其分析、转化成新的知识。下面通过两个案例进行说明。

如图 8-13 所示为互联网星际图，在该图中，将全球众多国家的 35 万个网站的数据进行整合，每个网站构成一个"星球"，并根据 200 万个网站链接将这些"星球"用数据链关联起来，每个"星球"的大小是根据网站的流量决定的，"星球"之间的距离则是根据链接出现的频率和强度决定的。我们可以在图中看到一些大型网站，如 Facebook、Google 等，通过观察"星球"的大小和"星球"之间的距离，很容易读懂这张图所表达的含义。

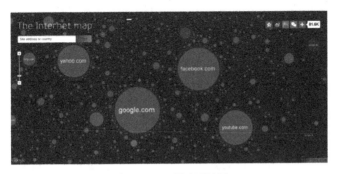

图 8-13　互联网星际图

如图 8-14 所示为重庆邮电大学学生设计的 App《地理里》，该 App 把全球七大洲的陆地面积进行对比，用饼图的方式展现各大洲的陆地面积在世界陆地总面积中的占比。同时，该 App 还能显示各大洲的人口数量，以及各大洲人口数量在世界总人口中的占比。

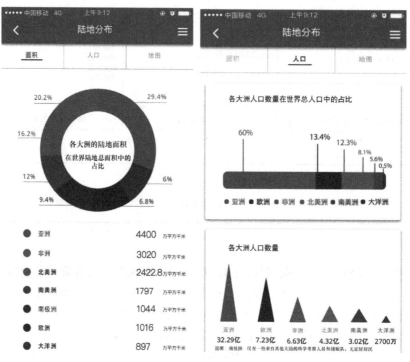

图 8-14 重庆邮电大学学生设计的 App《地理里》

8.5 信息可视化的表现类型及成功要素

8.5.1 以焦点为核心的信息可视化——点数据可视化

点数据可视化包括散点图、热力图、关系图、蜂窝图等。大部分点数据可视化用于表示地图上的地理坐标等大量且复杂的数据，点数据可视化在衡量人口密度、空气质量等问题中发挥着重大的作用。如今，在电视节目的天气预报中，广泛应用了点数据可视化，将降雨、降雪和空气质量等天气状况以数据与地图相互结合的方式在电视屏幕上呈现，从而使观众更加直观地了解了天气状况。虽然，点数据可视化虽然能够解决许多地理方面的实际问题，但是也存在诸多弊端。点数据可视化由于涉及的信息较多并且错综复杂，有时候会让用户眼花缭乱。如果用户是非专业的信息可视化工作人员，那么用户对数据的敏感程度较差，捕捉与观察数据的速度会比较慢，进而可能出现用户对数据的理解有些模糊、发生重点偏移等问题。

1. 散点图

散点图的价值在于根据每个点的分布情况，推断和假设所有点对应的变量存在的关系，这些关系包括：正相关、负相关、不相关、线性相关、指数相关等。我们可以根据散点图剔除异常数据，并分析正常的数据。当需要展示多种关系时，可以利用点的大小和颜色进行表现；当需要展示某种发展趋势时，可以添加辅助线用于说明。

例如，如图 8-15 所示为通过 ECharts 绘制的男性与女性身高、体重分布散点图。

ECharts（商业级数据图表）是由百度公司开发的一款开源的 JavaScript 图表控件库，该产品支持 IE，Chrome，Firefox 等多种浏览器。

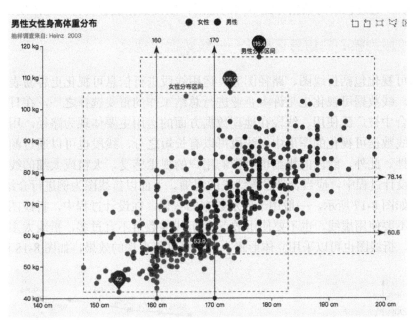

图 8-15　男性与女性身高、体重分布散点图

2. 气泡图

气泡图类似于散点图，但气泡图中的气泡有大小之分。气泡图可用于地理信息可视化。在设计气泡图时，需要注意气泡的面积，通过面积来对比数据。通常情况下，气泡建议选用圆形，不建议选用其他图形，气泡图如图 8-16 所示。

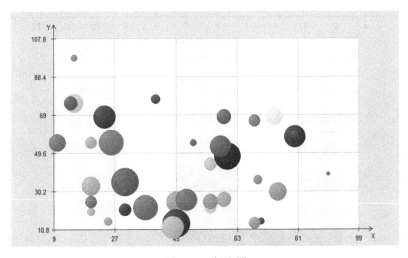

图 8-16　气泡图

3. 热点图

热点图主要通过强烈的色彩对比来体现数据的差异。设计热点图时，要秉持简约的风

格，并且建议使用一种色调，设计师可以通过颜色的深浅来反映数据的区别。如果选用的色调太多，则会使用户在看图过程中出现不适，也无法体现出数据之间的差异。此外，要合理划分色阶，通过色阶为数据分配不同的范围，以便数据能够更直观地体现出来。

8.5.2 以线段为核心的信息可视化——线数据可视化

线数据可视化包括折线图、路径图等。运用线段进行信息可视化更容易表现一组数据的变化趋势。线数据可视化也是许多企业进行总结工作的重要选择之一，在日常办公及商业洽谈等场合中被广泛使用。线段在地理数据方面的运用主要体现为路径，用于连接不同的节点。在线数据可视化的图形中，线段可以有长短之分，线段也可以通过颜色的区别表达不同的属性。此外，线段的粗细也会影响用户的视觉感受，太粗或太细的线段会丧失美感，因此在设计过程中，应当合理设置线段的粗细。下面以折线图为例进行介绍。

折线图如图 8-17 所示，一般用于展示数据的变化。在设计过程中，折线图应使用线段进行绘制，不要使用虚线，也不要使用散点；折线的数量不宜过多，折线太多会影响视觉效果。此外，折线图也可以采用立体形式，从而提供更直观的效果，如图 8-18 所示。

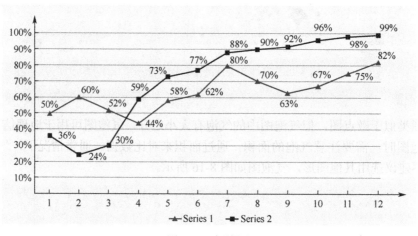

图 8-17　折线图

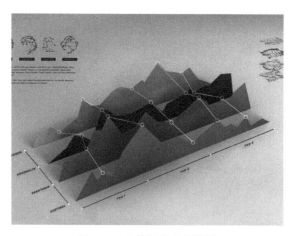

图 8-18　立体形式的折线图

8.5.3　以面积为核心的信息可视化——面数据可视化

面数据可视化包括饼状图、柱状图、地图、雷达图、漏斗图等。在设计相关图形时，要善于通过不同的颜色来展示不同的数据。

1. 饼状图

饼状图是一种被广泛使用的图形，它能够以百分比的形式展示不同数据所占的比例，并直观地体现部分和整体的关系。如图 8-19 所示为某校园 App 用户需求调研的饼状图。

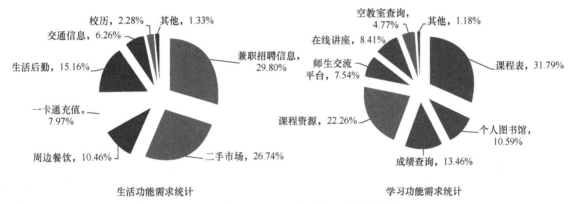

图 8-19　某校园 App 用户需求调研的饼状图

饼状图的形状可细分为圆形和环形。一般情况下，圆形饼状图的数据放在圆形的外围，而环形饼状图的数据可以放在环形的外围，也可以放在环形的内部。

饼状图有优点，但也有缺点，即当构成饼状图的部分较多时，其显示效果会变差，部分数据不能被清晰地显示，数据标注也不够显著。

2. 柱状图

柱状图是一种常见的信息可视化的表达形式，如图 8-20 所示。柱状图可以展示非连续的数据和连续的数据，非连续的数据在柱状图中主要体现数据的分布，并展示部分与整体的关系；连续的数据在柱状图中主要体现数据的变化。在设计柱状图时，横坐标的名称不宜太长，应尽量避免倾斜放置；表示数据的矩形立柱应保持适当的间隔距离，不宜相距太近或太远；矩形立柱的颜色应保持一致性，避免使用多种颜色；横坐标应以某种属性进行排序，如时间顺序。柱状图的优势是能够直观地体现数据的差异，用户认知效果非常好。柱状图的劣势是只适合展现小规模的数据。

3. 地图

广义的地图是指按照一定的法则，有选择性地以二维或多维的形式在平面或球面上表示地球（或其他星球）若干现象的图形或图像。而这里所介绍的地图是一种狭义的概念。

地图也是一种常见的信息可视化的表达形式，特别是在数据分析研究领域中有着重要的应用。地图具有明显的数据化特征，通过认知与分析，用户可以了解其背后的信息结构和逻辑关系。

下面介绍一个地图应用的典型案例。1854 年，John Snow 利用标点地图法对伦敦西部西敏市苏活区爆发的霍乱进行研究，他根据水泵的位置推断霍乱是经水源传播的，从而帮助当地有关部门控制了霍乱。

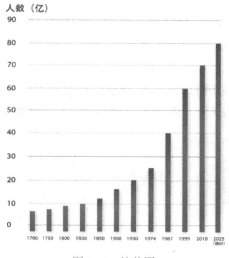

图 8-20　柱状图

地图可以和其他图形结合，如地图加气泡图的统计图、地图加热力图的统计图、地图等级统计图等。在现实生活中，天气预报也是地图的常见应用之一，因为天气预报可以基于地图来描述温度、云层、气流、降雨、降雪等气象变化。

4．雷达图

雷达图适合表现多维数据（四维及以上），且每个维度必须是可以排序的，如图 8-21 所示。在一些体育直播赛事中，可以看到在直播媒体中会出现赛事雷达图。通过雷达图，使得实时画面与数据分析深度结合，让观众能够及时了解比赛数据，从而获得全新的观赛体验。但是，雷达图也有局限性，即数据点的数量是有限的。此外，雷达图需要添加相应的说明和图例，以便用户解读。

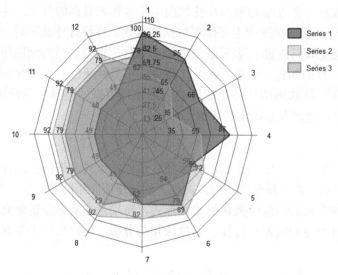

图 8-21　雷达图

5. 漏斗图

漏斗图如图 8-22 所示，它适用于流程比较规范、周期长、环节多的单向流程，通过漏斗图进行数据比较，能够直观地发现在哪个时间点或环节上出现了问题，通过漏斗图的底部也可以看出该流程的最终状态。漏斗图的价值在于能够呈现流程发展的逻辑顺序，即在关键时间点或关键环节能够记录流程的进度与变化。在电商类网站中，漏斗图通常用于分析用户的消费行为，它可以展示用户从进入网站进行常规浏览到发生购买商品等消费行为的转化率。通过漏斗图，我们可以知道用户在哪一步出现流失，从而通过调查和分析找出用户流失的原因。

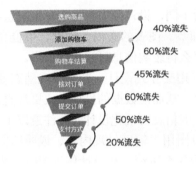

图 8-22　漏斗图

8.5.4　信息可视化的成功要素

信息可视化的成功要素有以下有四点。

第一，新颖。信息可视化要注重"新颖"。如果我们从一个全新的角度去展示数据，那么会使用户在读懂数据的同时进一步发散思维。

第二，信息要充实。信息充实是指给用户足够的信息，用以帮助用户了解数据。信息充实不代表信息越多越好，因为展示的信息太多，会让用户感到疲惫，多余的信息也会成为累赘，所以我们要充分考虑数据的应用场景，让信息更充实。

第三，高效。高效也就是我们所说的简单明了，即让用户更方便、直观地了解数据。因此我们要判断哪些信息是必要的，哪些信息是多余的，将无效的信息去除，避免用户在了解数据时花费额外的时间与精力。

第四，美感。信息可视化要注重"美感"。例如，处理好图片的布局、色彩的搭配、形状的选择等。

8.6　信息可视化的难点及注意事项

信息可视化的首要任务就是准确地展现并传达数据所包含的关键信息。在此前提下，针对特定的用户对象，可以根据用户的预期和需求进行个性化设计，同时提供有效的辅助手段以方便用户理解数据背后的意义。

在获取有效的数据之后，有很多工具或技术手段能够帮助我们实现数据到可视化图形的映射。然而，在实施过程中还需要考虑如何给用户提供有效的交互技术来使数据的呈现更加便捷。下面介绍信息可视化在实施过程中的难点，有以下 6 项。

（1）充分考虑用户的阅读和理解能力。图表、文字具有一定的抽象性，其背后蕴含着特定的意义和关系，这对用户的阅读和理解能力有一定的要求，因此设计师应充分考虑。

（2）保障数据的真实性和有效性。虚假、无效的数据会影响信息可视化的结果，难以准确表达数据的意义，因此要注重数据收集工作，切实保障数据的真实性和有效性。

（3）注重数据分析的逻辑性。对数据进行分析时，要有严密的逻辑性，这样才能确保信息可视化的结果更加准确。

（4）图表的种类繁多，应选择最合适的图表类型。每种图表均有各自的优势和劣势，不同的图表适用的场合也有所不同，设计师应根据实际情况选择最合适的图表类型。

（5）设计图表时应考虑细节。图表的布局、刻度、单位、图例等细节元素都需要合理设计。如果细节处理不好，那么将影响信息可视化的效果。

（6）针对动态数据，宜采用交互式设计。若想展现动态变化的数据，那么建议使用人机交互技术来实现信息可视化，从而使数据的呈现方式更加直观生动。

基于以上内容，我们在开展信息可视化设计时要注意以下 8 个方面。

第一，用好信息图。信息图用于辅助呈现内容、说明问题。因此，我们要明白用户是谁，以及使用信息图可以说明什么事情。在设计信息图时，要去除冗余数据，保留关键数据，体现故事性。

第二，体现数据的特征。设计师需要合理地设计信息图，并体现信息图中数据的特征。例如，归纳整理零散的数据，对数据进行标注，选择直观的呈现方式展示数据的变化。需要注意，对数据进行处理时，不宜使用夸张、炫酷的手法，要注重合理性。

第三，选择合适的图形。设计师应根据实际需求，选择合适的图形。例如，选择饼图呈现各部分所占的比例，选择折线图呈现数据的变化趋势，选择柱状图呈现不同数据的对比情况，如图 8-23 所示。

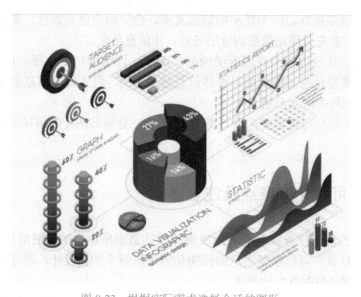

图 8-23　根据实际需求选择合适的图形

第四，简明扼要说重点。不要重复啰嗦地对信息图进行描述，没有必要使用俏皮的语句，尽量使用简明的、主题明确的语句来搭配信息图，确保图文相关，清晰直观，这才是信息图设计的重点。信息可视化是以业务逻辑为主线进行串联的，因此不要随意堆砌非必要的信息图。

第五，灵活机动地使用标注。信息图具有功能性，标注不是用于填补信息图中空白区域的装饰性内容，而是用于呈现辅助性介绍和背景知识的内容。标注同样是信息图必不可少的部分。灵活机动地添加标注是很有必要的。

第六，不要使用容易让人分心的字体或元素。信息图设计的目的性很强，确保内容可读是最基本的要求。设计师没有必要为文字添加花哨的装饰，对于需要单独强调的文字，可以修改文字颜色或加粗文字。文字的 3D 效果、阴影效果应谨慎使用，以免装饰过度，让用户分心。

第七，信息图应合理排列。相关联的、需要对比的信息图应尽量靠近，这样能够帮助用户理解。信息图中条目的排序要注重逻辑关系，无论采用哪种排序方式，都要将逻辑关系表达得十分清晰。

此外，绘制信息图时还应注意以下问题。

饼图的绘制：绘制饼图时，应将占比最多的那部分放在饼图的 12 点钟位置，之后按照顺时针方向依次放置占比第二多的部分、占比第三多的部分……以此类推。此外要注意，在一个完整的饼图中，各部分的百分比之和应该是 100%，因此，在对照数据和计算百分比时应注意数据和百分比数值的合理性。

虚线和实线的使用：在折线图中，对于客观存在的数据，建议使用实线来表示，因为实线看起来更连贯，为实线添加颜色后，看起来更醒目。相比之下，虚线不够醒目，容易让人忽略，如图 8-24 所示。

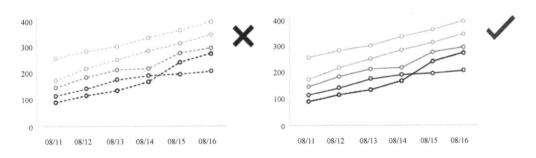

图 8-24　虚线与实线的对比

避免数据被遮盖：当展示数据时，应避免数据被遮盖。如果数据的放置位置和图形的放置位置发生冲突时，那么应将图形设置为透明效果，以确保数据能够显示出来，从而降低数据和图形之间的影响程度。

第八，某些信息图中常用的图形应使用约定俗成的颜色。在一些信息图中，设计师往往选择约定俗成的颜色来为图形配色，因为很多用户已经形成了相对固定的认知，这样做可以让用户延续习惯。例如，股票中的 K 线图，通常用红色表示增长，用绿色表示下跌，如图 8-25 所示（本书为单色印刷，请读者在实际生活中对股票中的 K 线图进行观察）。因此在设计这类信息图时，就不能随意更改图形的颜色，以免误导用户。

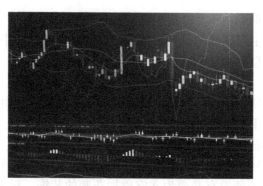

图 8-25 股票中的 K 线图

8.7 手机 App 中信息可视化的特点

1. 直观性

如今，手机的作用不再局限于通话等简单的功能，手机的功能变得越来越强大，手机 App 的种类变得越来越丰富，人们在工作与生活中越来越离不开手机。随着手机 App 的数量和种类的增加，用户通过 App 获得的数据也越来越多，如果数据以文字形式展现给用户，那么用户可能感觉有些迷茫，并且难以充分理解数据所蕴含的意义。因此，将 App 中的数据进行可视化转换，用户便能更加直观地看懂数据，并理解其所蕴含的意义。

例如，健身类 App 通过图形展示数据，让用户更加直观地了解自己在健身期间的饮食搭配是否合理。具体而言，用户在健身类 App 中输入自己一天所摄入的食物总量，App 会自动生成各种食物的热量及饮食健康分析图，直观地展示用户所摄入的脂肪、碳水化合物、蛋白质的热量比例，让用户更有针对性地调整饮食结构，如图 8-26 所示。

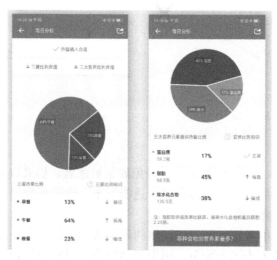

图 8-26 健身类 App

再比如，支付宝 App 将用户每月的支出、收入进行分类汇总，形成账单，用户通过饼图和柱状图能够清晰地看到自己在当月的收支情况，如图 8-27 所示。

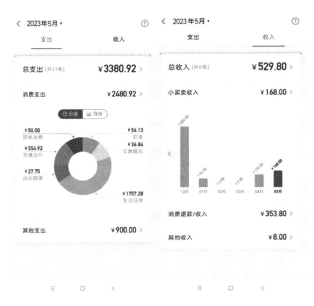

图 8-27　某用户 2023 年 5 月支付宝账单

2．艺术性

当 App 从众多数据中提炼出关键信息，并以可视化的方式呈现给用户时，需要注意信息可视化的艺术性。信息可视化要适当体现艺术效果，从而吸引用户。没有艺术性的信息可视化会增加数据和用户之间的隔阂，用户会感到数据很无趣、枯燥、难懂。富有艺术性的表现手法能够让 App 的界面富有情感。在可视化设计过程中，设计师要合理使用图形，并注意颜色、亮度、对比度等因素与数据之间的关系，从而使信息可视化更具有艺术性。

例如，美国宇航局为预测全球环流和海洋气候变化，基于观测数据并利用向量场可视化技术绘制了 2005 年 6 月至 2007 年 12 月的地球表层洋流图。这幅洋流图酷似荷兰著名画家梵高于 1889 年创作的名画《星空》。梵高在该画中把星空画成一片巨大的涡流，与洋流图十分相似。

信息可视化设计并非仅仅实现"信息＋图像"的简单组合，而需要以信息为核心，辅以艺术表现手法，创作出既有强烈的视觉效果，又极富信息内涵的信息可视化作品。

8.8　信息可视化在各领域的应用及其发展趋势

1．信息可视化在各领域的应用

如今，大数据时代已经来临，大量的信息通过各种可视化方式展示出来，方便人们读懂数据所蕴含的意义，挖掘数据所潜藏的巨大价值。目前，信息可视化在多个领域均有应用，如图 8-28 所示。

可视化技术已经对我们的工作与生活产生了巨大且积极的影响，下面举例介绍。

生命科学：生命科学是最早使用可视化技术的领域之一。早在 20 世纪 60 年代到 20 世纪 70 年代，人们就将可视化技术应用于电子计算机断层扫描，推动了基于影像的数字医疗诊断的革命。随着测量设备向着精细化、快速化、功能化不断发展，生命科学领域在近年来发生了翻天覆地的变化，无论是生物学、遗传学、基础医学，还是临床医学、转化医学，都在广泛地使用可视化技术。

领域	自然科学现象及计算可视化	计算机网络	政治商业金融	工程管理	艺术表现
内容	医学	社交媒体	政治关系	个人信息管理	音乐声波表象可视化
	生命科学	数字生活	历史档案	旅游管理	文本可视化
	生物、分子学	信息检索	经济分析	协作管理	古迹可视化
	工业无损探伤	通讯网络	金融分析	车辆工程	视频可视化
	人类学、考古学	日志分析	教育应用	车载系统	
	地质勘探	监控网络	犯罪信息可视化	材料工程	
	化学	web挖掘	军事管理		
	气候可视化		商业智能		
	海洋勘探				

图 8-28 信息可视化在多个领域均有应用

教育应用：可视化技术在教育领域同样有着重要的应用。例如，通过计算机仿真，生成易于理解的图像、视频或动画，向公众传播知识、理念和方法。特别是当表现难以解释或表达的事物时，可视化技术非常有用。

金融分析：在金融分析领域中，可视化技术也有所应用。例如，以商业报表、图形等易辨识的可视化方式，将原始的多维数据及其复杂的关系、潜在信息，以及发展趋势展示出来，以揭示数据所蕴含的意义，帮助从业人员更好地开展业务。

2. 信息可视化的发展趋势

随着互联网、物联网、云计算等信息技术的迅猛发展，信息技术与政治、经济、军事、科研、生活等方方面面不断融合。遍布世界各地的各种服务器和智能终端设备每时每刻都在生成大量的数据。可视化技术作为大数据和用户之间沟通的窗口，也在不断进步，信息可视化的发展主要涉及以下两个方面。

（1）物联网与信息可视化。物联网时代的到来会造成数据的井喷式增长。信息可视化是人与物沟通的桥梁，因此在物联网时代下，信息可视化将会飞速发展。

（2）虚拟现实技术、增强现实技术与信息可视化。现有的图像识别技术为信息可视化提供了技术基础。未来，虚拟现实技术和增强现实技术将在信息可视化中发挥重要的作用，如何提升技术手段的可靠性是信息可视化中的研究重点。

▷ 8.9 习题

1. 简要叙述数据可视化、信息可视化及信息熵的概念。
2. 请简要叙述信息可视化设计的分类方法。
3. 请简要叙述信息可视化设计的一般方法。
4. 信息可视化的应用领域有哪些？请举例说明。
5. 简要叙述思维导图的创建方法。

第 9 章

可用性评估

对设计方案进行评估是交互设计中核心的步骤之一，其目的是保证产品的可用性。因此，交互设计要保证用户能够通过界面获取到有效的信息并进行必要的交互。设计师应秉持"以用户为中心"的设计理念来开展工作，如观察用户，与用户进行交谈，通过任务对用户进行测试，分析用户的执行效率，对用户进行问卷调查等；对于一些专业性较强的交互设计，甚至可以让用户成为合作设计师。上述措施能够让用户深度参与设计工作，并能够从中获得一些更有价值的信息。最后，我们就可以根据所获得的信息进行分析，开展可用性评估。

▶ 9.1 可用性目标与度量

9.1.1 可用性定义

有学者认为："产品的可用性仅仅意味着要确保产品工作起来顺畅；能力和经验处于平均水平（甚至处于平均水平以下）的人都可以使用该产品实现既定目标。"此外，美国著名网站设计师杰柯柏尼尔森认为："能左右互联网经济的正是产品的可用性。"

可用性（Usability）是产品的一个基本的自然属性，是指产品的可用程度。在实际生活中，产品的可用性受制于各种因素，可能无法达到预期效果，因此只有遵循系统的设计方法，才能有效保障产品的可用性。

可用性也是产品的重要质量指标，直接关系着产品能否满足用户的功能性需要，是用户体验中的衡量因素之一。国际标准化组织将可用性定义为："在特定使用情境下，特定的用户实现特定的目标时，产品所表现出来的效果、效率和令人满意的程度。"因此，可用性在产品与用户的相互作用下才能体现出来。

国际标准化组织对有效性、效率、满意度的定义如下：

有效性：用户实现指定目标的精确性和完全性。人们往往都希望直接地、精确地得到答案或实现目标。例如，在数字图书馆里检索资料，如果检索不到资料或资料不准确，那么这样的检索就没有意义。

效率：用户实现目标所花费的有效时间与在实现目标过程中所耗费的所有时间的比率。例如，我们拨打热线电话时会出现很多语音提示，若听完所有的语音提示，则可能花费几分钟，而真正起关键作用的语音提示可能仅需要几秒钟，这便反映了语音提示的效率问题。出现严重的效率问题会显著影响用户体验，降低用户的兴趣。

满意度：用户在使用产品的过程中所反馈的关于产品的舒适度和接受程度。例如，有的网站响应速度很慢，有的网站在用户填写信息时无法缓存用户信息，这些问题将降低用户对网站的满意度。

综上所述，只有从有效性、效率、满意度三个方面去衡量，才能更好地实现产品的可用性。在现实生活中，我们通常要考虑先提高有效性；然后在时间和成本允许的情况下，尽量处理好效率和满意度。一般而言，一款具有良好有效性的产品往往在效率和满意度方面也有着不错的表现。因此，可用性是交互设计中应首要考虑的问题。

9.1.2 可用性目标

从 9.1.1 节中可以得出，可用性的定义涉及以下几个方面：

- 用户参与；
- 用户需要做的事情；
- 用户需要使用一款产品、一套系统或其他物件做事情。

衡量产品的可用性是通过可用性目标来确定的，可用性目标通常包含实用性、有效性、安全性、通用性、易学性、易记性，如图 9-1 所示。

图 9-1　可用性目标

A．实用性：产品的使用效果能否满足用户的实际需求。

B．有效性：产品设计是否严格遵循设计要求，其功能能否达到设计目标。

C．安全性：产品的安全性至关重要，在设计产品时，要考虑用户可能出现的各类操作失误，并设计必要的恢复机制。

D．通用性：产品是否有一定的适用范围，即产品对于同一类目标用户是通用的。

E．易学性：用户能否快速掌握产品的使用方法。一般情况下，对于功能简单的产品而言，我们通常使用"10 分钟法则"评价产品是否易学，即观察用户能否在 10 分钟内学会使用产品。需要注意，"10 分钟法则"不适用于功能复杂的产品。

F．易记性：用户了解产品后，能否牢固地记住其使用方法。例如，有一些产品，其使用方法的内在逻辑关系和用户的设想并不完全契合，并且随着时间的推移，以及产品使用频率的降低，这类产品的使用方法在用户脑海中的印象可能逐渐淡化。

可用性目标需要通过评价标准进行衡量，这些评价标准主要由可以量化的指标构成。

例如，产品在升级改版时，需要统计用户在单位时间内使用产品时发生误操作的次数，并分析发生误操作的原因，并基于此进行产品升级，降低用户发生误操作的可能性。此外，在开展竞品分析时也可以引入量化的指标，例如，我们要开发网站的订票功能，而同类网站的用户平均订票用时为 8 分钟，基于此我们可以设定自己网站的可用性目标，如设定用户平均订票用时为 6 分钟，从而凸显优势。

9.1.3　可用性度量

度量是一种测量或评价特定现象或事物的方法。度量存在于生活的各领域中，时间、距离、重量、速度等都属于度量。与其他所有的度量一样，可用性度量是建立在一套可靠的测量体系之上的，即如果每次使用相同的测量方式对不同的被测试事物进行测量，那么可以得出具有可比性的结果。此外，无论是直接观察，还是间接观察，可用性度量的过程与结果必须是可观察的，如某项任务是否顺利完成、完成该任务所需要花费的时间等。需要说明的是，可用性度量的结果必须是可量化、可计算的。

可用性度量可以帮助用户获得信息以进行决策。但可用性度量又与其他度量有所不同：可用性度量揭示的是用户在交互过程中对产品的体验，具体包括有效性、效率、满意度等。可用性度量与用户本身及其行为、态度有一定的关系。因为每个人具有自己的主观想法，所以希望所有用户都认可设计师的工作是不太现实的。因此设计师在考虑可用性度量时，有时不得不选择折中的方式。

9.2　可用性动机

产品功能和界面的优化能够提升产品对用户的吸引力，例如，玩家想尝试一款新游戏，主要关注游戏的类型和故事情节，而游戏除了满足用户的基本需求，还在画面品质、运行速度等方面提供了良好的体验，这样做进一步激发了用户的兴趣，并通过良好的交互体验增加了产品的可用性动机。因此，关注可用性动机是设计师的重点工作之一。下面介绍在不同领域中围绕可用性动机而开展的研究与应用。

9.2.1　商业和服务业

在诸如银行、保险、酒店服务、旅游等领域中，研究产品的可用性动机应考虑如下几个方面：第一，减少用户初次使用产品的学习时间，避免用户产生抵触情绪和畏难情绪，因此在设计产品时，产品的易学性尤为重要，要确保用户能轻松入门、快速上手。第二，信息的显示要清晰明了，不宜复杂、隐蔽，以便用户快速理解。第三，要考虑用户的时间成本，很多用户不愿意花费太多时间在产品上，要确保产品的运行效率，因此要简化产品的操作步骤。

9.2.2　公共事业

公共事业，特别是关乎国民经济和公众安全的重要领域，如空铁运输、核能电力、通信服务、公安消防、医疗救援等，这些领域的交互产品特别强调产品的可靠性和有效性。此外，这些产品的用户大多为专业用户，通常他们必须接受长时间的专业培训，以熟练操控产品，并能在应急状态下妥善处理遇到的问题。例如，医疗软件和设备供应商为其服务的医疗机构提供线上的健康管理服务，并为医务工作者提供技术支持，以保障产品的可靠性和有效性。

9.2.3 娱乐应用

在娱乐产品中，产品的可用性动机表现得尤为明显。诸如音乐播放、视频播放、短视频直播、游戏等应用，非常注重用户体验。特别是一些交互式游戏，在游戏设备的支持下，能够激发用户更多潜藏的兴趣，如任天堂公司开发的 Wii，微软公司开发的 Kinect、HoloLens 等。Wii 提供了游戏手柄，能够让用户专注于手柄操作；而 Kinect 则通过摄像头捕捉用户的动作，交互性更强，而且有声音识别功能，可玩性更高，如图 9-2 所示。例如，用户在 Kinect 上体验游戏"极限竞速"，Kinect 可以侦测人的面部和肢体动作，用户双手摆出控制方向盘的姿势便可驾驶游戏中的赛车。良好的交互体验强化了产品的可用性动机，并且随着用户的操作越来越熟练，玩游戏的经验越来越丰富，用户会期待游戏能够提供更强大的功能和更多样化的体验。

图 9-2　使用 Kinect 体验游戏

9.2.4 设计、开发与办公应用

越来越多的计算机应用领域支持开放式的探索，从而促进了用户创造力的提升。常见的探索性应用产品包括网页浏览器、搜索引擎、数据可视化工具等；常见的创造性应用产品包括音乐创作工具、图像处理软件、视频编辑软件等。

随着技术的发展，协同办公界面被广泛应用，从而进一步消除了人与人之间合作时的障碍，如图 9-3 所示。借助文本、语音、视频等方式，甚至配合使用全息影像技术，能够使多人协同配合、随时交流，共同完成任务，从而极大地提升了工作效率。

图 9-3　使用 Microsoft HoloLens 进行协同办公

9.2.5　社会保障与民生服务

在社会保障与民生服务领域，产品的使用者涵盖公职人员和广大群众。此类产品能够帮助用户快速、便捷地了解政务信息，接受指导和帮助，办理相关业务等。

在该领域中，设计师设计产品时必须考虑用户的基本情况。例如，对于年长者，产品要体现直观、易懂、简便等特点，如让交互界面中的字号大一些，增加操作步骤语音提示等；对于专业人员和经验丰富的用户，产品应体现专业性，并允许用户及时反馈问题，以便产品不断升级优化。

9.3　普遍可用性

每个人的能力、经历、受教育程度、生活习惯等各方面因素决定了其与产品的交互方式，因此，所有用户的交互方式是有差别的。但对于设计师而言，产品需要满足大部分用户的需求，即需要让产品具有普遍可用性。随着移动智能设备的普及，市场的不断发展对产品的普遍可用性设计提出了更高的要求。例如，针对某个特殊群体的设计可能对产品的发展带来机遇。举例说明，微软公司在开发语音识别技术时，主要受到美国盲人协会的启发，美国盲人协会在一封给微软公司的信中写道："你们必须让软件很好用，尤其要让视力受损的人也能很方便地使用软件才行。"于是，微软公司经过研发，终于将语音识别技术广泛应用到产品中，使得更多用户受益，并推动了相关技术的发展。

9.3.1　普遍可用性与差异性

产品的设计初衷是向更广泛的用户提供服务，但是用户与用户之间存在着显著的差异，这也是影响人机交互设计的重要因素之一。

1．用户的身体差异

设计师必须考虑用户的身体差异（如身高、体重、体格等因素），设计产品时，既要体现普遍可用性，又要照顾个体特殊性。例如，设计手机输入法的键盘时，通常使用标准的键盘布局和按键大小，然而就用户群体而言，他们的手掌有大有小，手指有粗有细，仅提供一种规格的键盘无法顾及所有用户。为此设计师可设计多种规格的键盘，使得按键与按键之间的距离、按键的大小灵活多样，从而更好地满足不同的用户需求。

提及身体差异，我们不得不介绍一类特殊用户，即残疾人用户。对于残疾人用户来说，常规的产品界面使用起来非常困难。然而通过采用各种灵活的交互方式，便可使残疾人用户也能享受到交互操作的乐趣。各大公司和高校也在致力于为有认知障碍和运动障碍的用户提供交互服务。例如，早在 2013 年，苹果公司就提出将眼动追踪技术应用在 iOS 设备及 MacBook 上；2018 年，芬兰阿尔托大学和日本高知工科大学的科研人员开发出一种优化用户界面的人工智能算法，这种算法可以根据用户之间的差异，为特殊人群优化用户界面，从而提供更好的体验。

为残疾人用户设计界面时需要遵循一些访问性设计指南，如"网站内容无障碍指南"（Web Content Accessibility Guidelines，WCAG），这样可使网站更容易被访问和浏览。WCAG 2.0 定义了如何使残疾人用户更方便地使用 Web 内容的方法，并阐述了 Web 无障碍的基本要素：感知、可操作性、易于理解和稳定性。此外，针对开发者，万维网联盟（W3C）的编辑工具可访问性指南工作组（Authoring Tool Accessibility Guidelines Working Group）于 2015 年 9 月 24 日发布了编辑工具可访问性指南（Authoring Tool Accessibility Guidelines，ATAG）2.0 版。由此可见，可访问性是现代信息系统的核心功能，因此设计者在开发之初就应充分考虑，这样才能为广大用户特别是残疾人用户提供有价值的服务。

2. 用户认知能力和感知能力的差异

设计师必须考虑用户的各种感知能力和感知能力。

认知能力指人脑加工、储存和提取信息的能力，如观察力、记忆力、想象力等。人具备了认知能力后，可以认识客观世界，获得各种各样的知识。美国心理学家加涅提出 5 种认知能力，包括言语信息（回答世界是什么的能力）、智慧技能（回答为什么和怎么办的能力）、认知策略（有意识地调节自己的认知过程的能力）、态度（情绪和情感的反应）、动作技能（由协调的肌肉动作构成的活动）。

感知能力指感官对外界物理刺激的感受能力，如驾驶员的"车感""路感"等。感官指负责接收特定的物理刺激，再将其转换成可被人脑理解的电化学信息的器官。

3. 用户的个性差异

每个人在面对各种客观事物时，都会表现出不同的行为方式和行为特点，这些行为方式和行为特点构成了人与人之间在心理上的差异，即个性差异。而个性差异可能是长期的，也可能是短期的。例如，在人机交互领域中，有的用户愿意使用计算机，而有的用户愿意使用移动设备；有的用户愿意使用装载苹果系统的手机，而有的用户愿意使用装载安卓系统的手机；有的用户喜欢玩社交游戏，而有的用户喜欢玩竞技游戏。每个用户对于交互产品的界面风格、运行速度等方面有着不同的要求。因此，作为设计师，要正确看待并尊重用户的个性差异，这样有助于针对不同用户群体设计合理的交互产品。例如，根据不同用户的喜好改变手机输入法键盘的界面布局，如图 9-4 所示。

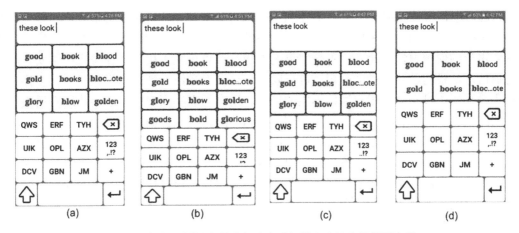

图 9-4　根据不同用户的喜好改变手机输入法键盘的界面布局

基于 OCEAN 模型的理论从以下五个方面来分析用户的个性差异：

Openness to experience——经验开放性，表示用户对新鲜事物的好奇程度和对新体验的接受程度；Conscientiousness——尽责性，用户容易被传统的目标驱动并专注工作；Extraversion——外向性，用户更倾向活跃于社交场合；Agreeableness——亲和性，用户愿意与群体中的其他人员达成一致并开展合作；Neuroticism——情绪不稳定性，用户对未知环境和外部压力产生不稳定的情绪。

4．用户的文化背景差异

不同用户的宗教信仰、语言、饮食、礼仪、风俗习惯等可能存在差异，导致不同用户对待同样的事物可能有不一样的理解。例如，受东方文化影响的用户与受西方文化影响的用户，其思维方式、处理问题的方式、表达问题的方式有显著的区别。举例说明，中国人喜欢在大部分喜庆的节日里使用红色，而不用白色，因为中国人认为红色代表热情、欢喜、好运，白色代表悲伤、凄凉；而英国人认为白色象征纯洁、神圣，红色代表杀戮、血腥，因此英国人喜欢在大部分喜庆的节日里使用白色。

这些文化背景的差异导致不同的用户对待交互产品的态度有所差别。随着计算机技术和网络技术向着国际化的方向发展，根据用户的文化背景差异，设计不同的交互产品版本，能够使交互产品更具有市场竞争力。

5．用户的年龄差异

（1）老年用户。社会老龄化是当今很多国家所面临的典型现象，我国的老年人数量近年来在不断增加。随着信息技术的快速发展以及移动端设备的普及，老年用户也成为交互产品的庞大用户群体之一。从另一角度来说，老年用户退休后有更多的时间使用交互产品，他们会投入一定的精力参与产品的互动。但不得不说，老年用户因为身体出现各种状况（如视力的衰退、反应能力锐减、疾病的困扰等）及认知能力的不足，所以他们对交互产品的需求和理解程度与年轻人有显著的差别。因此，设计师要充分考虑老年用户的基本情况，从而设计出更便于老年用户使用的交互产品。

在现实生活中，市场上出现了越来越多便于老年用户使用的移动交互产品。例如，为老年用户定制的手机小助手应用软件，可提供一键通话，代发短信，定时提醒，屏蔽骚扰电话，修改电话簿等功能；还有一些手机应用软件为老年用户提供一键报警或一键急救等功能。这些手机应用大多采用大字号、大间距的文字布局，并配以显著的按钮，充分考虑到老年用户的使用习惯。此外，不少空巢老人通过计算机或手机与不在身边的子女、朋友进行通信，从最初的通过电话、短信进行联系，再到发送语音消息和视频通话，多样化的通信手段改变了过去老年用户通信不便的局面。还有的老年用户能够学会使用直播类手机应用软件，能够通过手机观看感兴趣的直播内容，丰富了自己的日常生活。

尽管如此，仍有不少老年用户不会使用一些基本的生活服务类交互设备，如自动售票机，自动取款机等。事实上，不少老年用户对人机交互技术存在不信任和恐惧感，因为不少交互设备的界面复杂、功能繁多，有些功能需要用户拍摄身份证或本人照片等，这些操作都大大降低了老年用户的使用欲望，在没有专人帮助的情况下，老年用户使用这类设备的意愿并不强烈。

总之，为了使老年用户更情愿使用各类交互设备，设计师必须考虑为老年用户提供更友好的体验，具体包括界面设计更形象化、简单化，提供手写识别或语音识别功能，完善向导功能等。只有为老年用户提供更有吸引力、更便捷的产品和服务，才能让他们在参与交互的过程中不断受益，从而帮助老年用户适应时代的发展。

（2）儿童用户。儿童用户也是一个庞大的用户群体，近年来，随着智能手机和平板电脑的普及，市场上出现了大量的针对儿童用户的教育产品应用软件和益智游戏应用软件，如图 9-5 所示为爱科学手机应用软件。由于大多数儿童对事物的专注力不够持久，所以在为儿童用户设计交互产品时要特别注意产品的趣味性和教育性。针对儿童用户，设计师要考虑以下两项内容：第一，要提供儿童用户能够理解的交互界面，交互操作的难度要尽量低一些，交互方式不能对儿童成长造成不良影响或产生误导等。例如，应用软件应以语音播放、触控点击、动画演示等方式为主，减少文字等内容。第二，需要监护人监督、指导和帮助。监护人应尽到监护责任，但应用软件也应当设置儿童模式 / 未成年人模式，防止儿童用户过度使用电子设备，也要避免儿童用户接触到色情、暴力等不良内容，确保儿童用户健康成长。

图 9-5 爱科学手机应用软件

为儿童用户设计交互产品时，设计师必须具有博大的胸怀、高远的志向、强烈的爱心及责任心等。此外，设计师还应当注重儿童用户的反馈，因为现在的儿童有更多机会接触到新技术、新设备、新内容，他们可以更早地开阔视野，并迅速地学会新的技能，所以他们会发挥想象力，并对交互产品提出很多新颖的改进想法，使设计师受到启发。

某些面向儿童用户的应用软件在设计之初，设计师会在儿童监护人同意的前提下邀请儿童共同讨论设计话题，设计师希望站在儿童的角度思考问题。让儿童成为设计伙伴，让儿童参与设计调研，这些措施都是可行的。

6. 用户使用产品时的环境差异

用户使用产品时的环境也会影响产品的可用性。

这里的使用环境无法用良好或恶劣来划分，因为交互产品的适用环境有差异，所以不能一概而论。有的交互产品需要在安静、明亮、温馨的环境中使用，而有的交互产品需要在昏暗、潮湿的环境中使用。在合适的环境中，能够使用户充分体验交互产品的效果。对于设计师而言，需要在设计过程中充分考虑环境因素，如光照、噪声、震动、温度、湿度等，从而为交互产品提供合适的使用环境。

对于交互设计师来说，设计产品时必须考虑以上因素。只有充分了解并尊重了用户的差异，才能使设计的产品更受欢迎。

9.3.2 适应软硬件的多样性

设计师除了要考虑用户差异，还要确保交互产品能够支持主流的软件和硬件。在匹配大容量存储设备、高速处理器的同时，需要向下兼容旧设备和旧软件版本。

今后，我们还需要重点解决以下问题。

（1）无论是传输速率较快的网络连接方式（光纤连接），还是传输速率较慢的网络连接方式（拔号连接），均要实现良好的交互效果。目前，有关图像、音乐、视频文件的压缩算法，研究人员已经取得了一些技术突破，但仍需改进。

（2）开发自适应用户界面。为适应不同显示器的尺寸而设计不同的用户界面，是理想的解决方式，但对大多数开发者而言，这种方式的成本较高且过于耗费时间。此外，随着交互产品变得多样化和复杂化，传统的用户界面由于不能满足多种用户的需求而成为交互产品发展的瓶颈。因此，开发自适应用户界面也是今后的主流方向。

9.4 可用性评估的方法

可用性评估用于检验应用软件的可用性是否满足了用户的要求。评估时，由一个或多个用户在给定的环境里完成一个或多个交互操作，通过记录交互过程中的客观数据并询问用户，了解用户对交互产品的满意程度，据此针对产品的可用性进行深度评估。

在人机交互设计领域，开展可用性评估时应该遵循以下原则。

（1）可用性评估不应只由专业技术人员完成，而应邀请产品的用户来共同完成，这样的评估结果更具有说服力。

（2）可用性评估是一个过程，这个过程在产品开发的初期就应该实施。

（3）可用性评估必须在用户的实际工作任务和操作环境中进行。

（4）要广泛地选择具有代表性的用户参与可用性评估。

可用性评估对于产品交互界面的改进具有积极意义。

常用的可用性评估方法包括用户模型法、启发式评估法、认知性遍历法、用户测试法、用户问卷调查法等。其中最常用的方法是用户测试法和用户问卷调查法。

（1）用户模型法。用户模型法是用数学模型来模拟人机交互的过程的，这种方法把人机交互的过程看作解决问题的过程。用户使用产品是有目标的，而一个大目标可以被细分为许多小目标。在人机交互领域中，最著名的预测模型是 GOMS 模型，它采用"分而治之"的理念，将一个任务细分为多个层次，通过目标（Goal）、操作（Operator）、方法（Method），以及选择（Selection）来描述用户行为。GOMS 模型将用户与计算机的交互（可以是物理层面的、认知层面的或感性层面的）减到初等级别，因为初等级别的交互框架是最容易被研究的。

GOMS 模型的优势是提供了一个可以计算的时间开销评估方法，具有可操作性及精确性。评估者需要仔细调研所有用户完成任务的操作步骤，统计用户完成每个步骤所花费的时间，进而预测用户完成任务需要花费的总时间，但需要注意，用户的行为会受到外部环境等因素的影响，因此预测用户完成任务所花费的总时间会存在偏差。为减少偏差，模型的研究对象建议针对熟练用户而非新手用户。

（2）启发式评估法。启发式评估法指使用一套相对简单的、通用的、有启发性的可用性原则来进行可用性评估。具体方法如下：研究者以"启发式原则"为指导，评估用户界面的元素（如对话框、菜单、在线帮助等）是否符合要求。

启发式原则包括以下 10 项内容。

① 产品状态的可见性：产品应该在合理的时间内给出适当的反馈，始终让用户了解正在发生的事情。

② 产品与用户的逻辑关系：产品的实现逻辑要和用户的思考逻辑保持一致，使交互步骤以合理的顺序出现。产品应使用用户熟悉的词语和概念，而不要使用大量的专业术语。

③ 便于用户撤销操作：用户在使用产品时，有时会出现误操作。因此针对某些功能，产品应支持撤销操作。

④ 一致性和标准化原则：产品对信息的描述要保持一致，具有相同原理的同一类操作的实现逻辑要体现标准化原则。例如，在不同层级中对同一种功能的命名要一致，功能与帮助说明中的描述要一致，避免因出现不一致问题而使用户产生疑惑。

⑤ 预防错误：提前预防错误的发生，这种防患于未然的设计要比适当的错误提示更胜一筹。可以采取的措施包括：消除容易出错的条件并进行检查，在用户采取行动之前让用户再次确认是否执行该操作。

⑥加强可视化手段，减轻用户的记忆负担：通过一系列可视化手段，便于用户对产品的认知，让用户一看就懂。尽量不要让用户从当前界面切换到别的界面时还必须记住某些信息，减轻用户的记忆负担。

⑦ 灵活性和效率：允许用户灵活设置产品的功能属性，从而满足不同用户的需求，提高用户的操作效率。

⑧ 极简主义设计：在交互产品的界面中，推荐使用极简主义设计，尽量不要出现非必要的信息和设计元素，避免对关键信息造成干扰。

⑨ 帮助用户解决问题：当诊断出错误时，错误内容应以简单的提示消息进行表示，问

题描述要精准，并为用户提出具有建设性的解决方案。

⑩ 提供帮助文档：为用户提供帮助文档，并且该文档易于搜索，能够针对用户要执行的任务列出具体操作步骤。

（3）认知性遍历法。认知性遍历法指研究者从产品说明书或早期的产品原型出发构建任务场景，之后让用户使用产品完成任务。

实施认知性遍历法时需要具备以下四项条件。

① 对产品原型进行详尽描述，这种描述不一定是完整的，但要非常详尽。

② 对用户使用产品将要完成的任务进行描述，该任务应当是具有代表性的任务。

③ 提供一份完整的、书面的操作清单，列出用户完成任务所需执行的操作。

④ 确定用户的身份，并且研究者应当确定用户已具有哪些知识和经验。

认知性遍历法的实施步骤大致分为三步：第一步，用户在产品的交互界面上寻找能够帮助自己完成任务的行动方案；第二步，用户选择并采用最有帮助的行动方案；第三步，用户评估产品，并给出反馈，判断任务完成的进度。

（4）用户测试法。用户测试法指让用户使用产品，由测试人员对用户进行观察、记录和测量。下面对用户测试法进行详细介绍。

① 测试前的准备工作。

a. 明确用户测试的目的。通过测试可以发现交互设计中有待改进的地方，测试人员需要明白产品为什么出错，而不能只知道什么位置错了。此外，通过测试可以评估产品质量，收集用户反馈。例如，可以在测试过程中收集用户的交互过程数据，观察出错状况并分析出错原因，并根据衡量标准，对产品质量进行评估。

b. 准备测试环境和测试设备。测试环境指多数用户正常使用这款产品时所处的环境。在准备测试环境时要确保测试环境的合理性，提供必要的场地和服务。

准备测试设备也是重要的环节之一，常用的测试设备包括摄像机、三脚架、话筒、耳机、电源线、扩展插座等。此外，测试人员还要提前在自己的计算机中安装记录测试过程的软件，制作测试用的表格等。

需要注意，测试人员也是测试环境中的因素之一，因此要减少测试人员对用户的影响，尽量让用户独立完成测试任务。

② 测试的六个阶段。

a. 制订测试计划。测试计划主要包括测试目标、问题陈述、目标用户特征、测试方法、测试任务列表、需要收集的数据、测试报告内容等。

b. 选择参与测试的用户。根据目标用户特征选择有代表性的用户，将他们分为几类，每一类包含若干用户；用户来源应具有广泛性，有条件的话可以建立一个测试用户数据库。

c. 准备测试材料。

• 测试指导书：说明测试的目的，介绍测试注意事项等。

• 问卷：用来搜集用户的有关信息，以便在测试过程中更好地理解用户的表现。

• 训练脚本：准确地描述测试步骤，演练测试过程。

• 任务场景描述：为测试用户描述场景。

• 数据采集表格：采集用户数据，包括记录用户的感受、观点、建议等。

• 测试流程表：将要实施的环节按时间顺序列出。

d. 执行引导测试。执行引导测试用于发现描述比较含糊和容易出错的地方。

e. 执行正式测试。在执行正式测试的过程中，不要给用户任何提示。

测试人员可重点关注以下数据：

- 用户完成某项特定任务的时间；
- 用户在给定时间内完成的任务数量；
- 在测试过程中，产品出现错误的次数；
- 产品从出现错误到恢复正常所花费的时间；
- 用户使用其他特定交互方式（如快捷键）的次数；
- 用户使用帮助文档的次数；
- 用户使用帮助文档所花费的时间；
- 用户对交互界面的正面评价与负面评价的数量；
- 用户偏离实际任务的次数。

测试结束后，与用户进行面谈；整理用户在测试过程中提出的问题；复核测试问卷。

f. 分析数据并撰写测试报告。

先整理在测试过程中记录的数据，为了便于统计与分析，可以将关键数据制作为图表（如饼图、柱状图、折线图等），并计算某些数据的关键数值（如平均值、最大值、最小值等），之后进行深入分析。

若遇到异常的数据，则验证是否发生了错误，并分析其原因。

最后，撰写测试报告。

（5）用户问卷调查法。通过问卷调查的方式来了解用户使用产品的情况，了解用户的满意程度和遇到的问题，并利用收集到的信息不断改进和提高产品的质量和可用性。

9.5 习题

1. 简述什么是可用性目标。
2. 简述什么是可用性度量。
3. 简述可用性的五个维度。
4. 请举例说明两种以上的可用性评估方法。
5. 举例说明在学习和生活中所遇到的成功或失败的案例。

第 10 章

人机交互综合应用实例

10.1 认识 Axure RP

Axure RP 是美国 Axure Software Solution 公司推出的旗舰产品，是一款专业的交互原型设计工具。Axure RP 中的 RP 指 Rapid Prototyping（快速原型）。用户使用 Axure RP 能够快速创建应用软件、Web 网站，以及移动 App 的线框图、流程图、原型和规格说明文档。此外，这款工具支持多人协作设计和版本控制管理。

Axure RP 的使用者主要包括商业分析师、信息架构师、可用性评测专家、产品经理、IT 咨询师、用户体验设计师、交互设计师、界面设计师、程序开发工程师等。Axure RP 除了能够帮助使用者高效地制作产品原型，快速地绘制线框图、流程图、网站架构图、示意图、HTML 模板等，还支持利用 JavaScript 实现交互，并生成 Web 格式的文档供用户浏览。此外，Axure RP 还能替代 PowerPoint、Visio 等软件制作演示文稿或流程图。

Axure RP 的可视化工作环境可以让用户轻松快捷地使用鼠标创建带有注释的线框图。用户无须编程，即可在线框图上定义高级交互。在线框图的基础上，可以自动生成 HTML 原型。Axure RP 的工作界面如图 10-1 所示，下面介绍 Axure RP 的工作界面布局和功能。

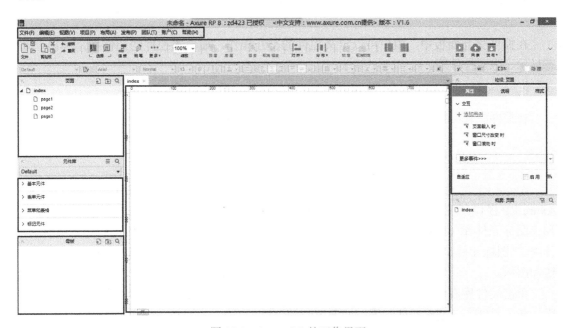

图 10-1　Axure RP 的工作界面

10.1.1　Axure RP 的工作界面布局和功能

1．主菜单和工具栏

在主菜单和工具栏中，用户可以执行常用操作，如打开文件、保存文件、自动生成原型和规格说明书等。

2．站点地图面板

在站点地图面板中，用户可以添加、删除、重命名页面（包括线框图和流程图）。

3．控件面板

控件面板包含线框图控件和流程图控件。此外，用户还可以载入已有的部件库（以 rplib 为后缀的文件）来创建属于自己的部件库。

4．模块面板

模块面板是一种可以复用的特殊区域，用户在模块面板中可以添加、删除、重命名模块，以及对模块进行分类管理。

5．线框图工作区

线框图工作区也被称为页面工作区，线框图工作区是用户进行原型设计的主要区域，用户在该区域中可以设计线框图和流程图，自定义部件、模块等。

6．页面注释区

在页面注释区中，用户可以管理页面注释。

7．控件交互面板

在控件交互面板中，用户可以定义控件的交互操作，如设置控件的超链接，弹出、动态显示、隐藏控件等。

8．控件注释面板

在控件注释面板中，用户可以对控件的功能进行注释。

10.1.2　Axure RP 的元件库及元件属性

Axure RP 的元件库相当于一个"工具箱"，用户可以在元件库中对所有元件进行管理。Axure RP 提供了三种元件库，分别是"基本元件库（Default）"、"流程图元件库（Flow）"和"图标元件库（Icons）"，如图 10-2 所示，用户在元件库的下拉菜单中可以选择元件库。其中，"图标元件库"是 Axure RP 8.0 版本增加的元件库，它主要用于制作网络应用中的按钮和图标。

单击元件库右侧的选项子菜单按钮，在弹出的子菜单中可以管理元件库，如下载元件库、载入元件库、创建元件库等，如图 10-3 所示。

使用元件时，只需选中要使用的元件，将其拖动到主编辑区内，元件就会被放在指定的位置。

图 10-2　元件库的下拉菜单　　　　　　　　图 10-3　元件库的选项子菜单

10.1.3　母版管理

Axure RP 的母版就像 PPT 的母版一样，是一种可以被套用的模板，而这个模板是作者可以自行设计并应用的。Axure RP 的母版可以被套用到全部页面中，也可以被套用到部分指定的页面中，"母版"面板如图 10-4 所示。母版在什么场合下使用呢？如果站点中的很多页面的版式相同，或者信息重复出现，那么这时就可以使用母版，如导航栏中的公司信息、底部的版权信息、底部的主导航按钮（见图 10-5）等。我们可以把这些信息放入母版中，然后将其应用到相关的页面中。需要注意的是，当修改母版中的内容时，所有应用了母版的页面也会同步修改。

图 10-4　"母版"面板

图 10-5　微信底部的主导航按钮

10.2　站点地图与思维导图

Axure RP 是一款交互原型设计工具，在设计原型之前，我们需要确定站点地图和思维导图。通过站点地图，我们可以对原型中的不同模块、栏目进行管理。站点地图也可以帮助我们快速打开项目原型的不同模块和不同页面。而在设计站点地图之前，应当先绘制"思维导图"，通过思维导图，能够帮助我们理清页面与页面之间，模块与模块之间的逻辑关系。

10.2.1 站点地图

每个网站都有属于自己的结构，根据网站结构，我们能够全面地认识网站。通过站点地图，我们能够了解不同的模块在整个网站中的作用，梳理各模块之间的逻辑关系。

站点地图的作用是管理所有页面，如对页面进行添加、删除、重命名等。当用户双击某个页面的名称时，则会在主编辑区内打开该页面。打开一个页面后，主编辑区的页眉会显示当前页面的标签，用来告知用户当前编辑的是什么页面。

10.2.2 思维导图

1. 思维导图的基本概念

思维导图又被称为心智图，是一种能够表达发散性思维的工具。思维导图的基本原理虽然很简单，但它是十分有效的思维工具。在日常生活中，思维导图被广泛用于教育、商业、金融、科技、行政等领域。无论是读书学习，还是进行决策分析、财务管理、时间管理等，思维导图都可以帮助我们充分激发大脑的潜能，提升记忆、阅读、逻辑思维的能力，进而提高工作和学习的效率。

2. 思维导图适用的情境

思维导图适用的情境主要包括项目管理、头脑风暴、知识梳理、功能设计。

（1）项目管理

思维导图能够帮助用户进行项目管理，用户可根据项目情况，围绕人员、资源、时间、进度等方面实施管理。借助思维导图，用户能够更加系统地思考，更好地统筹和管理项目中的各个环节。

（2）头脑风暴

进行头脑风暴时，把脑海中想到的词汇写出来，不断地积累，先不用过分考虑层次结构，当思路越来越清晰时，逐步理顺词汇之间的逻辑关系，进而创建思维导图。

（3）知识梳理

当用户在某个领域学习时，需要建立牢固的知识体系，此时可以使用思维导图对知识进行梳理，理清不同知识之间的逻辑联系，从而建立完整的知识结构。伴随着学习的深入，用户在现有的思维导图中进行扩展，实现知识的扩充、迁移。

（4）功能设计

为了便于开发软件，软件开发人员可以通过绘制思维导图来确定软件的功能，从而为用户提供更好的服务，如图 10-6 所示为"QQ 音乐"的功能设计思维导图。

3. 常用的思维导图绘制软件

思维导图绘制软件可以让用户方便地绘制各种思维导图，并对思维导图进行修改、保存、复制等操作。下面介绍几款常用的思维导图绘制软件。

（1）XMind。XMind 是一款非常实用的商业思维导图绘制软件，如图 10-7 所示。它提供了多种结构图形式，如鱼骨图、矩阵图、时间轴结构图等。用户可根据实际情况进行选择，进而发散思维，进行深度对比分析，更直观地记录和安排项目任务。使用 XMind 制作思维导图时，用户可以在一张图中采用多种结构图形式，即为思维导图中的每个分支选择不同的结构图形式。XMind 尊重用户的创造力，给予用户充足的创作空间，便于用户创造出极具个性的思维导图。

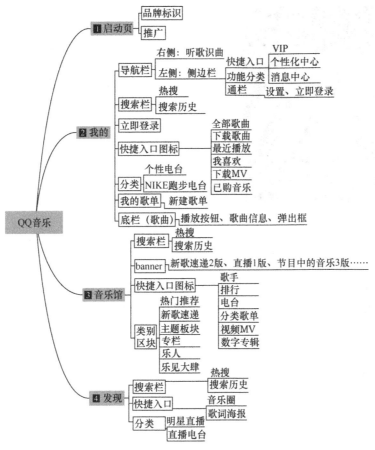

图 10-6　"QQ 音乐"的功能设计思维导图

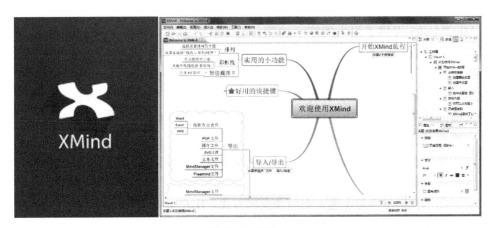

图 10-7　XMind

（2）MindMaster。MindMaster 是一款跨平台、多功能的思维导图绘制软件，如图 10-8 所示。MindMaster 分为免费版和专业版，它提供了丰富的智能布局、多样化的展示模式、精美的设计元素和预置的主题样式。MindMaster 被广泛用于制订解决方案、实施项目管理等场景。MindMaster 具有如下特点。

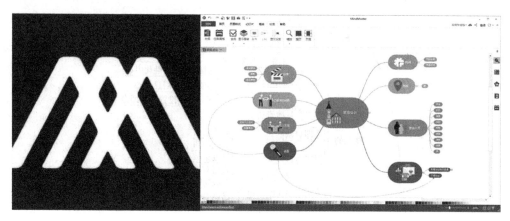

图 10-8　MindMaster

- MindMaster 可以用于绘制双向思维导图、单向思维导图、树状图、组织架构图和概念图。
- 使用 MindMaster 绘制思维导图时，可以添加关系线、标签、标注、外框、摘要、注解等，并插入图标、图片、剪贴画、超链接、附件等。
- MindMaster 提供了 30 余种主题供用户选择，用户还可根据需求自定义颜色、形状、背景、连接线、布局方式等。MindMaster 支持一键切换手绘风格。
- MindMaster 支持自动生成编号，预览思维导图，以及导出文本大纲。
- MindMaster 支 持 导 入 XMind、MindManager 及 亿 图 图 示 等 软 件 生 成 的 文 件。MindMaster 支持导出 PDF、Office 文档，HTML 文件，以及多种图片格式的文件。
- MindMaster 具有云存储和云协作功能，支持一键分享。
- MindMaster 具有完善的项目管理功能。用户可以添加任务、指派任务、设定完成时间，从而轻松地完成项目管理。
- MindMaster 提供了强大的演示功能，它可以把思维导图整合后生成幻灯片进行放映，也可以以整张图的形式全屏动态演示。

（3）亿图图示。亿图图示是一款综合性绘图软件，如图 10-9 所示。使用这款软件不仅可以绘制思维导图，还可以绘制流程图、信息图、架构图、电路图、海报、科学插画等。亿图图示提供了三万多个高质量的矢量素材和上千个实用模板。亿图图示具有如下特点。

- 亿图图示支持的图表类型有 200 多种。
- 使用亿图图示绘制思维导图时，可以添加关系线，插入图标、图片、剪贴画、注解、超链接、附件等。
- 亿图图示提供了多种主题、布局和连接方式。用户可自定义形状、颜色、连接线等。
- 亿图图示支持自动生成编号，以及导出文本大纲。

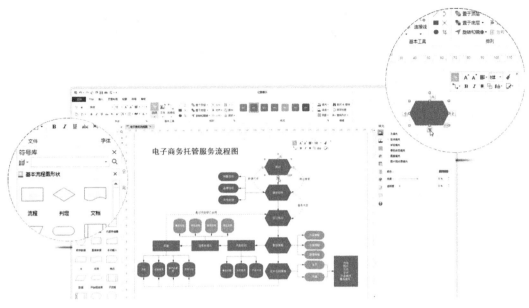

图 10-9 亿图图示

- 亿图图示支持导出 PDF、Office 文档，HTML 文件，以及多种图片格式的文件。
- 亿图图示具有云存储和云协作功能，支持一键分享。

关于思维导图绘制软件的学习与使用，请读者根据实际需求进行自学。

10.3 变量与表达式

1. 变量

在 Axure RP 中，变量有两种，一种是全局变量，另一种是局部变量。

全局变量就像一个可以存放公共资源的数据容器，这些公共资源在需要的时候可以被提取出来。这里的"提取"是不受页面限制的，也就是说是可以跨页调用的，如图 10-10 所示为"全局变量"对话框。

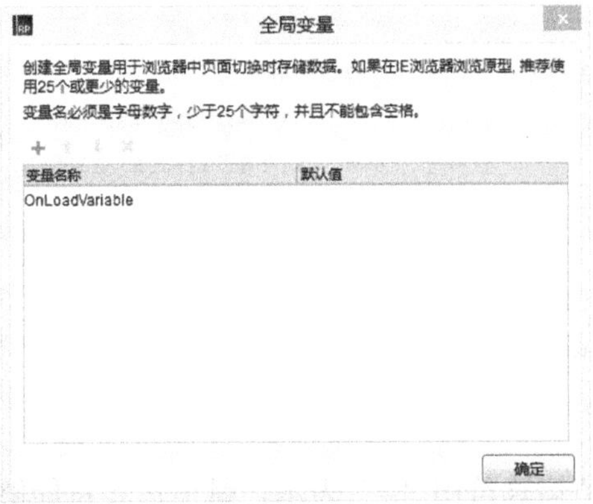

图 10-10 "全局变量"对话框

　　局部变量则是在编辑过程中由系统创建的临时数据，只在特定范围内有效。局部变量是可以被一次写入的，但可以被多次提取，如图 10-11 为"编辑文本"对话框，可以看到其中包含"局部变量"选区。关于局部变量，请注意以下几点要求。

- 局部变量可以设置多个。
- 局部变量只在当前界面中有效。
- 局部变量在创建时被赋值，需要注意局部变量的类型。
- 设置局部变量后，可以在主编辑区中通过公式读取并使用局部变量。

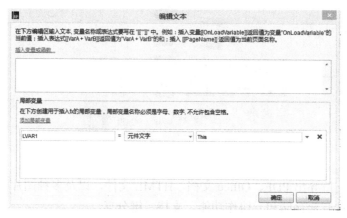

图 10-11　"局部变量"对话框

2. 表达式

　　在 Axure RP 中，表达式是由数字、运算符、数字分组符合（括号）、变量等构成的运算式。其中，运算符是指用于执行各种运算的符号，常见的运算符可分为四类：算术运算符、关系运算符、赋值运算符和逻辑运算符。

　　（1）算术运算符。算术运算符包括 +、-、*、/、%。其中 % 表示取余，例如，12%5 的结果为 2，16%5 的结果为 1。

　　（2）关系运算符。在 Axure 中，关系运算符包括 <、<=、>、>=、==、!=。关系运算符的返回值只能是 0 或 1。通常情况下，关系运算符的值为真（True）时，用 1 表示；关系运算符的值为假（False）时，用 0 表示。如图 10-12 所示为 6 种关系运算符。

运算符	名称	示例	功能
<	小于	a<b	a小于b时返回真；否则返回假
<=	小于等于	a<=b	a小于等于b时返回真；否则返回假
>	大于	a>b	a大于b时返回真；否则返回假
>=	大于等于	a>=b	a大于等于b时返回真；否则返回假
==	等于	a==b	a等于b时返回真；否则返回假
!=	不等于	a!=b	a不等于b时返回真；否则返回假

图 10-12　6 种关系运算符

　　（3）赋值运算符。赋值运算符用"="表示，赋值运算符能够将等号右边表达式的结果传递给等号左边的值。由赋值运算符将一个变量和一个表达式连接起来的式子被称为"赋值表达式"。它的一般形式为：

<变量><赋值运算符><表达式>

例如，"a=5"和"a=2+3"都是赋值表达式。其中，等号右侧的表达式，可以是具体的数值，也可以是表达式。

（4）逻辑运算符。Axure RP 中的逻辑运算符有三种，即 &&、|| 和 !，其中 && 表示并且，可以用英文单词 and 来理解；|| 表示或者，可以用英文单位 or 来理解；! 表示取反，可以用英文单位 not 来理解。下面举例说明，当 x=6、y=3 时，各逻辑运算符的示例和返回值如图 10-13 所示。

类型	运算符	名称	示例	返回值
逻辑运算符	&&	并且/and	[[x<10&&y>1]]	true
	||	或者/or	[[x= =5||y= =5]]	false
	!	取反/not	[[! (x= =y) 1]]	true
假设：x=6以及y=3				

图 10-13　逻辑运算符示例和返回值

【练习题】如图 10-14 所示，请读者计算结果。

我们可以在程序中进行测试验证，步骤如下。

① 在主编辑区中绘制 4 个矩形，并将公式以文本的形式写入矩形框中（见图 10-14）。

② 在已有的 4 个矩形右侧再绘制 4 个相同的矩形，如图 10-15 所示，右侧的 4 个矩形的问号需要通过单击显示计算结果。接下来为右侧的 4 个矩形设置交互内容：在"属性"选项卡中选择"鼠标单击时"选项，并单击"添加用例"按钮，如图 10-16 所示，弹出"用例编辑＜鼠标单击 时＞"对话框，如图 10-17 所示，在"添加动作"选区中，选择"元件"→"设置文本"选项，在右侧的"配置动作"选区中勾选"当前元件"复选框，并在下方的"设置文本为"下拉列表中选择"值"选项，在右侧的文本框中输入"[[2+7-5-4]]"，单击"确定"按钮，设置完毕。

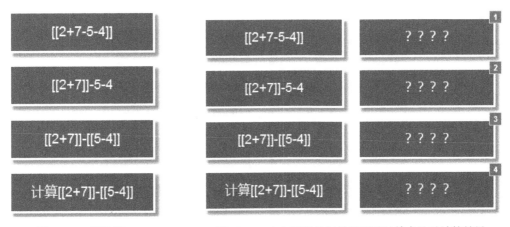

图 10-14　练习题　　　　　　　　图 10-15　4 个矩形的问号需要通过单击显示计算结果

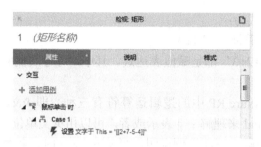

图 10-16　设置交互内容

图 10-17　设置文本交互显示值

③ 按照同样的方法，为其余 3 个带有问号的矩形设置交互内容。

④ 测试结果如图 10-18 所示。

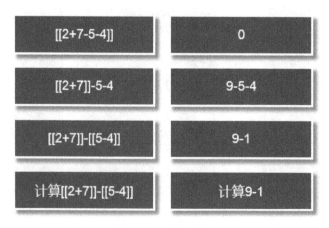

图 10-18　测试结果

通过本练习题，我们可以看出，在 Axure RP 中，方括号内部的内容能够进行运算，其外部的内容会被当作字符直接输出显示，不参与计算。

10.4　动态面板

动态面板是 Axure RP 中使用非常频繁的元件，它用于实现一些动态交互效果，如隐藏与显示效果、滑动效果、拖动效果和多状态效果。对用户而言，熟悉动态面板的使用方法，将有助于更好地制作原型。

1．隐藏与显示效果

隐藏与显示效果：用户单击某个按钮后，隐藏界面中已有的元素，或者显示界面中原来没有的元素。

情景 A：在"登录"对话框中，用户如果不填写用户名就单击"登录"按钮，那么界面提示用户填写用户名。

情景 B：当界面中有提示框时，用户单击"确认"按钮，提示框消失。

诸如以上情景，需要用到动态面板的隐藏与显示效果。动态面板初始状态（隐藏/显示）的设置方法如下：在动态面板管理器中右击动态面板，在弹出的快捷菜单中选择"编辑"选项，设置隐藏/显示状态。

2．滑动效果

动态面板的滑动效果一般是通过其他交互事件来触发的，如单击某个按钮，或加载某个页面（通过 onpageload 事件）。

情景 A：网站上的文字滚动效果。

情景 B：在"登录"对话框中，用户单击"登录"按钮，"登录"对话框以滑动的方式消失。

3．拖动效果

动态面板的拖动效果是常用的效果之一。

情景 A：手机的滑动解锁功能。

情景 B：手机页面的纵向浏览功能。

情景 C：手机页面的横向换页功能。

其实，开发者对系统自带变量深入研究后，结合其他实现方式，还可以为动态面板衍生出其他拖动效果。例如，Axure RP 本身无法产生随机数，然而结合其他方式，便可以在界面中实现随机数的效果，这样便能实现诸如"掷骰子"的动画效果。

4．多状态效果

动态面板的多状态效果在网站原型中的应用非常普遍，可以显著减少动态面板的数量。例如，隐藏一个动态面板，显示另外一个动态面板，就可以使用一个动态面板的不同状态来实现；此外，动态面板的滑进滑出效果也可以通过状态变化来实现。动态面板的不同状态还能实现图片的轮播效果、图形的转动效果等。在 Axure RP 中，可以把元件放在动态面板的不同状态下，也就是说动态面板其实是一个多层的容器，容器的每一层可以包含多个元件。

我们可以在动态面板管理器中为动态面板添加多个状态，并调整这些状态的顺序，进而实现不同的显示效果，如图 10-19 所示。

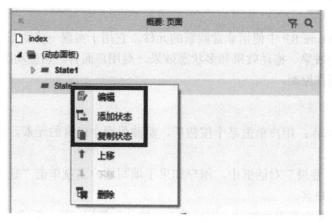

图 10-19　动态面板管理器

10.5　函数

在 Axure RP 中，只有在表达式里才能使用函数。如图 10-20 所示，在"编辑文本"对话框中，单击"插入变量或函数"按钮，在弹出的函数列表中选择需要的函数，如图 10-21 所示。此外，用户也可以直接手动输入函数

函数的一般格式为：对象 . 函数名 (参数 1，参数 2，……)。例如，利用"数学"函数中的 max() 函数求所有参数中的最大值，则函数的格式为：Math.max(x,y)。再比如，函数 Math.max(1,3,5,7,9,0,4) 的返回结果为 9。

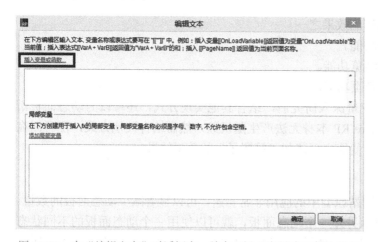

图 10-20　在"编辑文本"对话框中，单击"插入变量或函数"按钮

图 10-21　函数列表

10.6　中继器

中继器是 Axure RP 中非常重要的元件，用于显示重复的文本、图片和超链接等。中继器需要搭配页面中的"数据集""项目交互""样式设置"等配置内容才能发挥作用。当生成 HTML 页面时，可以通过"项目交互"中的"每项加载时"事件将"数据集"中的每条数据循环加载到模板上。通过"样式设置"可以调整项目列表显示时的布局、分页、背景色等参数。

使用中继器的操作步骤如下。

（1）在元件库中选择中继器，将其拖入主编辑区中，可以看到中继器的基本形式是一个一列三行的矩形，如图 10-22 所示。

（2）设置中继器的数据集内容，并在主编辑区中进行编辑，如图 10-23 所示。

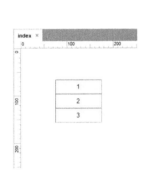

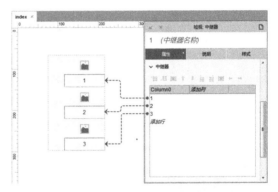

图 10-22　中继器的基本形式　　　　图 10-23　设置中继器的数据集内容

（3）设置中继器在加载时的交互动作。在"属性"面板的"交互"列表中进行选择，在"每项加载时"事件下添加用例"Case 1"，设置文字在矩形上的内容与数据集的第一列（Column0）相对应，如图 10-24 所示。关于交互动作的其他设置，我们将在后面的案例中详细介绍。

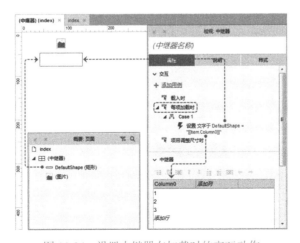

图 10-24　设置中继器在加载时的交互动作

（4）设置中继器的显示样式，选择"样式"面板，如图 10-25 所示，在该面板中设置中继器的样式，如中继器的背景色、边框、布局等。

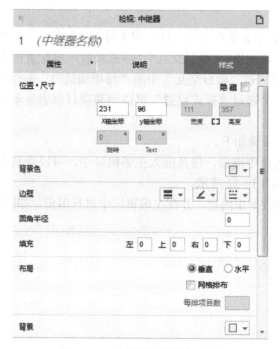

图 10-25　中继器"样式"面板

10.7　综合应用实例

10.7.1　常规元件的应用——登录页面的设计

本案例将介绍登录页面的设计与制作，效果如图 10-26 所示。

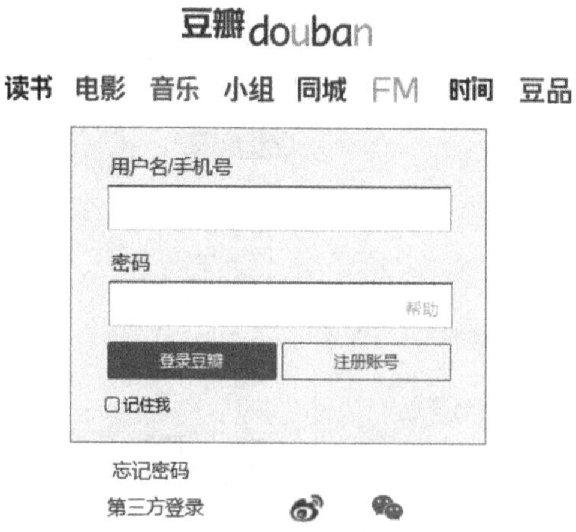

图 10-26　登录页面

1. 登录页面的设计

（1）设置背景颜色。选择"项目"→"页面样式编辑"菜单命令，弹出如图 10-27 所示的"页面样式管理"对话框，在该对话框中可以设置背景颜色、背景图片等参数。

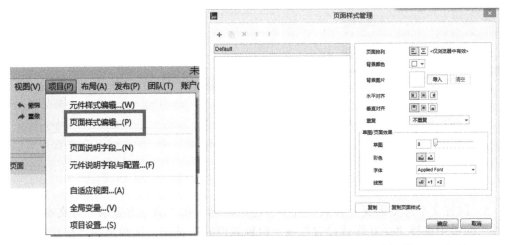

图 10-27　选择"项目"→"页面样式编辑"菜单命令，弹出"页面样式管理"对话框

（2）导入图片素材。在元件库中选择图片，并将其拖曳至主编辑区中，或者在图片的"属性"面板中导入图片素材，如图 10-28 所示。选择图片后，对图片进行裁剪，也可以右击图片，在弹出的快捷菜单中选择"裁剪"选项，如图 10-29 所示。

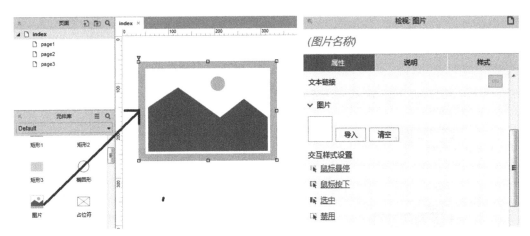

图 10-28　导入图片素材

（3）在主编辑区中绘制一个宽度为 340 像素，高度为 250 像素的矩形，并设置边框颜色。

（4）添加按钮、文本标签、文本框、复选框等元件，并设置颜色及字体，如图 10-30 所示。

其中，文本框的宽度为 280 像素，高度为 36 像素，文本框内文字的字号默认为 13 号；"登录豆瓣"按钮与"注册账号"按钮的宽度均为 138 像素，高度为 30 像素，"登录豆瓣"按钮的颜色为绿色；文本标签"忘记密码"和"第三方登录"的字号为 3 号，颜色为灰色。

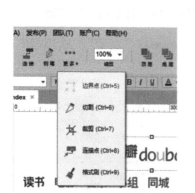

图 10-29　对图片进行裁剪

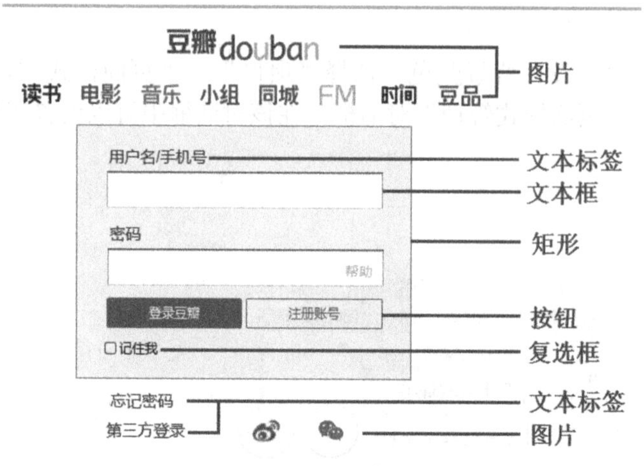

图 10-30　为登录界面添加元件

（5）设置文本标签的交互样式。选中"忘记密码"和"第三方登录"等文本标签，在"属性"面板中选择"交互样式设置"→"鼠标悬停时"选项，在弹出的"交互样式设置"对话框中勾选"字体颜色"复选框，并将其颜色设置为"绿色"，如图 10-31 所示。这样当鼠标指针移至文本标签上时，文本标签会自动变为绿色。

图 10-31　设置文本标签的交互样式

（6）设置提示信息。选中"豆瓣 douban"图片，在其"属性"面板的"元件提示"文本框中输入"这里是豆瓣大本营！"；选中"忘记密码"文本标签，在其"属性"面板的

"元件提示"文本框中输入"找回密码",如图 10-32 所示;选中"第三方登录"文本标签,在其"属性"面板的"元件提示"文本框中输入"用已有账号登录"。

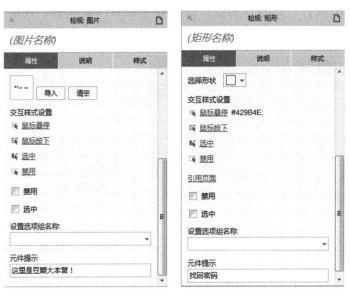

图 10-32　设置提示信息

提示信息的作用:当鼠标指针移至对象上时,会弹出提示信息,如图 10-33 所示。

图 10-33　提示信息

(7)预览、共享和发布。在设计过程中,设计师需要通过预览的方式随时查看设计效果。下面介绍预览与发布的设置。"预览"按钮、"共享"按钮和"发布"下拉按钮如图 10-34 所示。

图 10-34　"预览"按钮、"共享"按钮和"发布"下拉按钮

① 单击"预览"按钮(快捷键为 F5 键),在不生成 HTML 文件的情况下对设计内容进行预览。

② 单击"共享"按钮(快捷键为 F6 键),会弹出"发布到 Axure Share"对话框,如图 10-35 所示。用户需要先注册账号,再设置项目名称、密码,便可将项目发布到 Axure 服务器上进行保存,服务器会给用户的项目分配网址,实现在线浏览。

③ 单击"发布"下拉按钮，会弹出如图 10-36 的下拉菜单，用户可以在此处选择"预览"选项（功能同单击"预览"按钮）、"发布到 AxShare"选项（功能同单击"共享"按钮）、"生成 HTML 文件"选项（根据页面内容生成 HTML 文件，并进行存储）、"生成Word 说明书"选项等。

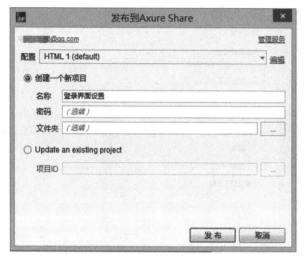

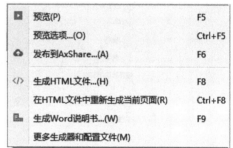

图 10-35　"发布到 Axure Share"对话框　　　　图 10-36　单击"发布"下拉按钮后弹出的下
　　　　　　　　　　　　　　　　　　　　　　　　　　　　　拉菜单

2. 跳转页面的设计

（1）完成"登录"页面的设计后，在站点地图中新建页面"注册"、"忘记密码"、"第三方登录－微信登录"和"第三方登录－微博登录"，如图 10-37 所示。

（2）参照图 10-38，完成"注册"页面的设计；参照图 10-39，完成"忘记密码"页面的设计；参照图 10-40，完成"第三方登录－微博登录"页面的设计。"第三方登录－微博登录"页面的图略。

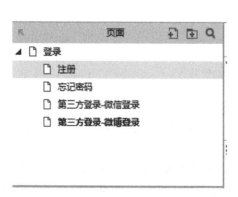

图 10-37　在站点地图中新建页面　　　　　　　　图 10-38　"注册"页面

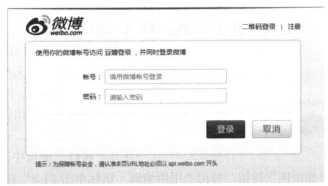

图 10-39　"忘记密码"页面　　　　　图 10-40　"第三方登录 – 微博登录"页面

（3）实现页面之间的跳转。选中"登录"页面中的"注册账号"按钮，在其"属性"面板中选择"鼠标单击 时"选项，并单击"添加用例"按钮，如图 10-41 所示，弹出"用例编辑＜鼠标单击 时＞"对话框，如图 10-42 所示，在"添加动作"选区中选择"打开链接"选项，在"配置动作"选区中选择"注册"页面。

（4）使用同样的方法，完成其他页面的跳转设置。

图 10-41　选择"鼠标单击 时"选项，并单击"添加用例"按钮

图 10-42　弹出"用例编辑＜鼠标单击 时＞"对话框

3. 元件焦点的控制

（1）打开"登录"页面，设置光标的停留位置。

元件的命名：将用于输入用户名的文本框的名称设置为 username，如图 10-43 所示；将用于输入密码的文本框的名称设置为 password。

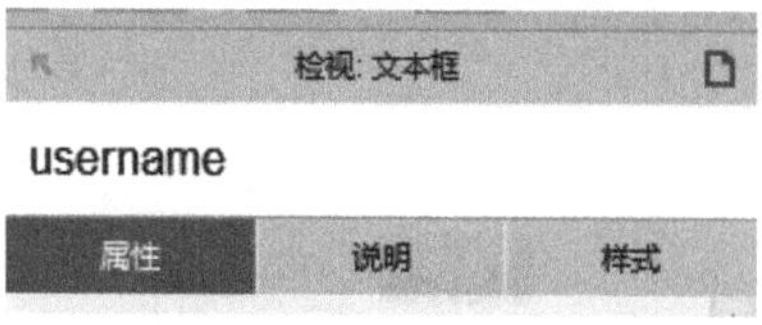

注意：命名元件时，尽量使用英文名称，因为中文名称在调用时可能出错。

（2）设置焦点。选中"用户名 / 手机号"文本标签，在其"属性"面板中选择"鼠标单击 时"选项，并单击"添加用例"按钮，弹出"用例编辑 < 鼠标单击 时 >"对话框，在"添加动作"选区中选择"获取焦点"选项，在"配置动作"选区中选中"username（文本框）"复选框，如图 10-44 所示。设置完成后，单击用户名时，光标将停留在"username"文本框上。使用同样的方法设置"密码"的焦点在"password"文本框上。

图 10-43 元件的命名

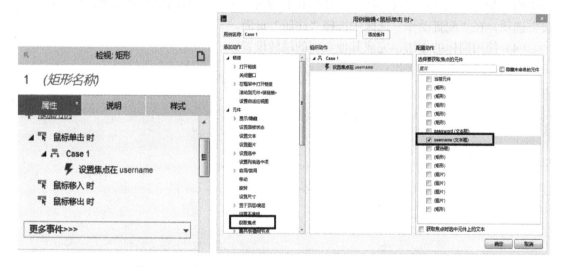

图 10-44 设置"用户名"的焦点在"username"文本框上

（3）页面载入时获取焦点。单击页面的空白处，在页面的"属性"面板中选择"页面载入 时"选项，并单击"添加用例"按钮，弹出"用例编辑 < 页面载入 时 >"对话框，如图 10-45 所示，在"添加动作"选区中选择"获取焦点"选项，在"配置动作"选区中选中"username（文本框）"复选框。设置完成后，每次打开该页面时，光标会自动停留在"username"处，即"用户名 / 手机号"文本框中，如图 10-46 所示。

（4）设置文本框类型。选中文本框"password"，在其"属性"面板中设置文本框的类型为"密码"。Axure RP 中的文本框类型有很多种，具体包括 Text、密码、邮箱、Number、电话号码（非中国）、网址、查找、文件、日期、月份和时间，如图 10-47 所示。其中有些文本框的类型只能在特定的浏览器（如 Google Chrome 和火狐浏览器）中才能使用，因此我们在使用 Axure RP 进行设计时，需要提前安装特定的浏览器，这样才能更好地显示相关内容。文本框的应用示例如图 10-48 所示。

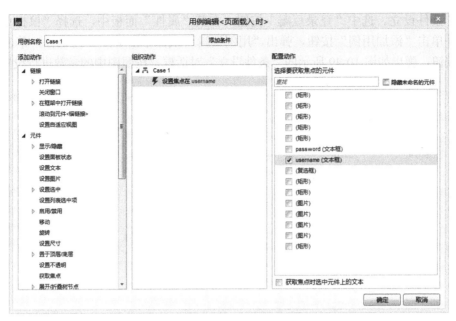

图 10-45　"用例编辑＜页面载入时＞"对话框

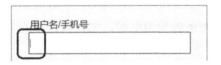

图 10-46　光标会自动停留在"用户名／手机号"文本框中

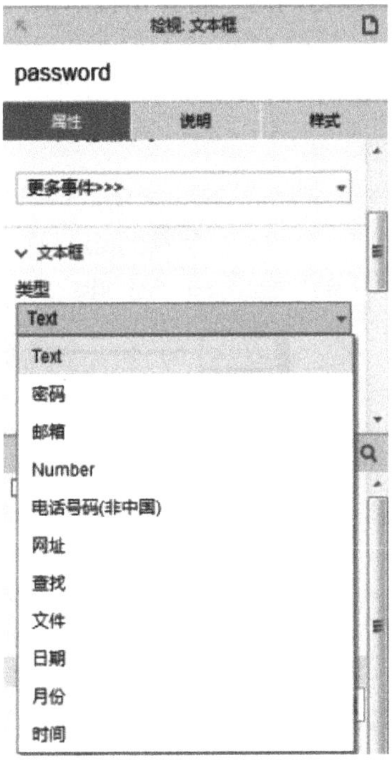

图 10-47　文本框类型 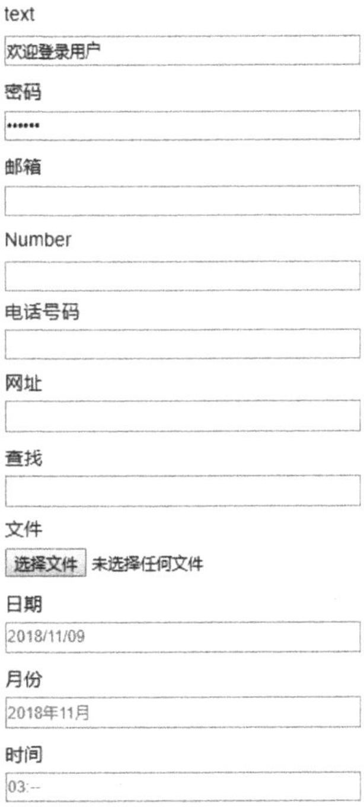　　　　　　图 10-48　文本框的应用示例

（5）条件设立。选中"登录豆瓣"按钮，在其"属性"面板中，选择"鼠标单击 时"选项，并单击"添加用例"按钮，弹出"用例编辑＜鼠标单击 时＞"对话框，单击"添加条件"按钮，弹出如图 10-49 所示的"条件设立"对话框，按照图中的参数进行设置。

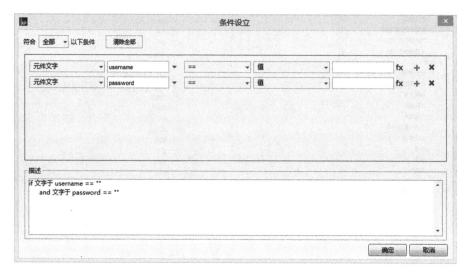

图 10-49　"条件设立"对话框

设置完成后，当用户名和密码均为空时，焦点将定位在 username 上，此时的"属性"面板如图 10-50 所示。

4. 添加提示信息栏

添加提示信息栏，当用户输入错误的用户名或密码时，将弹出提示框，提示用户输入正确的用户名或密码。

（1）在"登录"页面中添加提示信息栏，即绘制一个矩形，并在矩形中添加文本标签，将其命名为"message"，如图 10-51 所示。

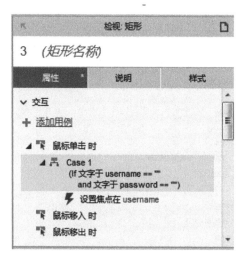

图 10-50　条件设立后的"属性"面板

图 10-51　添加提示信息栏

（2）设置当用户名为空时的提示信息。

① 选中"登录豆瓣"按钮，在其"属性"面板中选择"鼠标单击 时"选项，并单击"添加用例"按钮，生成新的用例 Case 2，在弹出的"用例编辑＜鼠标单击 时＞"对话框中单击"添加条件"按钮，在弹出的"条件设立"对话框中设置条件，条件如下：

元件文字	username	==	值	空白	Fx ＋ X

描述语句显示为：Else If 文字于 username== " "。

② 在"添加动作"选区中选择"设置文本"选项，在右侧的"配置动作"选区中勾选"message（矩形）"复选框，在"设置文本为"下拉菜单中选择"富文本"选项，并单击旁边的"编辑文字"按钮，弹出"输入文本"对话框，在文本框内输入提示信息"错误：用户名不能为空"，并设置文本的样式，如图 10-52 所示。

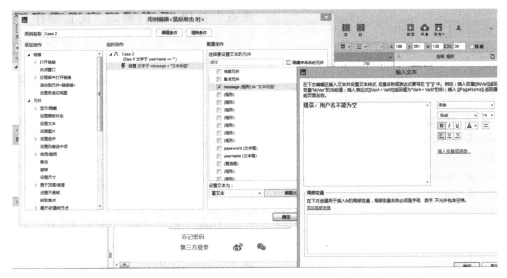

图 10-52　"用例编辑＜鼠标单击 时＞"对话框和"输入文本"对话框

③ 在"添加动作"选区中选择"获取焦点"选项，并在"配置动作"选区中勾选"username（文本框）"选项，将焦点定位在 username 上，设置完成后的"属性"面板如图 10-53 所示。

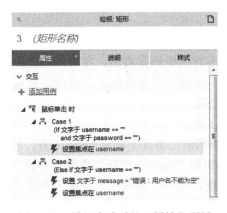

图 10-53　设置完成后的"属性"面板

（3）设置当密码为空时的提示信息。

① 选中"登录豆瓣"按钮，在其"属性"面板中选择"鼠标单击 时"选项，并单击"添加用例"按钮，生成新的用例 Case 3，在弹出的"用例编辑＜鼠标单击 时＞"对话框中单击"添加条件"按钮，在弹出的"条件设立"对话框中设置条件，条件如下：

元件文字	password	＝＝	值	空白	Fx ＋ X

② 在"添加动作"选区中选择"设置文本"选项，在右侧的"配置动作"选区中勾选"password（矩形）"复选框，在"设置文本为"下拉菜单中选择"富文本"选项，并单击旁边的"编辑文字"按钮，弹出"输入文本"对话框，在文本框内输入提示信息"错误：密码不能为空"，并设置文本的样式。

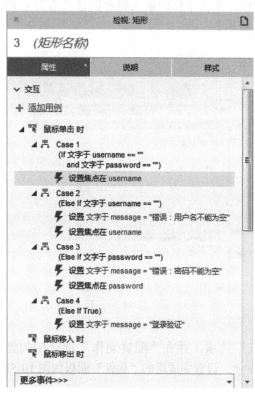

图 10-54　设置完成后的"属性"面板

③ 在"添加动作"选区中选择"获取焦点"选项，在右侧的"配置动作"选区中勾选"password"复选框，将光标定位在 password 上。

（4）当在文本框中输入信息后，则进行登录验证。

① 选中"登录豆瓣"按钮，在其"属性"面板中选择"鼠标单击 时"选项，并单击"添加用例"按钮，生成新的用例 Case 4，因为条件为空，所以自动配置语句"Else If True"。

② 在"添加动作"选区中选择"设置文本"选项，在右侧的"配置动作"选区中勾选"message（矩形）"复选框，在"设置文本为"下拉菜单中选择"富文本"选项，并单击旁边的"编辑文字"按钮，弹出"输入文本"对话框，在文本框内输入提示信息"登录验证"，并设置文本的样式，设置完成后的"属性"面板如图 10-54 所示。

5. 应用动态面板实现移动效果

（1）选中提示信息及其下方的矩形并右击，在弹出的快捷菜单中选择"转换为动态面板"选项，如图 10-55 所示，在弹出的对话框中，将动态面板命名为"tips"，并勾选"隐藏"复选框，将该动态面板隐藏。

（2）提示信息的隐藏与显示。

选中登录页面中较大的矩形框，将其上移至 Logo 下方，与原动态面板对齐。

① 设置"登录豆瓣"按钮的 Case 2，即当用户名为空时，显示提示信息。打开"用例编辑＜鼠标单击 时＞"对话框，在"添加动作"选区中选择"设置文本"选项，在右侧的"配置动作"选区中勾选"tips（动态面板）"复选框，在"可见性"选区中选中"显示"单

选按钮，在中部的"动画"下拉菜单中选择"逐渐"选项，设置"时间"为 500 毫秒，在"更多选项"下拉菜单中选择"推动元件"选项，在"方向"选区中选中"下方"单选按钮，在底部的"动画"下拉菜单中选择"无"选项，如图 10-56 所示。设置完成后的"属性"面板如图 10-57 所示。

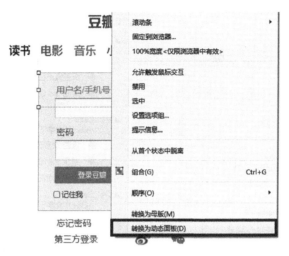

图 10-55　选择"转换为动态面板"选项

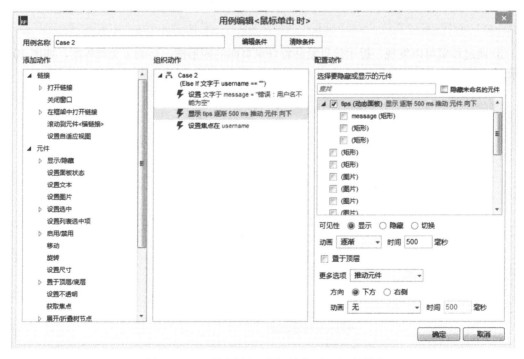

图 10-56　"用例编辑＜鼠标单击 时＞"对话框

② 设置"登录豆瓣"按钮的 Case 3，即当密码为空时，也显示提示信息。因为这部分语句和 Case 2 中的相关语句有类似的地方，因此我们使用复制语句的方式设置"登录豆瓣"按钮的 Case 3。选中 Case 2 中的"显示 tips 逐渐 500ms 推动元件向下"语句并右击，

在弹出的快捷菜单中选择"复制"选项，如图 10-58 所示，然后将该语句粘贴至 Case 3 中的相应位置。需要注意，当复制语句时，常用的快捷方式 Ctrl+C 组合键和 Ctrl+V 组合键是不起作用的。

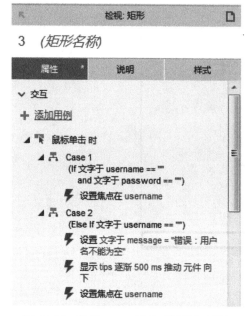

图 10-57　设置 Case 2 后的"属性"面板

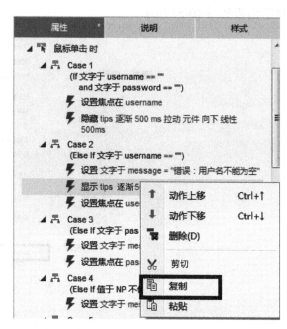

图 10-58　选择"复制"选项

③ 通过预览可以发现，提示信息紧贴着登录页面的矩形框，影响了美观程度，如图 10-59 所示。

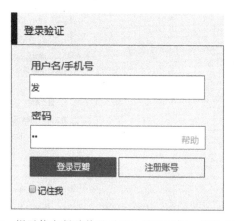

图 10-59　提示信息紧贴着登录页面的矩形框，影响了美观程度

解决方法：在动态面板中，拖曳出一段空白间隔层即可，如图 10-60 所示。动态面板的内部结构如图 10-61 所示。

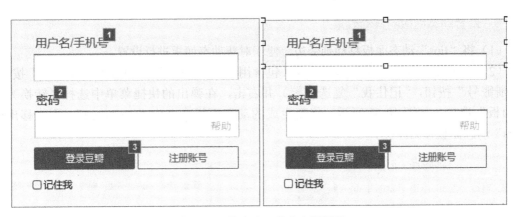

图 10-60 拖曳出一段空白间隔层

图 10-61 动态面板的内部结构

（5）当用户名和密码全为空时，隐藏提示信息。设置"登录豆瓣"按钮的 Case 1，打开"用例编辑＜鼠标单击 时＞"对话框，在"配置动作"选区中勾选"tips（动态面板）"复选框，其他参数如图 10-62 所示。

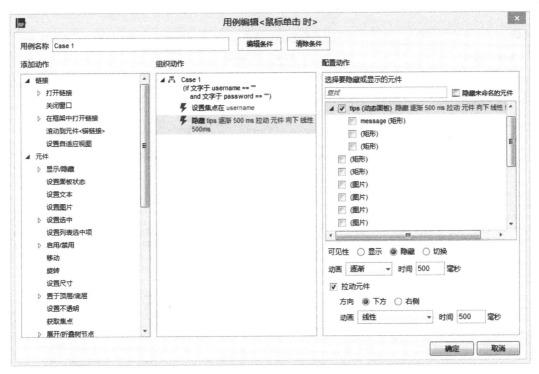

图 10-62 "用例编辑＜鼠标单击 时＞"对话框（设置"登录豆瓣"按钮的 Case 1）

6. 设置动态面板的抖动效果

（1）将"tips"动态面板移动到旁边，便于对新动态面板进行设置。

（2）选中登录页面中较大的矩形框（包含用户名/手机号、密码、"登录豆瓣"按钮、"注册账号"按钮，"记住我"复选框等）并右击，在弹出的快捷菜单中选择"转换为动态面板"选项，如图 10-63 所示。将新生成的动态面板命名为"newboard"，再将移出的"tips"动态面板移回原位。

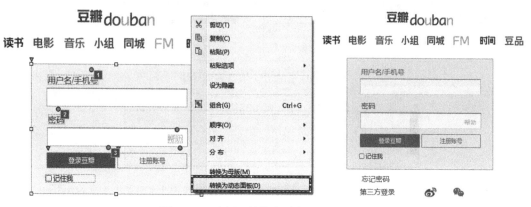

图 10-63　选择"转换为动态面板"选项

（3）双击"newboard"动态面板，选中"登录豆瓣"按钮，设置"登录豆瓣"按钮的 Case 2。在"属性"面板中双击"显示 tips 逐渐 500ms 推动元件向下"语句，打开"用例编辑＜鼠标单击 时＞"对话框，如图 10-64 所示。

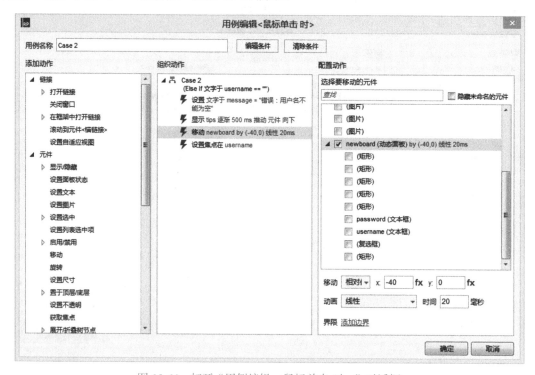

图 10-64　打开"用例编辑＜鼠标单击 时＞"对话框

在"添加动作"选区中选择"移动"选项，在右侧的"配置动作"选区中勾选"newboard（动态面板）"复选框。因为面板仅需要左右抖动，所以设置面板在水平方向移动即可，在"移动"下拉菜单中选择"相对位置"选项，设置"x"的值为−40fx，"y"的值为0fx，在"动画"下拉菜单中选择"线性"选项，设置"时间"为20毫秒，。

这里需要解释两个概念，相对位置和绝对位置。相对位置指对象相对于参考物的位置。本案例选用相对位置。绝对位置指对象以坐标原点作为参照而得出的位置。在 Axure RP 中，坐标原点在左上角。

为动态面板设置抖动回弹效果，参数设置如图 10-65 所示。需要注意，当动态面板移动的距离短时，所花费的时间也短，当动态面板移动的距离长时，所花费的时间也长，这样才能让速度匹配。

（4）设置 Case 3，添加抖动效果。选中 Case 2 中的相关语句并右击，在弹出的快捷菜单中选择"复制"选项，将其粘贴至 Case 3 中，如图 10-66 所示。

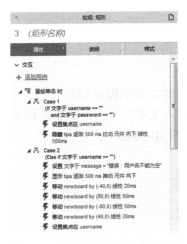

图 10-65　抖动回弹效果的参数设置　　　　图 10-66　设置 Case 3，添加抖动效果

6. 登录验证的简单实现

（1）在站点地图中新增一个用户登录成功后的页面，并使用相关素材（可以使用图片）填充该页面，形成一个用户登录成功后的主页导航页面，如图 10-67 所示。

图 10-67　用户登录成功后的主页导航页面

（2）为 Case 4 添加条件。

① 双击 Case 4，打开"用例编辑＜鼠标单击 时＞"对话框，单击"添加条件"按钮，弹出"条件设立"对话框，按照如图 10-68 所示的参数设置条件。

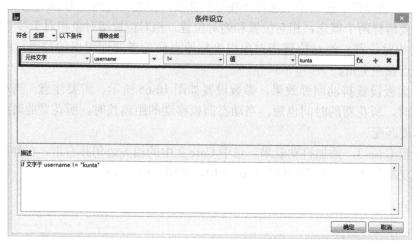

图 10-68 "条件设立"对话框

② 修改"message"的提示信息，当用户名不是"kunta"时，显示提示信息"错误：无效的用户名！"。"用例编辑＜鼠标单击 时＞"对话框和"输入文本"对话框的参数设置如图 10-69 所示，操作方法不再赘述。添加条件后的 Case 4 如图 10-70 所示。

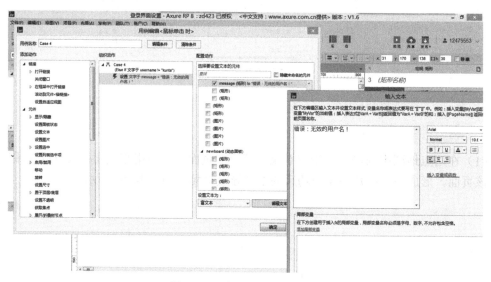

图 10-69 为 Case 4 添加条件

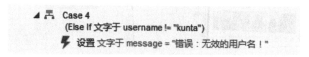

图 10-70 添加条件后的 Case 4

从该语句的描述中可看出：如果用户名不等于"kunta"，则提示"错误：无效的用户名！"。该语句的逻辑关系如下：先判断用户名是否正确，再判断密码是否正确。

（3）判断密码是否正确。选中"登录豆瓣"按钮，在其"属性"面板中选择"鼠标单击时"选项，并单击"添加用例"按钮，生成新的用例 Case 5，在弹出的"用例编辑＜鼠标单击时＞"对话框中单击"添加条件"按钮，弹出"条件设立"对话框，参数设置如图 10-71 所示。

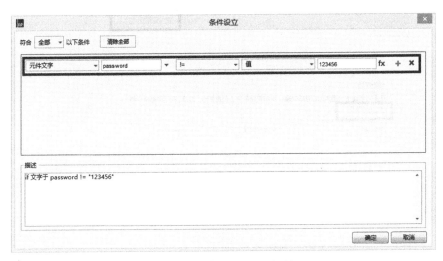

图 10-71　"条件设立"对话框

将 Case 4 中的语句复制到 Case 5 中，并打开"用例编辑＜鼠标单击 时＞"对话框，如图 10-72 所示，在"添加动作"选区中选择"设置文本"选项，在右侧的"配置动作"选区中勾选"message（矩形）"复选框，在"设置文本为"下拉菜单中选择"富文本"选项，并单击旁边的"编辑文字"按钮，弹出"输入文本"对话框，在文本框内输入提示信息"错误：[[uname]] 的密码不正确！"，由于此处的提示信息需要提取输入的用户名，所以需要使用局部变量，单击"添加局部变量"按钮，并对局部变量进行设置，如图 10-73 所示。

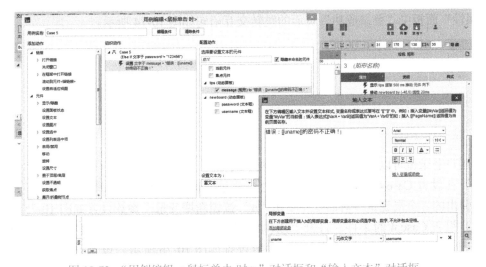

图 10-72　"用例编辑＜鼠标单击 时＞"对话框和"输入文本"对话框

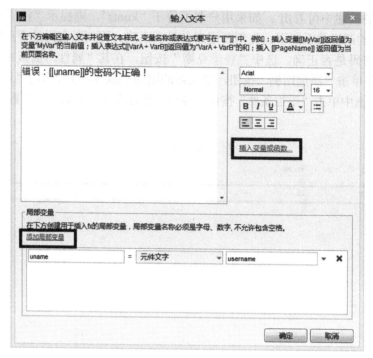

图 10-73　局部变量的设置

当在文本框内输入提示信息时，可以右击右侧的"插入变量或函数"按钮，选择对应的变量或函数，从而减少拼写错误。

（4）用户名和密码正确时的登录设置。

① 选中"登录豆瓣"按钮，在其"属性"面板中选择"鼠标单击 时"选项，并单击"添加用例"按钮，生成新的用例 Case 6，

② 打开"用例编辑＜鼠标单击 时＞"对话框，在"添加动作"选区中选择"链接"→"打开链接"选项，并在"配置动作"选区中勾选"登录成功"复选框（指向"登录成功"页面）。测试并验证当用户名和密码正确时，能够跳转到"登录"页面。设置完成后，"属性"面板中"登录成功"页面的跳转交互语句如图 10-74 所示。

图 10-74　"属性"面板中"登录成功"页面的跳转交互语句

7. 用全局变量实现单用户登录

单用户登录也可以使用全局变量来实现。

（1）在设置 Case 4 之前，创建两个全局变量。选择"项目"→"全局变量"菜单命令，在弹出的"全局变量"对话框中单击"+"按钮新增变量，参数设置如图 10-75 所示。

（2）设置 Case 4 的条件。打开"用例编辑＜鼠标单击 时＞"对话框，单击"添加条件"按钮，弹出"条件设立"对话框，参数设置如图 10-76 所示。设置完成后，Case 4 的交互语句如图 10-77 所示。

图 10-75　"全局变量"对话框

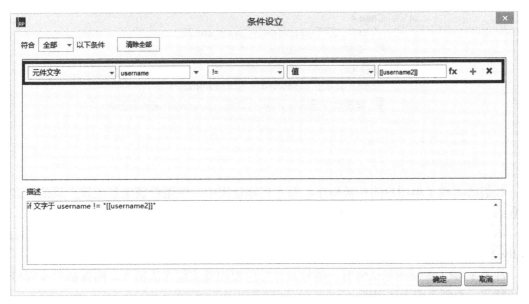

图 10-76　设置 Case 4 的条件

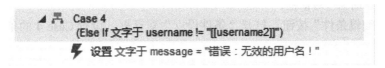

图 10-77　设置完成后，Case 4 的交互语句

（3）使用同样的方法设置 Case 5 的条件，参数设置如图 10-78 所示。设置完成后，Case 5 的交互语句如图 10-79 所示。

经过测试，结果符合预期效果。

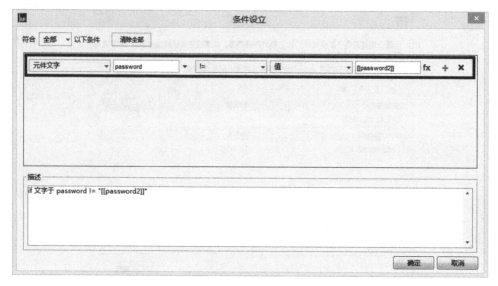

图 10-78　设置 Case 5 的条件

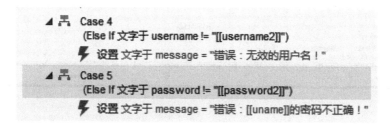

图 10-79　设置完成后，Case 5 的交互语句

8. 用全局变量实现多用户登录

我们已实现了单用户的登录操作，而在实际运用中，单用户登录是比较少见的，多用户登录是更常见的，下面使用全局变量实现多用户登录。

（1）新增全局变量，变量名称为 NP。默认值为 "(Kunta:123456) (Tommy:111111) (Billy:222222) (Susan:333333) (Lily:666666)"，如图 10-80 所示。

注意：输入变量的默认值时，括号及冒号应使用英文输入法输入，确保括号及冒号为半角状态，否则系统无法识别。

（2）选中"登录豆瓣"按钮，在"属性"面板中双击 Case 4 的相关语句，打开"用例编辑＜鼠标单击 时＞"对话框。

① 单击"编辑条件"按钮，打开"条件设立"对话框，设置 Case 4 的条件，条件如下所示：

变量值	NP	不包含	值	[[N]]	fx + X

② 此处需要调用局部变量来获取"用户名"文本框中的内容，再判断与全局变量中的字段是否匹配。在"条件设立"对话框中单击"fx"按钮，打开"编辑文本"对话框，单击"添加局部变量"按钮。

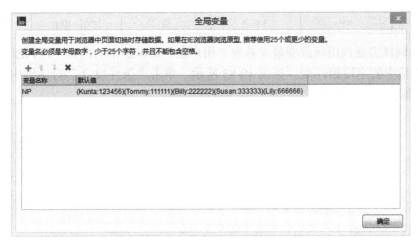

图 10-80　新增全局变量

③ 添加局部变量，参数如下：

N	=	元件文字	username	X

④ 在"编辑文本"对话框的"插入变量或函数"按钮下方的文本框中输入"[[N]]"，如图 10-81 所示。设置完成后，Case 4 的交互语句如图 10-82 所示。

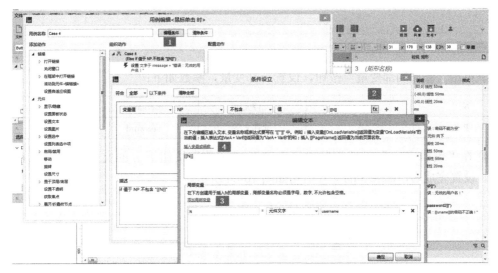

图 10-81　添加局部变量

图 10-82　设置完成后，Case 4 的交互语句

（3）利用局部变量实现用户名与密码的匹配验证。

① 设置 Case 5 的条件，条件如下所示：

变量值	NP	不包含	值	[[N]]：[[P]]	fx + X

② 此处同样需要调用局部变量来获取"用户名"文本框中的内容，再判断这些内容是否与全局变量中的字段相匹配。如图 10-83 所示，单击"条件设立"对话框中的"fx"按钮，打开"编辑文本"对话框。

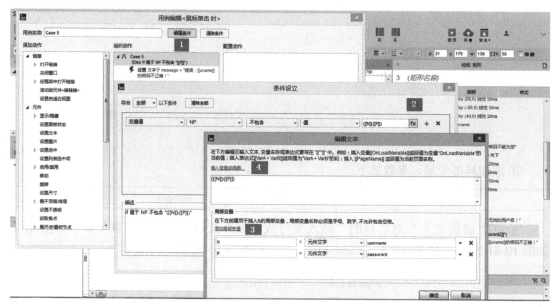

图 10-83　利用局部变量实现用户名与密码的匹配验证

③ 单击"添加局部变量"按钮，设置局部变量，参数如下：

N	=	元件文字	username	X
P	=	元件文字	password	X

④ 在"编辑文本"对话框的"插入变量或函数"按钮下方的文本框中输入 ([[N]]：[[P]])。设置完成后，Case 5 的交互语句如图 10-84 所示。

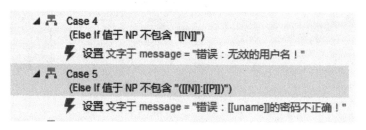

图 10-84　设置完成后，Case 5 的交互语句

经过测试，结果符合预期效果。

10.7.2　使用动态面板实现图片轮播效果

在本节中，我们将使用动态面板实现图片轮播效果，如图 10-85 所示。

图 10-85　图片轮播效果

1. 创建动态面板

从元件库中选择一个动态面板，并将其拖曳到主编辑区中，将动态面板命名为"Photo Carousel"，我们在"面板状态管理"对话框中可以看到，该动态面板有 4 种状态，且每种状态下有一张图片，如图 10-86 所示。

图 10-86　"面板状态管理"对话框

2. 插入并设置翻页按钮

每一页图片滚动画面上有两个翻页按钮，因此从元件库中选择按钮图标，并将其拖曳到主编辑区中，将其分别命名为"left"和"right"，在"交互样式设置"对话框中设置按钮在鼠标悬停时的效果，如图 10-87 所示。

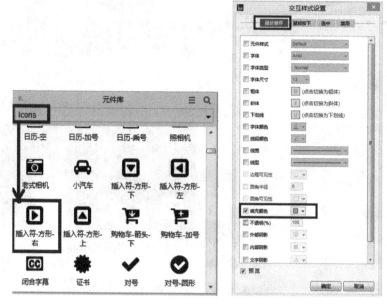

图 10-87　插入并设置翻页按钮

3. 动态面板的循环设置

页面载入时，开始播放画面。选择"Photo Carousel"动态面板，在其"属性"面板中双击"载入时"选项，进行动态面板的循环设置。打开"用例编辑＜载入 时＞"对话框，如图 10-88 所示。

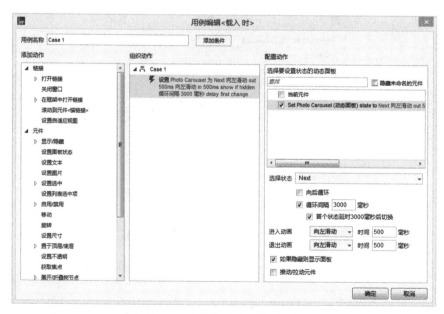

图 10-88　动态面板的循环设置

在"添加动作"选区中选择"元件"→"设置面板状态"选项，在右侧的"配置动作"选区中勾选"Set Photo Carousel（动态面板）state to"复选框，在"选择状态"下拉菜单中选择"Next"选项（或"Previous"选项），勾选"循环间隔"复选框，并设置参数为 3000 毫秒，勾选"首个状态延时 3000 毫秒后切换"复选框；设置进入动画为"向左滑动"，时间为 500 毫秒；设置退出动画为"向左滑动"，时间为 500 毫秒，单击"确定"按钮。设置完成后，动态面板的交互语句如图 10-89 所示。

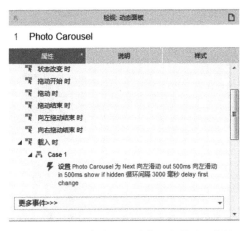

图 10-89　设置完成后，动态面板的交互语句

4. 当鼠标指针移入轮播图片时，图片轮播将停止

（1）选择"Photo Carousel"动态面板，在"属性"面板中双击"鼠标移入时"选项。打开"用例编辑＜鼠标移入 时＞"对话框，在"添加动作"选区中选择"元件"→"设置面板状态"选项，在右侧的"配置动作"选区中勾选"Set Photo Carousel（动态面板）state to"选项，在"选择状态"下来菜单中选择"停止循环"选项。其他参数设置如图 10-90 所示。

图 10-90　设置动态面板停止循环

（2）在"添加动作"选区中选择"元件"→"显示／隐藏"选项，在"组织动作"选区中选择"显示"选项，并在"配置动作"选区中勾选"left（形状）"和"right（形状）"复选框，在"可见性"选区中选择"显示"单选按钮，完成对图片轮播界面中两个翻页按钮的设置，如图 10-91 所示。设置完成后，交互语句如图 10-92 所示。

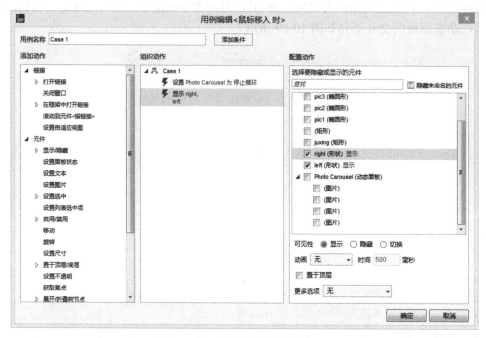

图 10-91　两个翻页按钮的设置

图 10-92　设置完成后的交互语句

（3）设置"left"按钮和"right"按钮的切换图片功能。选中"left"按钮，在"属性"面板中选择"鼠标单击时"选项，添加用例，打开"用例编辑＜鼠标单击 时＞"对话框，在"添加动作"选区中选择"元件"→"设置面板状态"选项，在右侧的"配置动作"选区中勾选"Set Photo Carousel（动态面板）state to"复选框，在"选择状态"下拉菜单中选择"Previous"选项，并勾选"向前循环"复选框；设置"进入动画"为"向右滑动"，时间为 500 毫秒；设置"退出动画"为向右滑动，时间为 500 毫秒，如图 10-93 所示。设置完成后，交互语句如图 10-94 所示。

图 10-93　设置按钮的切换图片功能

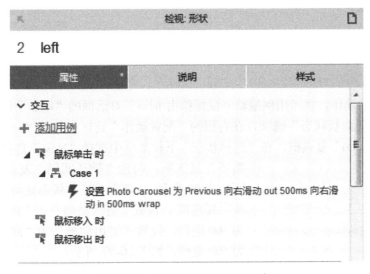

图 10-94　设置完成后的交互语句

（4）复制交互语句，完成"right"按钮的设置。复制"left"按钮中 Case 1 的语句，将其粘贴到"right"按钮的相关语句中。打开"用例编辑＜鼠标单击 时＞"对话框，在"配置动作"选区中勾选"Set Photo Carousel（动态面板）state to"复选框，在"选择状态"下拉菜单中选择"Previous"选项，并勾选"向前循环"复选框；设置"进入动画"为"向左滑动"，时间为 500 毫秒；设置"退出动画"为"向左滑动"，时间为 500 毫秒，如图 10-95所示。

（5）当鼠标指针移出动态面板时，按钮将被隐藏。

① 在动态面板"Photo Carousel"的"属性"面板中选择"鼠标移出时"选项，添加用例，打开"用例编辑＜鼠标移出 时＞"对话框，在"组织动作"选区中选择"隐藏"选项，

在右侧的"配置动作"选区中勾选"left（形状）"和"right（形状）"复选框，在"可见性"选区中选中"隐藏"单选按钮，如图 10-96 所示。

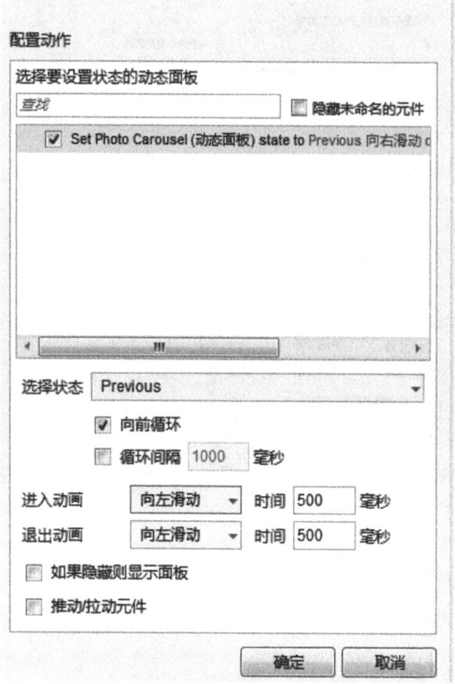

图 10-95　设置"right"按钮

图 10-96　设置按钮被隐藏

②继续添加动作，在"用例编辑＜鼠标移出 时＞"对话框的"添加动作"选区中选择"元件"→"设置面板状态"选项，在右侧的"配置动作"选区中勾选"Set Photo Carousel（动态面板）state to"复选框，在"选择状态"下拉菜单中选择"Next"选项，勾选"向后循环"复选框，勾选"循环间隔"复选框，并设置时间为 3000 毫秒；勾选"首个状态延时 3000 毫秒后切换"复选框；设置"进入动画"为"向左滑动"，时间为 500 毫秒，设置"退出动画"为"向左滑动"，时间为 500 毫秒，如图 10-97 所示。

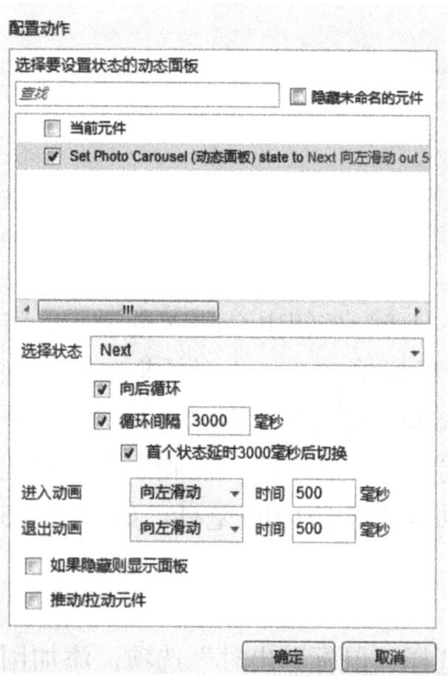

说明：这样设置后，可能出现问题，即软件对鼠标指针移动的判断有误，鼠标一旦滑动就会被判定为移动了。修改方法为使用动态面板的四个边界来判断鼠标指针是否移出边界。

5. 当鼠标指针移出边界时，图片继续轮播

在动态面板"Photo Carousel"的"属性"面板中选择"鼠标移出时"选项，添加用例 Case 2，打开"用例编辑＜鼠标移出 时＞"对话框，单击"添加条件"按钮，打开"条件设立"对话框，在"符合"下拉菜单中选择"任何"选项，条件参数和描述如图 10-98 所示。

图 10-97　设置动态面板的循环状态

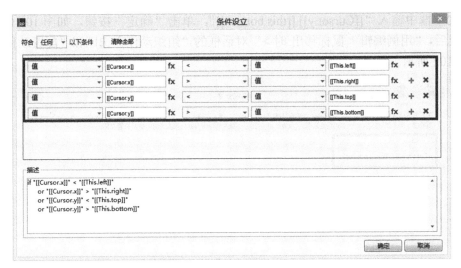

图 10-98　"条件设立"对话框

调整交互语句的内部顺序，在"属性"面板中右击 Case 2，在弹出的快捷菜单中选择"切换为 <If> 或 <Else If>"选项，如图 10-99 所示，这里的切换为 If，表示 Case 1 和 Case 2 为并列关系，不是顺序交互关系。完整的交互语句如图 10-100 所示。

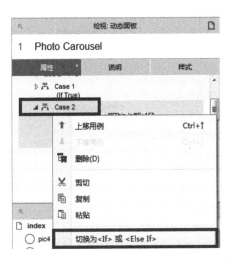

图 10-99　选择"切换为 <If> 或 <Else If>"选项　　　图 10-100　完成的交互语句

说明：这样设置后，可能出现问题，即当鼠标指针移出动态面板的边界后，图片不能恢复轮播效果，说明触发有问题。

6．通过测试解决出现的问题

绘制一个矩形，显示鼠标指针的坐标值，并将矩形命名为 Cursor。

（1）设置 Case 1。打开"用例编辑 < 鼠标移出 时 >"对话框，在"添加动作"选区中选择"元件"→"设置文本"选项，在右侧的"配置动作"选区中勾选"cursor（矩形）to"复选框，在"设置文本为"下拉菜单中选择"值"选项，单击"fx"按钮，打开"编辑文本"对话框。此处我们将用到 bottom 函数，即以底边为参照来获取鼠标指针的当前坐标值，在文本框中输入"[[Cursor.y]].[[this.bottom]]"，单击"确定"按钮，如图 10-101 所示，设置完成后，"用例编辑＜鼠标移出 时＞"对话框的"组织动作"选区和"配置动作"选区如图 10-102 所示。

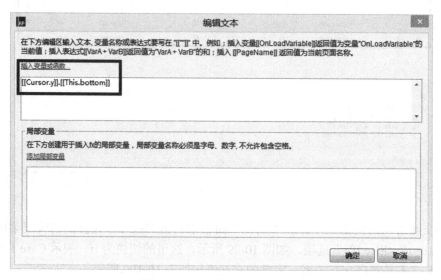

图 10-101 "编辑文本"对话框

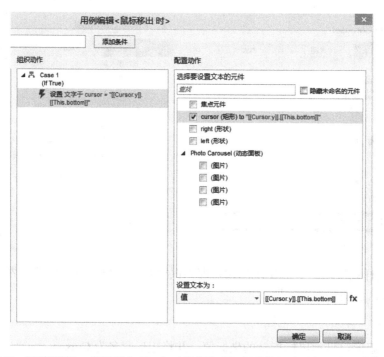

图 10-102 "用例编辑＜鼠标移出 时＞"对话框的"组织动作"选区和"配置动作"选区

进行测试，在矩形中将显示鼠标指针移出底边时的坐标值（344，400），如图 10-103 所示。但是每次鼠标指针移出底边时所显示的鼠标指针的纵坐标值是不一样的，因此程序无法确定鼠标指针移出底边时鼠标指针最终的坐标值。

344.400

图 10-103　显示鼠标指针移出底边时的坐标值

（2）为解决上述问题，我们将各边的边界值缩小 15。"条件设立"对话框中的参数设置如图 10-104 所示，设置完成后，交互语句如图 10-105 所示。

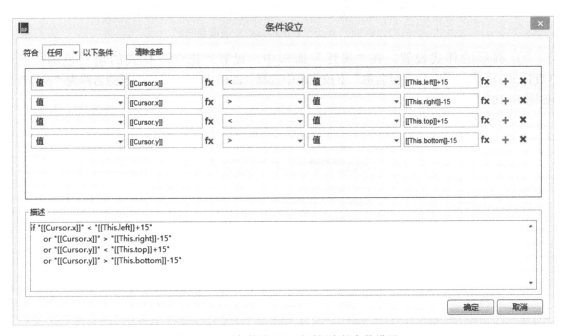

图 10-104　"条件设立"对话框中的参数设置

7．通过单击圆形按钮，实现切换效果

（1）绘制一个半透明的圆角长条矩形，为方便使用，可将矩形填充为灰色。

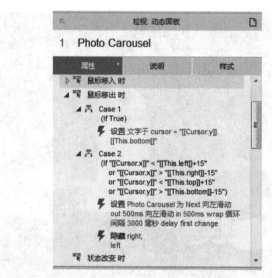

图 10-105　设置完成后的交互语句

（2）绘制一个圆形，圆形无边框，如图 10-106 所示。

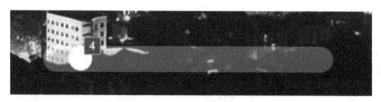

图 10-106　半透明灰色圆角长条矩形和圆形

① 圆形的样式设置。在"属性"面板中，设置"选中"样式的填充色为橙色（#FF3300）；在"设置选项组名称"下拉菜单中选择"dot"选项，设置圆形的名称为"pic1"，如图 10-107 所示。

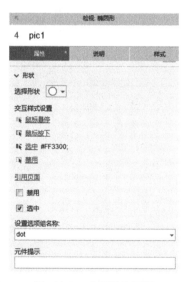

图 10-107　"属性"面板

② 圆形的交互设置。在"属性"面板中选择"鼠标单击时"选项，添加用例，打开"用例编辑 < 鼠标单击 时 >"对话框，设置用例名称为"Case 1"，在"添加动作"选区中选择"元件"→"设置面板状态"选项，在右侧的"配置动作"选区中勾选"Set Photo Carousel（动态面板）state to"选项，在"选择状态"下拉菜单中选择"Value"选项，设置"状态名称或序号"为 [[This.name]]；设置进入动画为"向左滑动"，时间为 500 毫秒；设置退出动画为"向左滑动"，时间为 500 毫秒，如图 10-108 所示。

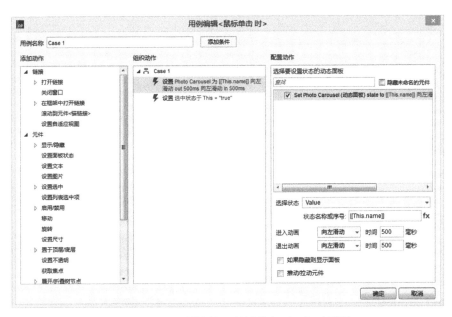

图 10-108　"用例编辑 < 鼠标单击 时 >"对话框

③ 在"添加动作"选区中选择"元件"→"设置选中"选项，在"配置动作"选区中勾选"当前元件"复选框，这样设置后，可以通过复制操作实现对其他圆形的通用设置。

（3）复制得到 3 个圆形，分别设置圆形的名称为 pic 2、pic 3 和 pic4；在"属性"面板中，设置 pic 1 为默认选中对象，即在"引用页面"选区中勾选"选中"复选框。

（4）确保每两个圆形之间的距离相等，并将它们放置在圆角矩形中，如图 10-109 所示。

图 10-109　4 个圆形

（5）图片切换时，对应的圆形呈现高亮效果。

选择动态面板"Photo Carousel"，进行交互设置。在"属性"面板中选择"状态改变时"选项，添加用例，在打开的对话框中设置用例名称为 Case 1，单击"添加条件"按钮，打开"条件设立"对话框，参数设置如图 10-110 所示。设置完成后，动态面板对应圆形的交互语句如图 10-111 所示。

依次设置 pic 2、pic 3 和 pic 4，最终的交互语句图 10-112 所示。

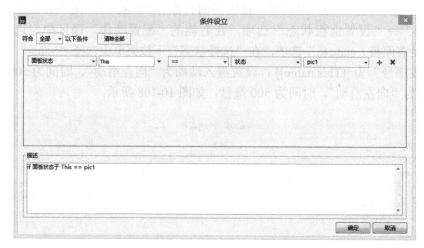

图 10-110 "条件设立"对话框

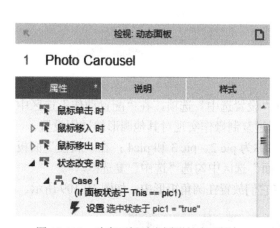

图 10-111 动态面板对应圆形的交互语句

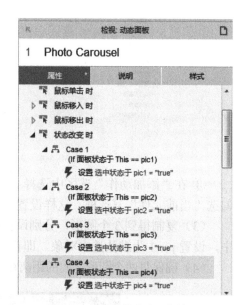

图 10-112 最终的交互语句

10.7.3 中继器的筛选与排序

1. 绘制表格

（1）使用矩形完成表头的制作，并在矩形中添加相应的文字内容。表头内容包含序号、姓名、性别、民族、生日、身高和体重。如图 10-113 所示。

序号	姓名	性别	民族	生日	身高	体重

图 10-113 表头

（2）在表头上方放置 1 个下拉菜单、2 个文本框及 1 个按钮，如图 10-114 选项。双击下拉菜单，打开"编辑列表选项"对话框，单击"编辑多项"按钮，打开"编辑多项"对话框，在文本框中输入选项值"男"、"女"和"保密"，如图 10-115 所示。

图 10-114　放置 1 个下拉菜单、2 个文本框及 1 个按钮

图 10-115　"编辑列表选项"对话框和"编辑多项"对话框

（3）在该表格下方放置中继器，即通过中继器显示表格中的数据，如图 10-116 所示。

图 10-116　通过中继器显示表格中的数据

（4）双击中继器，修改中继器所显示的内容。在主编辑区中对构成表头的矩形进行复制，再进入中继器，删除中继器中原有的矩形，粘贴刚刚复制的表头矩形，并将矩形的放置位置设置为（0，0），在右侧的"属性"面板中修改矩形的样式，包括设置填充色为灰色，去掉文字内容，从而构成表格，效果如图 10-117 所示；返回主编辑区，可以查看整个表格的样式，如图 10-118 所示。

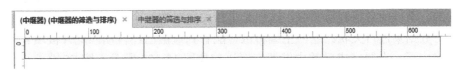

图 10-117　中继器内的矩形样式

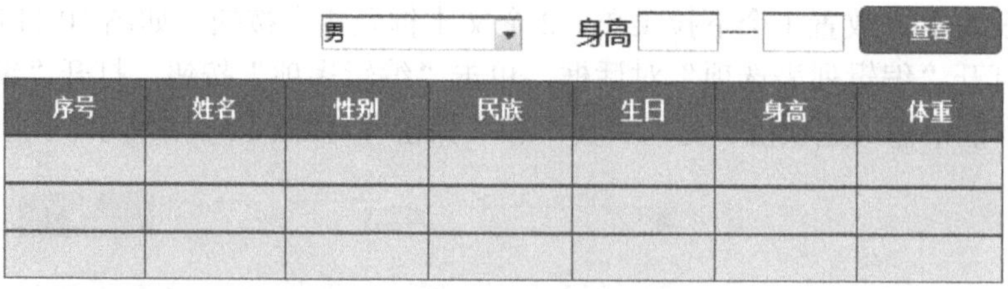

图 10-118　在主编辑区中查看整个表格的样式

（5）设置中继器数据集中的内容。回到主编辑区，选择中继器，在右侧的“属性”面板中输入中继器数据集中的内容；用户也可以将 Excel 文件中的数据直接复制到数据集中，以减少输入工作量。设置完成后的数据集如图 10-119 所示。

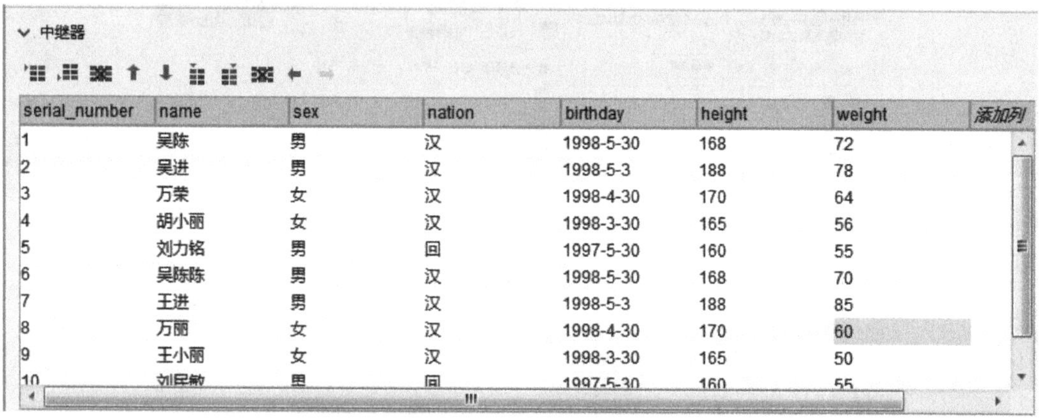

serial_number	name	sex	nation	birthday	height	weight
1	吴陈	男	汉	1998-5-30	168	72
2	吴进	男	汉	1998-5-3	188	78
3	万荣	女	汉	1998-4-30	170	64
4	胡小丽	女	汉	1998-3-30	165	56
5	刘力铭	男	回	1997-5-30	160	55
6	吴陈陈	男	汉	1998-5-30	168	70
7	王进	男	汉	1998-5-3	188	85
8	万丽	女	汉	1998-4-30	170	60
9	王小丽	女	汉	1998-3-30	165	50
10	刘民敏	男	回	1997-5-30	160	55

图 10-119　设置完成后的数据集

（6）双击中继器，进入中继器页面，根据对应的中继器数据集的表头，对所有矩形进行命名，如图 10-120 所示：

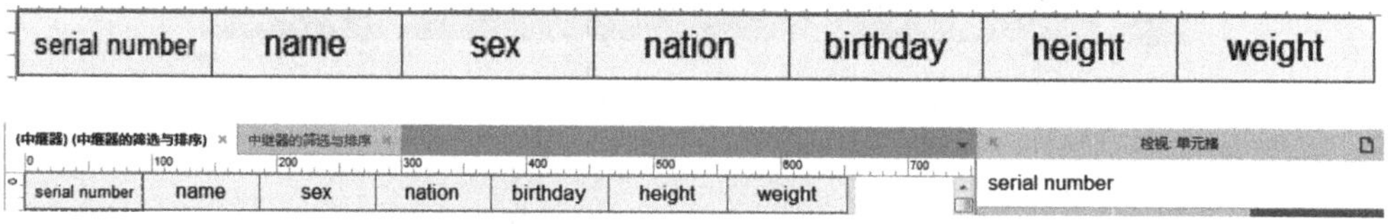

图 10-120　对矩形进行命名

（7）在主编辑区中选择中继器，打开“属性”面板，选择“每项加载时”选项，然后单击“添加用例”按钮，打开“用例编辑 < 每项加载 时 >”对话框，在“添加动作”选区中选择“元件”→“设置文本”选项，在“配置动作”选区中勾选“serial number（单元格）to”选项，单击“fx”按钮，打开“编辑文本”对话框，单击“插入变量或函数”按钮，在弹出的对话框中选择需要的中继器数据集，如图 10-121 所示。因为矩形和数据集表头的名称是一样的，所以两者很容易关联，这也是进行关联时的一个小技巧。使用同样的方法对其他矩形与数据集进行关联。返回主编辑区，能看到数据已经自动匹配并被填充到由矩形构成的表格中了。设置完成后的中继器交互语句如图 10-122 所示。按 F5 键进行预览，可以看到如图 10-123 所示的表格效果。

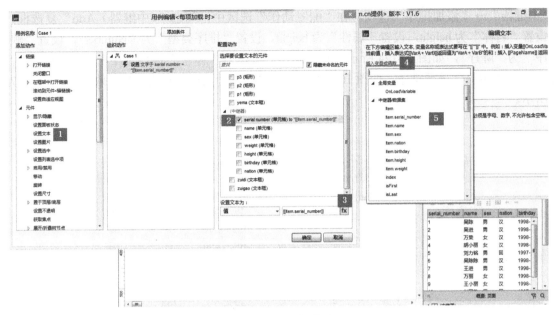

图 10-121　进行关联

图 10-122　设置完成后的中继器交互语句

2．中继器的排序设置

（1）选择表头中的文字"身高"，在"属性"面板中选择"鼠标单击时"选项，单击"添加用例"按钮，打开"用例编辑＜鼠标单击 时＞"对话框，在"添加动作"选区中选择

“中继器”→“添加排序”选项，在“配置动作”选区中，勾选“（中继器）Add”复选框，设置“名称”为 height，设置“属性”为 height，设置“排序类型”为“Number”，设置“顺序”为“降序”，如图 10-124 所示。使用同样的方法对“体重”进行排序，如图 10-125 所示；对“生日”进行排序，如图 10-126 所示。最后进行测试，表格的排序效果如图 10-127 所示。

序号	姓名	性别	民族	生日	身高	体重
1	吴陈	男	汉	1998-5-30	168	72
2	吴进	男	汉	1998-5-3	188	78
3	万荣	女	汉	1998-4-30	170	64
4	胡小丽	女	汉	1998-3-30	165	56
5	刘力铭	男	回	1997-5-30	160	55
6	吴陈陈	男	汉	1998-5-30	168	70
7	王进	男	汉	1998-5-3	188	85
8	万丽	女	汉	1998-4-30	170	60
9	王小丽	女	汉	1998-3-30	165	50
10	刘民敏	男	回	1997-5-30	160	55

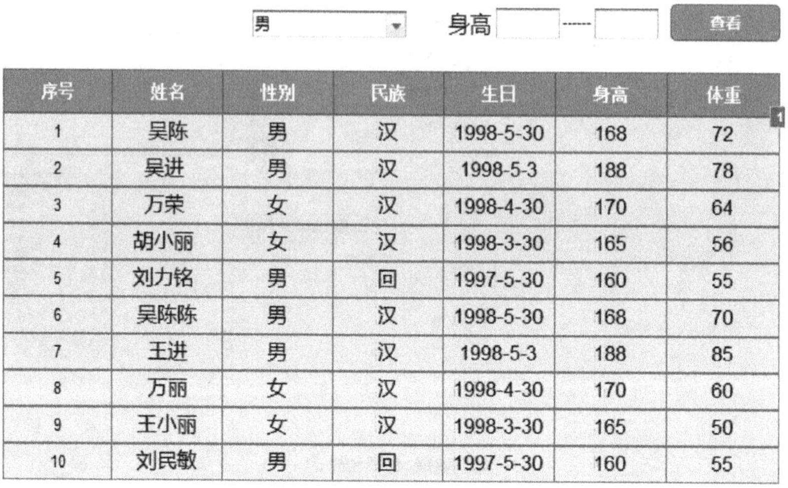

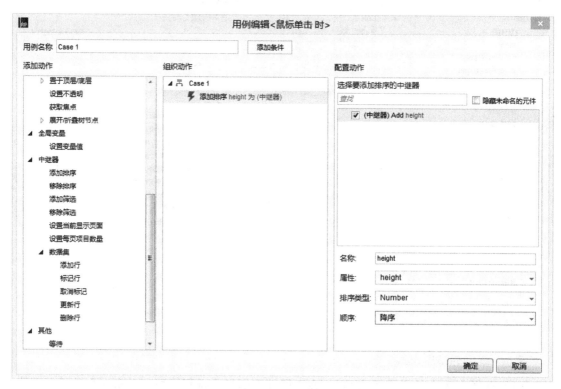

图 10-123 预览表格效果

图 10-124 “用例编辑 < 鼠标单击 时 >”对话框

图 10-125 对"体重"进行排序

图 10-126 对"生日"进行排序

序号	姓名	性别	民族	生日 [4]	身高 [2]	体重 [3]
1	吴陈	男	汉	1998-5-30	168	72
2	吴进	男	汉	1998-5-3	188	78
3	万荣	女	汉	1998-4-30	170	64
4	胡小丽	女	汉	1998-3-30	165	56
5	刘力铭	男	回	1997-5-30	160	55
6	吴陈陈	男	汉	1998-5-30	168	70
7	王进	男	汉	1998-5-3	188	85
8	万丽	女	汉	1998-4-30	170	60
9	王小丽	女	汉	1998-3-30	165	50
10	刘民敏	男	回	1997-5-30	160	55

图 10-127　表格的排序效果

（2）单击表头中的"序号"，恢复普通排序。选择表头中的文字"序号"，在"属性"面板中选择"鼠标单击时"选项，单击"添加用例"按钮，打开"用例编辑＜鼠标单击 时＞"对话框，如图 10-128 所示，在"添加动作"选区中选择"中继器"→"移除排序"选项，在"配置动作"选区中勾选"（中继器）Remove"复选框，勾选"移除全部排序"复选框，此功能可以有针对性地移除某个名称的排序。

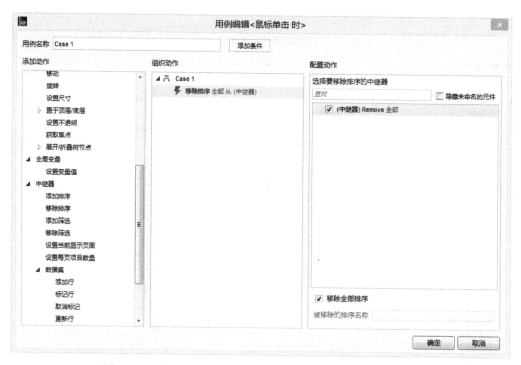

图 10-128　在"用例编辑＜鼠标单击 时＞"对话框中进行设置

注意：软件的排序功能并不支持中文排序，也不能按照中文的拼音首字母顺序进行排序。

3．中继器的筛选设置

（1）"性别"的筛选。

选择"性别"下拉菜单，将其命名为"dropdown"，并在其"属性"面板中选择"选项改变时"选项，单击"添加用例"按钮，打开"用例编辑 < 选项改变 时 >"对话框，在"添加动作"选区中选择"中继器"→"添加筛选"选项，在右侧的"配置动作"选区中勾选"（中继器）Add"复选框，设置"筛选"的"名称"为"menu"，单击"fx"按钮，打开"编辑值"对话框。此处需要添加一个局部变量来获取下拉菜单中的选项，因此单击"添加局部变量"按钮，添加局部变量"sex"，并在"插入变量或函数"按钮下方的文本框中设置条件语句，如图 10-129 所示。

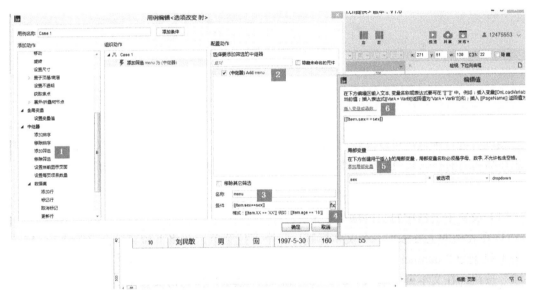

图 10-129　添加局部变量"sex"

（2）"身高"范围的筛选。

① 将"身高"后面的两个文本框分别命名为"mini"和"max"。

② 选择"查看"按钮，在其"属性"面板中选择"鼠标单击时"选项，单击"添加用例"按钮，打开"用例编辑 < 鼠标单击 时 >"对话框，如图 10-130 所示，在"添加动作"选区中选择"中继器"→"添加筛选"选项，在右侧的"配置动作"选区中勾选"（中继器）Add"复选框，取消选中"移除其他筛选"复选框，设置"筛选"的"名称"为"height"，单击"fx"按钮，打开"编辑值"对话框。此处需要添加两个局部变量来获取文本框中身高的最小值和最大值，因此单击"添加局部变量"按钮，添加局部变量"mini"和"max"，参数设置如下：

mini	=	元件文字	mini
max	=	元件文字	max

在"插入变量或函数"按钮下方的文本框中设置如下条件语句：

    [[item.height>mini&&item.height<max]]

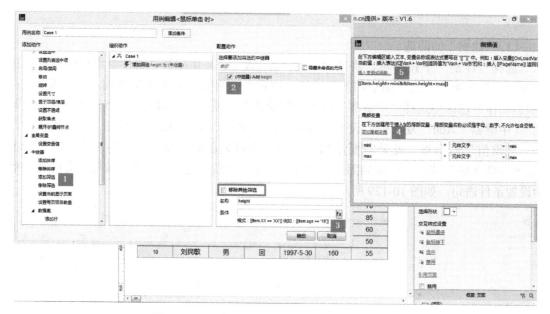

图 10-130　添加两个局部变量 "mini" 和 "max"

测试后进行预览，可以发现筛选项目是可以叠加的，如先筛选 "身高" 再筛选 "性别"。若想在筛选之前移除某项筛选条件，则应在编辑用例时勾选 "移除其他筛选" 复选框。

4．设置中继器中每页的项目数量与分页功能

（1）设置中继器中每页的项目数量。

① 在表格的上方添加一个文本标签、一个下拉菜单，并将下拉菜单命名为 "number"；双击下拉菜单 "number"，打开 "编辑列表选项" 对话框，如图 10-131 所示，单击 "编辑多项" 按钮，在文本框中输入 "2"、"3" 和 "5" 选项，作为每页显示的项目数量。

② 设置默认显示的项目数量。在中继器的 "属性" 面板中，单击 "样式" 标签，切换到 "样式" 面板，在 "分页" 选区中勾选 "多页显示" 复选框，并设置 "每页项目数" 为 "3"，"起始页" 为 "1"，如图 10-132 所示。

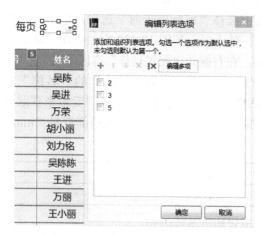

图 10-131　"编辑列表选项" 对话框

图 10-132　在 "分页" 选区中进行设置

③ 选择下拉菜单"number"，在其"属性"面板中选择"选项改变时"选项，单击"添加用例"按钮，打开"用例编辑＜选项改变 时＞"对话框，如图 10-133 所示，在"添加动作"选区中选择"中继器"→"设置每页项目数量"选项，在右侧的"配置动作"选区中勾选"（中继器）Set to"复选框，在"输入每页显示项目数量"文本框中输入"20"，单击"fx"按钮，打开"编辑值"对话框。此处需要添加一个局部变量来获取下拉菜单中每页显示的项目数量，此局部变量的名称为"num"，然后在"插入变量或函数"按钮下方的文本框中设置条件语句"[[num]]"。

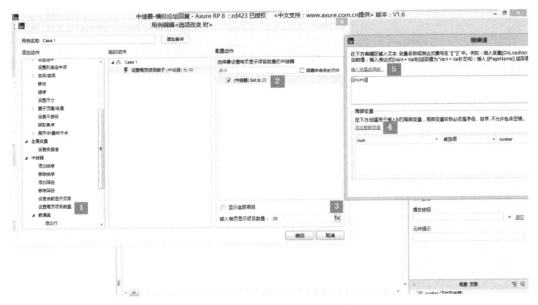

图 10-133　设置每页显示的项目数量

（2）翻页及页码跳转。

① 在表格底部分别放置一个文本标签、文本框和矩形按钮，并将文本框命名为"page"，如图 10-134 显示。

图 10-134　文本标签、文本框和矩形按钮

② 使用矩形、标点符号及数字绘制分页条按钮，并将数字"1"按钮命名为"1P"，如图 10-135 所示。

图 10-135　绘制分页条按钮

③ 页码跳转设置。选中矩形按钮"GO"，在其"属性"面板中选择"鼠标单击时"选

项，单击"添加用例"按钮，打开"用例编辑＜鼠标单击 时＞"对话框，如图 10-136 所示，在"添加动作"选区中选择"中继器"→"设置当前显示页面"选项，在右侧的"配置动作"选区中勾选"（中继器）Set to"复选框，在"选择页面为"下拉菜单中选择"Value"选项，在"输入页码"文本框中输入"[[page]]"，单击"fx"按钮，打开"编辑值"对话框，添加局部变量"page"，然后在"插入变量或函数"按钮下方的文本框中设置条件语句"[[page]]"。

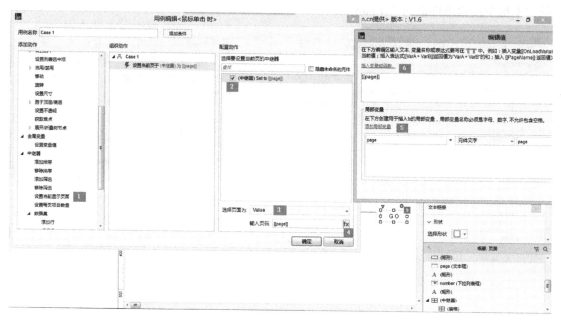

图 10-136　中继器的页码跳转设置

④ 分页条按钮的设置。选中按钮"|<"，在其"属性"面板中选择"鼠标单击时"选项，单击"添加用例"按钮，打开"用例编辑＜鼠标单击 时＞"对话框，在"添加动作"选区中选择"中继器"→"设置当前显示页面"选项，在右侧的"配置动作"选区中勾选"（中继器）Set to"复选框，在"选择页面为"下拉菜单中选择"Value"选项，在"输入页码"文本框中输入"1"。选中按钮"＞|"，在其"属性"面板中选择"鼠标单击时"选项，单击"添加用例"按钮，打开"用例编辑＜鼠标单击 时＞"对话框，如图 10-137 所示，在"添加动作"选区中选择"中继器"→"设置当前显示页面"选项，在右侧的"配置动作"选区中勾选"（中继器）Set to"复选框，在"选择页面为"下拉菜单中选择"Last"选项。

按照上述方法，完成上一页按钮和下一页按钮的设置。

设置页码按钮。选中按钮"1"，在其"属性"面板中选择"鼠标单击时"选项，单击"添加用例"按钮，打开"用例编辑＜鼠标单击 时＞"对话框，在"添加动作"选区中选择"中继器"→"设置当前显示页面"选项，在右侧的"配置动作"选区中勾选"（中继器）Set to"复选框，在"选择页面为"下拉菜单中选择"Value"选项，在"输入页码"文本框中输入"1"，单击"fx"按钮，打开"编辑值"对话框，添加局部变量"P"，然后在"插入变量或函数"按钮下方的文本框中设置条件语句"[[P]]"，如图 10-138 所示。

图 10-137　分页条按钮的设置

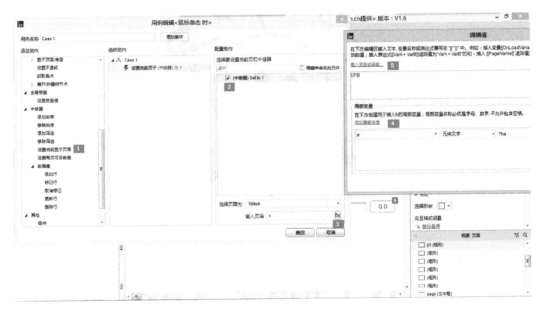

图 10-138　设置页码按钮

按照上述方法，依次完成页码按钮"2""3""4"的设置。设置完成后的效果如图 10-139所示。

序号	姓名	性别	民族	生日	身高	体重
6	吴陈陈	男	汉	1998-5-30	168	70
7	王进	男	汉	1998-5-3	188	85
8	万丽	女	汉	1998-4-30	170	60
9	王小丽	女	汉	1998-3-30	165	50
10	刘民敏	男	回	1997-5-30	160	55

图 10-139　设置完成后的效果

小丫同学 App
市场调查报告

调查小组成员：×××、×××、×××
调查时间：_____ 年 ___ 月 ___ 日

一、前言

本调查旨在了解校园类 App 的生存现状和发展前景，为制订营销计划和策略提供参考资料及客观依据。

二、调查基本状况

1. 调查时间：_____ 年 ____ 月 ____ 日至 _____ 年 ____ 月 ____ 日。
2. 调查地点：重庆市各高校的校园内。
3. 调查方法：抽样调查法、问卷调查法等。
4. 调查对象：本次调查的调查对象共计 80 人，其中男性为 36 人，女性为 44 人。

三、调查内容

1. 校园类 App 的使用频率。
2. 校园类 App 的安全性。
3. 关于校园类 App 的使用原因与卸载原因。

四、调查结果

调查结果如表 A-1 所示。

A-1 第 1～4 题及第 6～8 题的调查结果

题目编号	选 项				
	A	B	C	D	E
1	42.5%	36.25%	13.75%	7.5%	0%
2	40%	30%	10%	15%	5%
3	40%	40%	10%	8.75%	1.25%
4	20%	15%	40%	23.75%	1.25%
6	20%	10%	45%	25%	0%
7	1.25%	40%	58.75%	—	—
8	8.75%	20%	45%	22.5%	3.75%

此外，第 5 题的调查结果如下：
① 评 5 分的人数占总人数的比例为 3.75%。
② 评 6 分的人数占总人数的比例为 13.75%。
③ 评 7 分的人数占总人数的比例为 13.75%。

④ 评 8 分的人数占总人数的比例为 23.75%。

⑤ 评 9 分的人数占总人数的比例为 10%。

⑥ 评 9.5 分的人数占总人数的比例为 2.5%。

⑦ 评 10 分的人数占总人数的比例为 32.5%。

五、调查数据分析

下面对各项调查问题及结果进行数据分析。

1. 你从何处获取 App？

42.5% 的受访者选择 A. 应用市场 App，36.25% 的受访者选择 B. App 下载排行，因此宣传 App 时应主要围绕这两方面。

2. 你使用社交类 App 的原因是什么？

40% 的受访者选择 A. 聊天联系工具，30% 的受访者选择 B. 好友动态，因此在技术方面应注重 App 的通话流畅性，并提高 App 的打开速度。

3. 你最常用的社交类 App 是什么？

40% 的受访者选择 A. 微信，40% 的受访者选择 B. QQ，10% 的受访者选择 C. 微博，据此可以了解主要竞品的市场使用情况。

4. 你更注重社交类 App 的什么性质？

40% 的受访者选择 C. 实用性，23.75% 的受访者选择 D. 功能性，因此可以看出用户对社交类 App 的诉求并不是单一的，开发者在注重产品功能多样性的同时要提高产品的实用性。

5. 若你为正在使用的社交类 App 的安全性评分，10 分为安全可信，你会评 ____ 分。

32.5% 的受访者评了 10分，23.75% 的受访者评了 8分，总体来说，社交类 App 的信任度较高。

6. 你认为怎样才能提高社交类 App 的安全性？

45% 的受访者选择 C. 多重密码（手势密码），25% 的受访者选择 D. 手机验证，因此可以看出用户对 App 的身份验证措施可以接受。

7. 现有一款针对大学生开发的社交类 App，你会尝试吗？

58.75% 的受访者选择 C. 会，40% 的受访者选择 B. 有可能，1.25% 的受访者选择 A. 不会，说明大部分受访者乐意试用新的社交类 App。

8. 不愿意尝试新 App，或者试用新 App 后进行卸载的原因是什么？

45% 的受访者选择 C. 不好玩（功能），20% 的受访者选择 B. 无感，22.5% 的受访者选择 D. 不好看（界面），可以看出功能多、有趣、用户体验好的 App 才能吸引并留住用户。

六、经费预算

经费预算如表 A-2 所示。

A-2　经费预算

名称	单价	数量	费用
问卷打印	0.1元	100份	10元
交通费用	2元	3人×2次	12元
文具杂物	2元	3份	6元
合计			28元

七、调查人员安排

1. 问卷设计：小组全体成员。
2. 问卷打印：×××。
3. 调查人员：小组全体成员。
4. 问卷整理：×××、×××。
5. 编写调查报告：小组全体成员。

附录 B 小丫同学 App 调查问卷

亲爱的同学：

你好！

首先，非常抱歉耽误你宝贵的时间，我们是重庆邮电大学传媒艺术学院数字媒体艺术专业××级×班的学生，现为一款社交类 App "小丫同学" 开展问卷调查，你的意见和建议对此次调查非常重要，感谢你的帮助，谢谢！

说明：此次调查不用于商业用途，不必填写有关个人隐私的资料，你所填写的资料我们将进行保密，请放心填写，谢谢！

1. 你从何处获取 App？

A. 应用市场 App   B. App 下载排行   C. 朋友推荐   D. 广告推荐   E. 其他____

2. 你使用社交类 App 的原因是什么？

A. 聊天联系工具   B. 好友动态   C. 消磨时间   D. 获得信息   E. 其他____

3. 你最常用的社交类 App 是什么？

A. 微信   B. QQ   C. 微博   D. 贴吧   E. 其他____

4. 你更注重社交类 App 的什么性质？

A. 娱乐性   B. 安全性   C. 实用性   D. 功能性   E. 其他____

5. 若你为正在使用的社交类 App 的安全性评分，10 分为安全可信，你会评____分。

6. 你认为怎样才能提高社交类 App 的安全性？

A. 用户实名   B. 真实照片   C. 多重密码（手势密码）   D. 手机验证
E. 其他_____

7. 现有一款针对大学生开发的社交类 App，你会尝试吗？

A. 不会   B. 有可能   C. 会

8. 不愿意尝试新 App，或者试用新 App 后进行卸载的原因是什么？

A. 已离开校园   B. 无感   C. 不好玩（功能）   D. 不好看（界面）   E. 其他__

十分感谢你的配合，祝你生活愉快！

附录 C　养车服务的问卷调查

1. 您的年龄？（只计整数年龄，不足整数年龄的部分则忽略不计）

○ 18 岁以下　　○ 18 ～ 25 岁　　○ 26 ～ 30 岁　　○ 31 ～ 40 岁
○ 41 ～ 50 岁　　○ 51 ～ 60 岁　　○ 60 岁以上

2. 您的性别？（只计整数年，不足整数年的部分则忽略不计）

○ 男　　　　　　○ 女

3. 您的驾龄？

○ 1 年以下
○ 1 ～ 3 年
○ 4 ～ 5 年
○ 5 年以上
○ 还没有驾照（终止问卷）

4. 您是否拥有私家车？

○ 是，拥有私家车
○ 否，没有私家车（终止问卷）

5. 目前正在驾驶的车辆，从新车上路至今有多久了？（只计整数年，不足整数年的部分则忽略不计）

○ 1 年以下　　○ 1 ～ 3 年　　○ 4 ～ 5 年　　○ 5 年以上

6. 您有过保养车辆的经验吗？

○ 有　　　　　　○ 没有（终止问卷）

7. 您在哪些保养机构做过保养服务？（多选）

□ 4S 店
□ 大型品牌连锁店
□ 街边快修店
□ 其他 _____

8. 如果您的车辆在质保期内，您会选择在哪些保养机构做保养呢？（多选）

☐ 4S 店

☐ 大型品牌连锁店

☐ 街边快修店

☐ 其他，请描述 _____

9. 您的保养频率取决于什么？（多选）

☐ 按行驶里程，约 _____ 公里保养 1 次

☐ 按间隔时间，约 _____ 个月保养 1 次

☐ 按其他标准，_____

10. 您对车辆保养的态度与习惯是怎样的？

	非常不同意	不同意	一般	同意	非常同意
严格按照车辆的保养手册进行保养					
在质保期内一定在4S店做保养					
每次保养前，都想知道需要做哪些保养项目					
需要知道每个项目的保养目的					
记不清以前做过哪些保养项目					

11. 您下载过哪些养车类 App？（多选）

☐ 途虎养车

☐ 养车无忧

☐ 车享家

☐ 其他，_____

☐ 没有下载过，将来可能尝试（选项互斥）

☐ 没有下载过，不打算下载（选项互斥）

12. 您在养车类 App 上使用过哪些服务？（前提逻辑：第 11 题选择前四项中的某项或某几项）

☐普通洗车	☐精致洗车	☐内饰清洁	☐更换机油
☐更换机油滤芯	☐更换汽油滤芯	☐更换空气滤芯	☐更换防冻液
☐更换制动液（刹车油）	☐更换齿轮油	☐更换火花塞	☐更换蓄电池
☐水箱养护	☐发动机养护	☐燃油系统养护	☐更换刹车盘
☐更换刹车片	☐刹车系统养护	☐更换空调滤清器	☐镀膜
☐空调管路养护	☐更换空调制冷剂	☐车内空气净化	☐抛光封釉
☐打蜡	☐补漆	☐补胎	☐四轮定位
☐更换雨刮器	☐更能换轮胎	☐其他_____	

13. 您的爱车曾经做过哪些车辆服务？ （前提逻辑：第 11 题选择后两项中的某项）

□普通洗车	□精致洗车	□内饰清洁	□更换机油
□更换机油滤芯	□更换汽油滤芯	□更换空气滤芯	□更换防冻液
□更换制动液（刹车油）	□更换齿轮油	□更换火花塞	□更换蓄电池
□水箱养护	□发动机养护	□燃油系统养护	□更换刹车盘
□更换刹车片	□刹车系统养护	□更换空调滤清器	□镀膜
□空调管路养护	□更换空调制冷剂	□车内空气净化	□抛光封釉
□打蜡	□补漆	□补胎	□四轮定位
□更换雨刮器	□更能换轮胎	□其他_____	

14. 您认为以下保养项目的保养周期是多久？

	不知道	每5000km或6个月	每10000km或6个月	每20000km或12个月	每40000km
更换机油					
更换机油滤芯					
更换火花塞					
更换刹车片					
更换空调滤清器					
空调管路养护					
更换蓄电池					

15. 您选择保养机构时，最在意哪些方面？

□门店的位置（交通便利性）
□服务人员的专业技术能力
□企业品牌知名度、规模及设施
□价格合理，提供优惠套餐
□配件等产品的质量
□环境舒适度，服务周到性
□机构的口碑
□其他，_____

附录 D 调查问卷样卷

关于大学生网络道德行为规范的调查问卷

您好！我是重庆邮电大学的一名大四学生，为了解重庆部分高校大学生网络道德的发展现状，深入挖掘和探讨网络道德等相关问题，因此准备了本次关于大学生网络道德行为规范的调查问卷。

本次调查问卷采取无记名的方式，大约只需耽误您几分钟的时间。在此，请接受我们对您的真诚谢意，衷心感谢您的合作与支持！

1. 您的性别？

A. 男

B. 女

2. 您使用过以下哪些 App？（多选）

A. 微博　　　　B. QQ　　　　C. 微信　　　　D. 抖音
E. 百度贴吧　　F. 快手　　　　G. 知乎　　　　H. 其他媒体软件

3. 您是否喜欢网络跟风？

A. 是

B. 否

C. 看情况

4. 您是否网络成瘾，感觉离不开网络？

A. 是

B. 否

5. 您认为上网最大的收获是什么？（多选）

A. 让生活更开心

B. 消磨时间

C. 得到更多人的认同

D. 发泄情绪

E. 以上均有

6. 您对网络上过激的言论持怎样的态度？

A. 支持并加入其中

B．认为是正常的，但不会做

C．反对，但不加理会

D．反对并留言谴责

7．您对待网络暴力的态度是怎样的？

A．抵制

B．与我无关

C．没有遇到过此类事件

8．在论坛里发言时，您有没有说过一些粗话？

A．经常有

B．偶尔有

C．别人骂我就说粗话进行报复

D．从来没有

9．您会在自媒体平台宣泄不愉快的情绪吗？

A．经常

B．偶尔

C．不会

10．您是否经常在自媒体平台看见夸大事实的"标题党"消息？

A．从来没有

B．偶尔

C．经常

D．总是

11．在浏览网页时，如果您看到粗话，会有什么感受？

A．很正常

B．无所谓

C．不太舒服

D．很反感

12．当别人在网上对您爆粗口时，你会怎么做？

A．不理他

B．大方得体地"回敬"

C．与他争辩，讨回公道

D．以牙还牙

13．您对人肉搜索的态度是怎样的？

A．支持

B．属于侵犯隐私的行为，坚决反对

C．与我无关

14. 您认为以下哪个问题破坏网络道德环境的程度最严重？

A. 网络暴力

B. 网络诈骗

C. 过激言论

D. 虚假信息

F. 人肉搜索

15. 您怎样看待当代大学生的网络道德发展现状？

A. 大家都很自律

B. 知道有些人发生过不道德的行为

C. 从未了解

16. 您认为父母的教养方式对一个人的道德观影响大吗？

A. 影响一般

B. 影响较大

C. 影响巨大

17. 您的父母会关注您的网络行为吗？

A. 总是

B. 经常

C. 偶尔

D. 从不

18. 您所在的学校有没有开设关于网络道德教育的课程？

A. 有

B. 没有

19. 您认为有必要进行大学生网络道德教育吗？

A. 有必要

B. 没有必要

C. 无所谓

20. 您是否经常看到有关部门发布的关于文明上网的宣传提示吗？

A. 经常

B. 偶尔

C. 不常见

21. 您认为引发大学生网络道德问题的原因有哪些？（多选）

A. 相关法律欠缺

B. 自律性差

C. 学校引导和教育欠缺

D. 网络监管不到位

E．家庭因素

F．其他

22．您认为应该如何提升大学生网络道德？（多选）

A．政府加大监管力度

B．学校加强思想教育

C．网络平台承担一定责任

D．家庭引导

E．自律

23．您认为通过哪些途径可以加强网络素养教育？（多选）

A．加强主流舆论的宣传力度

B．积极稳妥地推行校园网络实名制

C．完善法律法规，加大对网络犯罪、违法违规行为的查处力度

D．提高网络传播行业的自律度和社会监督力度

E．深入开展提高大学生网络道德的教育活动

F．其他

24．您对大学生网络道德行为有什么感受？请用简短的文字进行描述。

参 考 文 献

[1] 邓津，林肯. 方法论基础 [M]. 重庆：重庆大学出版社，2007.

[2] 戴力农. 设计调研 [M]. 北京：电子工业出版社，2015.

[3] 韩挺. 用户研究与体验设计 [M]. 上海：上海交通大学出版社，2020.

[4] 霍瑟萨尔. 心理学史 [M]. 郭本禹，译. 北京：人民邮电出版社，2011.

[5] 奚从清，俞国良. 角色理论研究 [M]. 杭州：杭州大学出版社，1991.

[6] 顾振宇. 交互设计原理与方法 [M]. 北京：清华大学出版社，2017.

[7] BENYON D. Designing interactive systems: A comprehensive guide to HCI, UX and interaction design[M]. Pearson Education Limited，2005.

[8] MULDER S. The user is always right: A practical guide to creating and using personas for the web[M]. Morgan Kaufmann，2007.

[9] 王兆. 目标导向设计中人物角色的应用与研究 [D]. 上海：东华大学，2011.

[10] 史敏. 基于人物角色法的家庭健康饮食 App 的设计研究 [D]. 长春：长春工业大学，2017.6.

[11] 陈抒，陈振华. 交互设计的用户研究践行之路 [M]. 北京：清华大学出版社，2018.

[12] 腾讯公司用户研究与体验设计部. 在你身边为你设计 [M]. 北京：电子工业出版社，2013.

[13] 马艳阳. 以场景为中心的信息容器交互设计路径探索 [J]. 智能信息技术应用学会，2017（22）：20.

[14] 姜海洋，梅云，顾宪松. 场景化交互设计理论的分析与研究 [J]. 包装工程. 2019.

[15] 戈夫曼. 日常生活中的自我呈现 [M]. 北京：北京大学出版社，2008.

[16] 梅罗维兹. 消失的地域：电子媒介对社会行为的影响 [M]. 北京：清华大学出版社，2002.

[17] 斯考伯. 即将到来的场景时代 [M]. 北京：北京联合出版公司，2014.

[18] 韩挺. 用户研究与体验设计 [M]. 上海：上海交通大学出版社，2016.

[19] ROSENFELD L，MORVILLE P. 信息架构：超越 Web 设计 [M]. 北京：电子工业出版社，2016.

[20] WURMAN R S. Information Anxiety[M]. California：Doubleday，1989.

[21] 董建明. 人机交互：以用户为中心的设计和评估 [M]. 北京：清华大学出版社，2016.

[22] 梁颖. 交互设计的系统性思维之信息结构和信息架构 [J]. 现代信息科技，2018（7），86-87.

[23] 沈复兴. 模型论导引 [M]. 北京：北京师范大学出版社，1995.

[24] PREECE J，ROGERS Y，SHARP H. Interaction design beyond human-computer interaction[M]. John Wiley & Sons, Inc.，2002.

[25] GARRETT J. 用户体验要素：以用户为中心的产品设计 [M]. 北京：机械工业出版社，2019.

[26] 张家骥. 从结构化分析到面向对象 [J]. 无线电工程，2005，35（12）：5-8.

[27] 郝凝辉，鲁晓波. 实体交互界面设计的方法思辨 [J]. 装饰，2014（02）：34-37.

[28] COOPER A，REIMANN R，CRONIN D. 交互设计精髓 [M]. 北京：电子工业出版社，2012.

[29] 陈为，张嵩，鲁爱东. 数据可视化 [M]. 北京：电子工业出版社，2013.

[30] 曾悠. 大数据时代背景下的数据可视化概念研究 [D]. 杭州：浙江大学，2014.

[31] 陈宁. 面向移动设备的交互式信息可视化设计研究 [D]. 北京：北京邮电大学，2018.

[32] CARD S K，MACKINLAY J D，SHNEIDERMAN B. Readings in information visualization: using vision to think[M]. Morgan-Kaufmann Publishers，1999.

[33] 孙品一. 信息可视化的应用研究 [D]. 武汉：湖北工业大学，2016.

[34] 肖勇，张尤亮，图雅. 信息设计 [M]. 武汉：湖北美术出版社，2010.

[35] KEIM D A，MANSMANN F，THOMAS J. Visual analytics: how much visualization and how much analytics [J]. SIGKDD Explorations，2013(11)：6.

[36] 王凯，贺丽. 信息可视化设计 [M]. 沈阳：辽宁科学技术出版社，2013.

[37] 申斯. 大数据现象对官方统计的影响 [J]. 统计与决策, 2013 (18): 191.

[38] KEIM D, QU H, MA K L. Big data visualization[J]. IEEE Computer Graphics and Applications, 2013, 33: 20-21.

[39] 施志林. 时空数据分布式存储研究 [D]. 南昌: 江西理工大学, 2015.

[40] 王琦. 教育科学定量研究中的数据及数据的频数分布 [J]. 科技信息. 2007 (23): 83-84.

[41] 王旺. 基于地图的数据可视化系统的研究与实现 [D]. 北京: 北京邮电大学, 2018.

[42] 魏婧婧. 地图中的数据可视化设计 [J]. 戏剧之家, 2016 (24): 284.